建筑数字化设计研究与应用

Research and Application of
Digital Architecture Design

曹　辉　鞠瑞馨◎著

中国建筑工业出版社

图书在版编目（CIP）数据

建筑数字化设计研究与应用 = Research and
Application of Digital Architecture Design / 曹辉，
鞠瑞馨著 . —北京：中国建筑工业出版社，2024.6
ISBN 978-7-112-29804-4

Ⅰ.①建… Ⅱ.①曹… ②鞠… Ⅲ.①建筑设计—数
字化—研究 Ⅳ.① TU2

中国国家版本馆 CIP 数据核字（2024）第 087554 号

责任编辑：戚琳琳 吴 尘
责任校对：王 烨

建筑数字化设计研究与应用

Research and Application of Digital Architecture Design

曹 辉 鞠瑞馨 著

*
中国建筑工业出版社出版、发行（北京海淀三里河路9号）
各地新华书店、建筑书店经销
北京海视强森文化传媒有限公司制版
天津裕同印刷有限公司印刷
*
开本：787 毫米 × 1092 毫米 1/16 印张：19 字数：402 千字
2024 年 9 月第一版 2024 年 9 月第一次印刷
定价：**198.00** 元
ISBN 978-7-112-29804-4
（42331）

本书撰写组

主笔人

曹　辉　鞠瑞馨

参加撰写人

梁　峰　丛　阳　张　铭　刘鹏飞　谢岱桦

周　佳　张　伟　王志博　孙　阳　付　丹

序言 | Foreword

在现今人工智能迅猛发展的时代，业界对 AI 在建筑领域的研究与应用日趋深入，建筑业面临着巨大的发展机遇与挑战，建筑数字化技术也被更多地应用到建筑设计与研究的过程之中。

随着"双碳"目标的实施，从建筑全生命周期的高质量智慧化的维度阐释，按照党的二十大精神的指引和国家"十四五"规划，以人工智能辅助设计建造、增进民生福祉，提高人民生活品质、推进健康中国建设是我们应当关注的重点。AI 建筑设计是时下备受瞩目的话题，它可以更加智慧地完成工程各阶段复杂烦琐的设计任务，在节省时间的同时能够有效优化人力成本。

以往我国建设行业的建造方式存在高消耗、高排放、低效能问题，数字化水平偏低。在国家数字化战略背景下，建设行业的数字化转型和智慧化升级已展现出勃勃生机，新的 AI 设计为建筑设计领域注入了崭新的活力和创意，为人们带来了更加美好和深刻的建筑体验。

数字化是智能建造的必经之路，建筑的智能建造设计是以新一代信息技术为基础，以数字化、网络化和智能化为支撑，其中数字化又是实现智能建造的关键。当前建设行业发展的重要目标是推进行业和企业数字化的成功转型与升级，总体策略是以工程项目全过程数字化为基础，以智能建造为切入点，利用数字化技术重塑企业和行业的组织关系、业务模式和生产方式，实现数据化管理，并通过数字化建模及其全过程的支撑等新技术应用，实现算据、算力、算法三方面的整体提升，为行业和企业数字化转型升级提供数据基础和支撑。这种数字孪生体既是对对象的真实动态映射，又可通过构建多维度的数据关联关系，实现整体集成化计算，反映现实、诊断并解决问题、预演未来。

作为新时代的建筑、结构与机电专业技术人员，更应当具备数字化思维，提高数字化设计、理论研究与工程应用水平，以数字化驱动 AI，以期产生新的业务形态或产品模式，提升产业经济的快速和可持续发展。期待有更多的相关专业技术人员踊跃加入建筑数字化设计与研究之中，并以此创作出更多有代表性、有影响力的建筑精品。

2023 年 5 月于中国建筑东北设计研究院有限公司

引言｜Preamble

当大家在谈论未来人工智能的时候，我们建筑师在谈论什么？元宇宙、NFC（近场通信，Near Field Communication）、数字化建构、建筑机器人……

从 2016 年 AlphaGo 在国际围棋比赛上战胜韩国专业选手至今，各行各业都探讨着人工智能的未来前景，那么对于建筑业来说，建筑师尼尔·里奇（Neil Leach）就提出向 AlphaGo 学习，在对此的深入探讨中，结合当今不断发展的人工智能技术，虽然 Xkool 科技公司用 AI 设计出的方案战胜专业建筑师团队，获得大型项目的中标，ChatGPT 也成为近年最受瞩目的技术之一，但综合考虑，AI 的方案背后依旧是由专业建筑师把握整体设计方向，并且 AI 也只是简单考虑了通风和视廊两个简单因素，而无法考虑城市场地的复杂性、文脉属性、精神家园的建设等重要因素。

目前，无论是项目方案前期 ChatGPT 与 Midjourney 的简约设计，还是更加可控的 Stable Diffusion，都成功引起建筑师的强烈兴趣。这些 AI 工具能够根据我们的预设或者对模型库的训练与抓取，产生创意十足的设计成果，同时还能灵活拓展设计思路、进行大胆的体块组合，更可以对国际著名建筑师的设计风格进行模仿和提升。若以 AI 视角远眺未来，那么 AI 将会完全取代建筑师去作设计，如此一来建筑设计会逐渐 AI 化、乏味化，而建筑本身的精神愉悦性又将会何去何从呢？

在国家"十四五"科技规划的政策导向下，伴随建筑数字化的转型升级，现代建筑业蓬勃发展，数字化设计越来越被大家所熟知，一些国际知名的建筑大师及其事务所，如 ZAHA Hadid、BIG、UN Studio、MAD、蓝天组等设计的方案被业界普遍认为是高精端的国际知名项目，还有一些国际竞赛和元宇宙的 NFC 作品也都是非线性设计。基于此，结合国际典型建筑设计案例和中建东北院有限公司的本土项目实践，本书将探讨建筑数字设计的工程应用，以期为后续建筑的原创数字化设计做好基础铺垫，综合提升建筑师的业务素质。希望本书对未来建筑原创方案的 AI 设计能够具有承上启下的作用，欢迎大家交流、共同探讨。

2023 年 5 月于中国建筑东北设计研究院有限公司

前言｜Introduction

在我国建筑设计行业新一轮数字技术革命的机遇下，数字化设计的广泛应用使工程项目的设计方式发生着颠覆性的变化。在麦肯锡发布的调查报告中，工程建造行业的数字化水平远低于制造业，因此在探索行业数字化未来的发展道路上，需要借鉴人工智能，并结合非线性数字化软件，丰富建筑语汇，提升建筑师的造型和空间表达能力。从而跨越建筑设计维度的级别，激发建筑师的创造力，使其敢想敢做地营造出更加美好的未来，同时让整个行业焕发更加迷人的光彩。

数字化设计是一门复杂学科，在其主要的涌现理论和混沌理论设计实践出现之后，建筑师们陷入了更深层次的思考，完全运算化的设计虽能呈现出自然的数学之美，但也会使建筑师的精神情感世界变得冷冰冰。因此，聚焦建筑师对建筑方案设计的数字化创造性就显得格外重要，建筑师和 BIM 的融合智慧则更加符合人类的创造之光。同时，借助数字化辅助设计工具的实践应用，可以使建筑师成为新时代的人工智能综合体。

AI 设计时代主流 Midjourney、Stable Diffusion+ChatGPT 探索用超现实的前沿激发创作灵感；Rhino+Grasshopper+GIS+VR 设计流则是目前行业内针对国际高精端项目及国际竞赛设计首选的流程，也是建筑院校学生必学的数字化设计软件。非线性建筑相比于传统建筑以"方盒子"为基础进行原创方案的推敲，其数字化设计的逻辑使建筑更加符合场地营造的精神、城市文脉的传承、视觉通廊和自然环境及热工舒适度等因素，作为 AI 辅助设计的工具，运用相应的逻辑剖析案例项目的设计思维、方法、过程，可使设计师具有举一反三的能力，丰富建筑数字化设计的视野，打破传统设计的局限，对项目原创方案设计的创造达到敢想敢做的境界，从而为连接元宇宙的设计建造奠定基础。

本书研究所选取的案例都是在建筑数字化设计的基础上，通过可靠的数字建造方式设计的实际项目，有别于具有仿生参数化概念的莫比乌斯环、鹦鹉螺、拉普拉斯算子（矩阵）、数字生物学的双侧旋转对称、螺旋和斐波那契序列等，它对于建筑工程设计的指导意义远大于对某种炫酷、网红风格造型的深入探讨。同时，本书的研究内容基于 2019 年和 2020 年连续两年中国建筑东北设计研究院有限公司（后称：中建东北院）的参数化设计专业力的培训成果。

　　书中第 1 章阐述了建筑数字化技术的缘起、发展现状和展望，其中在发展和现状中通过建筑设计的三大要素——以建筑空间造型、立面肌理、屋面设计为核心方向，以扎哈·哈迪德（Zaha Hadid）、伊东丰雄、福斯特建筑事务所（Foster + Partners）、马岩松等国际知名建筑师事务所的典型作品为案例进行综合性的设计分析研究，并对数字化建构的设计逻辑和 BIM 工具辅助设计的方法及过程进行介绍；第 2 章提出在数字设计研究的实验室里，对数字化设计从兴趣出发到建筑节点设计进行逐级的数字化半人工智能的研究；第 3 章则重点介绍中建东北院本土工程项目的设计实践经验，通过建筑师的创作方案手绘草稿，在"原创手稿—数字化建筑方案设计—数字化 BIM 建造优化设计"三大阶段展示了数字化设计工程的实践演绎。其中，实践项目选用的是院内新晋且具有先锋原创代表性的建筑设计，结合人文科技、工程艺术、自然生态、绿色健康低碳和数字化设计工具的可持续化，实现了在连续的动态空间中具有数字化"未来感"的建筑空间语汇的持续蜕变。同时，通过数据驱动的智能 BIM 及设计全过程应用，在建筑师负责制的模式下，为工程项目全过程数字化和智能建造探索了可行的技术路径。

　　本书的出版，归功于中国建筑东北设计研究院有限公司的院内课题——参数化建筑表皮设计关键技术研究与应用（2021-DBY-KY-05）的资助和院内各专业同仁的鼎力支持，同时也感谢出版社的编辑为本书出版付出的心血。

　　由于作者认识水平有限，恐有偏差、谬误与不当之处，恳请大家批评指正，也期待在后续研究中能再接再厉地提升。

目录 | Contents

序言 | Foreword   IV

引言 | Preamble   V

前言 | Introduction   VI

第 1 章　建筑数字化技术

1.1　缘 起   002

1.2　发展和现状   007

  1.2.1　建筑空间造型设计   012

    北京 · 丽泽 SOHO   013

    台中 · 大都会歌剧院   026

  1.2.2　建筑立面肌理设计   033

    澳门 · 摩珀斯酒店   033

    天津 · 中钢国际广场   048

  1.2.3　建筑屋顶设计   050

    法国 · 梅斯蓬皮杜中心新馆   050

    意大利 · 都灵大学政治学院   055

1.3　展 望   058

第 2 章　数字设计研究实验室

2.1　数字化设计实验   062

2.1.1　排序实验　　062

2.1.2　干扰实验　　068

2.1.3　钢结构造型肌理——以国家体育场建筑立面节点造型为例　　070

2.2　建筑节点设计应用研究　　073

2.2.1　幕墙造型的规则实验——以丽泽 SOHO 建筑立面节点造型为例　　073

2.2.2　体块 UV 影响造型的实验——以摩珀斯酒店建筑立面节点造型为例　　075

2.2.3　商业综合体建筑——以丝路明珠商业综合体为例　　077

2.2.4　公共场馆建筑——以哈尔滨大剧院建筑立面表皮为例　　087

2.2.5　玻璃球体建筑——以丝路明珠塔主体建筑为例　　097

第 3 章　建筑数字化设计工程应用

3.1　数字化建筑方案设计实践　　106

3.1.1　大连·市科技文化中心设计项目　　106

3.1.2　廊坊·水下大数据研究中心项目　　135

3.1.3　重庆·西南大数据创新应用中心项目　　146

3.1.4　海南·海花岛 A、B 地块城市设计项目　　156

3.1.5　海南·叶蓉金滩驿站设计项目　　171

3.2　数字化建筑 BIM 设计实践　　178

3.2.1　沈阳·中建东北院总部大厦项目　　178

3.2.2　上海·润友科技长三角（临港）总部项目　　204

3.2.3　宁夏·丝路明珠商业项目　　233

参考文献 | References 288

致　　谢 | Acknowledgements 290

说　　明 | Explanation 291

Ⅰ

第 1 章

建筑数字化技术

1.1 缘起

　　建筑数字化技术的缘起可以追溯到 20 世纪 80 年代，当时计算机技术的发展使建筑设计和施工过程中的数字化处理成为可能。随着计算机硬件和软件技术的不断进步，建筑数字化技术也得到了快速发展。建筑数字化技术的发展主要受到以下几个方面的影响：①建筑设计和施工过程的复杂性不断增加，需要更高效、更精确的工具来支持；②建筑业的竞争日益激烈，需要更快速、更灵活的设计和施工方式提高效率和降低成本；③环保和可持续发展的要求越来越高，需要更科学、更精准的设计和施工方式减少对环境的影响；④数字化技术的发展使建筑设计和施工过程中的数据处理和信息共享变得更加容易和高效。综上所述，建筑数字化技术主要是建筑业的需求和数字化技术发展相互作用的结果。随着数字化技术的不断进步，建筑数字化技术将会在建筑设计和施工过程中发挥越来越重要的作用。

　　在人工智能盛行的时代，AI 仍旧无法代替建筑师去思考未来城市的蓝图。虽然现阶段 AI 建筑设计盛行，但它却也只是建筑师思想的延伸工具，协同其逐渐成为真正的人工智能。建筑设计是由发散的感性思维和工程式的理性思维共同完成的，BIM 数字化设计工具则有效地将设计方案的草图转换成精确且务实性的"定性定量"的工程表达。

　　从 1907 年路易斯·沙利文（Louis H. Sullivan）提出"形式追随功能"开始，便可进入"形式追随性能"—"形体追随物理效能"—"数字方法追随设计过程"的数字化时代，它对整个建筑与工业设计领域的重要影响直至今日。传统的建筑师对空间、结构和材料的把握多停留在"自上而下"以定性为主的"功能"层面，然而建筑数字技术的出现，则使复杂建筑空间、结构和材料的量化分析成为可能，并进而实现依"性能"而"形式"的"自下而上"的设计。"形式追随性能"与"形式追随功能"一样，都是理性思想下建筑外形的回归，但对形式复杂程度的容忍度却大相径庭。似乎在这个 AI 盛行的数字化设计时代，建筑师就理应以利用软件设计出奇特造型的能力为荣，理应为"技术"而"形式"，为"潮流"而"形式"。事实上形式追随性能不是为形式，而是为功能、为性能，强调的也不再仅仅是最终的设计结果，而是设计过程。强调建筑数字技术在使设计更加理性、高效的同时，可使工程建造过程更加精准，也可以进一步提高建筑品质这一令人愉悦的本质特性。

师法自然·与自然共构

　　师法自然，与自然共构参数化设计，我们尝试将建筑空间与场景空间融为整体，模糊建筑体与场景的边界，使场所能够最大限度地包含场景、建筑、人的互动，并使整个场所与城市、环境形成多维的整合与开放。这样的建筑形态塑造的建筑空间及城市空间，实际上是对自然环境的回归，充满个性和创新的建筑将逐渐取代工业文明时期遗留下来的整齐划一的街区，最终实现与自然形态的同构，这是对人类追求生命、回归自然理想的最好诠释。

数字时代，人类在反思后渴望回归自然，对自然的控制欲望逐渐转向与自然融合的态度。对手工建造尺度的眷恋，以及对空间场所体验的回味，促使人们重新思考建筑与城市、环境、景观的关系。伴随批判地域主义、新乡土主义等思潮的兴起，人性回归逐渐成为主流。拓扑学、分形几何学的发展，使人们认识自然、解释生命的手段发生了变化。分形展示了自然界在不同尺度上的自相似性和层级结构，解释了无机世界和有机生命的尺度体系。建筑师利用分形几何学创造自然形态的优势，将建筑形态学扩展到了以前很少涉及的领域。

生物的气候适应性(Acclimatization)是生物体适应外界气候环境条件(如温度、湿度、光照等)变化的过程，通过调节它们的器官形态、行为、物理或生化特性，以响应外界环境变化，从而适应新的气候环境条件。将建筑单元体和生物个体进行类比，表皮和内部骨架构成有机系统，而类似血液流动的动力由外部环境信息和内部功能需求组成，共同作为有机系统的循环方式。考虑到建筑单元和其组成表皮系统的可持续性发展，理想状态是在外界环境变化时，内部系统可在表皮的保护下保持相对平衡稳定，最大限度地符合生物体的自主气候适应能力。生物体自身的环境适应性是研究模型单元演化的基础，因此，从仿生学的角度出发，将生物气候适应性的特征与界面的互动性相结合，形成"仿生性动态建筑表皮"（ Bio-inspired kinetic envelopes ），为未来可持续建筑设计提出全新的研究和设计思路。

形式·性能·建造

作为人类对建筑永恒追求的标杆，古罗马维特鲁威的建筑三原则"坚固、实用、美观"，同样应当成为现代建筑数字化技术的重要使命。当前，我们所倡导的"建筑数字化技术三大核心"——"形式、性能、建筑构建"，它们各自代表了如何运用数字化技术更好地实现建筑美观、实用、坚固的设计目标。同时，此种分类方式既清晰，又能够直观发现当前建筑数字技术发展的薄弱之处。

在 AI 时代数字技术的语境下，新的建筑范式应运而生。从发展的视角出发，每一次新生都源于累积所引发的质变。这样的系统梳理建筑技术要素的演变，可以让我们对数字时代的建筑有更深入的理解。此外，建筑技术发展的滞后，使新技术与旧技术能够同时并存，并和谐共处。解析新技术的演进，将有助于激发我们更充分地发挥原有技术的优势。因此，其研究的目的有：

（1）分析数字时代技术系统要素的发展变化，搭建全球范围内数字化设计与建造的全景；

（2）在对本土范围内案例分析的过程中，进行案例之间的横向对比和本土与全球范围的纵向对比，找到影响本土建筑数字实践的主要因素；

（3）在上述过程的基础上形成建筑数字设计与建造的本土实施策略，引导中国建筑数字化的创作之路。

在当代中国的技术环境下，建造层的缺乏导致建筑品质低下已经在一定程度上成为社会的普遍认识。然而，设计与建筑的脱节现象并未因为少数建筑师的觉醒而得到缓解，反而因社会对建筑的大量需求而不断加剧。因此，这种现象仅靠少数有道德良知的建筑师声嘶力竭地呼吁是无法改变的。正如生产力决定生产关系，只有社会的客观物质性变化才能引导大众需求。数字技术的精确性将设计和建造重新整合在一起。以 BIM 平台为代表的建筑生命周期管理要求建筑师在了解技术，特别是与构造层相关技术的情况下进行建筑创作。这是解决当前中国建筑品质问题的重要途径之一。

建筑数字技术凭借其强大的计算能力，成功将以往认为不可能的复杂形体生成、性能模拟和施工建造变为现实。然而，这种强大的计算能力却在一定程度上割裂了"形式"与"性能"之间的密切联系。作为实现手段的"建造"，通过 Rhino、Catia 和 3D Printer 等工具，能够将"形式"和"性能"进行良好的对接，然而"形式"与"性能"之间的耦合模型，由于建筑功能、空间和材料的复杂性，多年来一直是众多研究的焦点和发展瓶颈。在建筑设计中，"形式"与"性能"作为两个应该互相融合的核心任务，由于缺乏数字化的对接方法和原型，导致它们被割裂开来，甚至本末倒置，这或许是导致当前数字化设计过于形式化的一个根本原因。

随着 BIM 大数据体系下环境信息交互模式的确立，建筑物理技术得以融入空间功能使用需求，逻辑推演成了为确定最终性能最优解提供可行性参考的关键手段。基于 Dynamo 参数化平台的 BIM 技术软件，借助信息化建模的优势，将模拟过程可视化，从而实现了动态性和时效性。通过 Dynamo 平台的双向输入输出，模拟结果在三维动态形式下得以实现，并实现了对建筑模块和环境信息的全局调控。同时，建筑信息技术理论在 BIM 建模工具的基础上不断发展，广泛应用于工程实践中，促进了建筑设计建模过程从"数形分离"向"数形集成"的转变，将建筑建模对象由"建筑几何图元"扩展为"建筑几何、材料、构造"等复合信息，为建筑行业信息化水平的提升提供了技术支持。因此，数字化设计与建造的意义不仅在于其对未来研究和发展的铺垫，更重要的是可以通过数字技术将设计与建造重新融合，从数字技术的角度探索提升我国建筑品质的新途径。

"形式"追随"性能"

数字技术在建筑领域的应用，不应止于形式或性能单方面能力的不断强化，而是要将两者有机地整合，使设计既实用又美观；既因性能需求而生成形式，同时形式也要跟随并推动性能的发展。近年来，这种"形式追随性能"的理念在欧洲得到了充分的关注和重视，主要体现在两个层面：一是"建筑形体"追随"物理效能"——以建筑空间、结构、材料或声、光、热等物理效能单一限制条件，生成朴素或创新性建筑形体；二是"数字方法"追随"设计过程"——重视如何利用"基于知识""协同设计"和"人工智能"等数字方法辅助"设计过程"而非"设计结果"，生成"普通好用"而非"奇特怪异"的建筑形式。

以性能为导向的二元性理念推动建筑形态的生成不再任意为之，而是通过提高物理效能推动形式的革新；同时，建筑数字技术的应用也不仅关注设计结果和最终形态，而是更加聚焦数字化设计过程在实现建筑形态跟随性能方面的关键作用，以免过分关注设计结果，导致形式流于表面。

早期关于建筑形式与性能的研究包括 1995 年英国 AA 学院弗雷泽（J. Frazer）的"进化建筑"、2003 年葡萄牙里斯本理工大学卡达斯（L. Caldas）等人的"可持续设计的进化模型"以及 2005 年加拿大卡尔加里大学科拉雷维奇（B. Kolarevic）等人的"性能化建筑"等。针对当前建筑实践中较为普遍的分析模拟滞后于前期设计的"事后"现象，科拉雷维奇提出"事先"思想，直接通过建筑空间、结构、材料或声、光、热等物理效能信息生成三维建筑形体。斯图加特大学莫里茨（F. Moritz）等人在一个双拱阵列的公共空间构筑建造中的找形实验的重要意义在于，它实现了对设计、模拟、分析和建造等各阶段数据的对接综合。斯图加特大学的施佩特（A. B. Spaeth）等人通过与已建成歌剧院进行空间比对得出结论，基于建筑声学的空间生成方法可以不断得到修正和优化，使形式生成方法更具实际意义。里斯本理工大学的卡达斯提出通过图形语法辅助设计师对"建筑形体"与"节能效果"进行综合考虑的生成设计系统（Generative Design System，GDS），利用遗传算法、节能分析软件 DOE2.1E 以及帕累托（Pareto）多原则优化技术实现了建筑形体以"节能"为目标的生成演进。在限定建筑的房间数量和规模等条件后，以"照明能耗"和"供暖 / 制冷能耗"两个矛盾变量的总和最小为制约函数，最终在第 400 代优化收敛得到一组最优的空间组合方案。根据能耗性能生成建筑形式可为建筑师提供更有说服力的设计依据。

"数字方法"追随"设计过程"

在当今重视效益的时代，形式追随性能的建筑设计理念已成为行业发展的核心指导。在此理念引导下，建筑师需要借助空间属性研究方法和跨学科合作平台的构建，持续深化新的探索和实践。为了使建筑设计更符合实际需求，建筑师需要研究和把握建筑空间属性，包括建筑的使用功能、空间构成、光照效果等。通过研究建筑空间属性，建筑师能更深入理解项目需求，为建筑设计的实施提供有力保障。

跨学科合作平台的搭建则是实现形式追随性能的关键。这个平台汇集了来自不同领域的设计师，他们能够共享各自的专业知识和经验，共同为建筑设计贡献力量。通过这个平台，建筑师可以深入了解建筑空间、结构和材料等方面的特点，提高设计质量。此外，建筑师还需要建立建筑空间、结构和材料等自身的几何和拓扑关系的信息结构模型和数据库。这些数据可以为建筑设计提供宝贵的参考，帮助建筑师在实际项目中作出更加明智的决策。

为了更好地实现形式追随性能的设计目标，我们还需要关注和发展基于案例、触摸和网络等技术的协同设计系统。这些系统能够帮助建筑师在设计过程中实现跨部门、跨地域的协同合作，提高设计效率，确保设计成果的质量。然而，"设计过程"研究在现阶段往往被忽视，导致建筑师在执行项目时可能遇到问题。因此，我们需要重视"设计过程"研究，并将其与其他设计理念和方法相结合，以实现形式追随性能的设计目标。在未来的设计实践中，我们需要不断优化和改进这些理念和方法，为建筑行业带来更多创新与突破。

传统的建筑信息模型（BIM）主要遵循1∶1的三维空间比例参数，这使得其对非实体空间信息的表达受到了显著的局限。对于设计后期的深化和施工图绘制，精确的真实尺寸信息模型具有关键的作用，然而，当前的BIM工具在设计前期方案构思中的应用却受到了一定的限制。

建筑设计的成功实现需要借助感性和理性思维的共同努力。相较于精确的定性表达方式，非精确的方式可能更符合建筑师的发散性思维模式。数字方法的使用应当追踪设计过程的需求，以实现性能的形式追随。空间属性的表达方式以及计算机软硬件的支持是数字化设计的基础，若缺乏这些支持，数字化设计以及形式生成的实现都将成为空谈。在北京大兴机场、北京凤凰国际传媒中心、台中大都会歌剧院、丽泽SOHO和摩珀斯酒店等经典数字化建筑项目中，建筑数字技术的强大计算能力成功地将曾经看似不可能的复杂形体生成、性能模拟和施工建造变为现实。实现这些目标的手段包括Rhino、Catia和3D Printer等工具，这些工具使得"形式"和"性能"之间的对接变得更为自然。

可持续的建筑数字技术

性能分析、模拟与生成的方法和工具根据不同项目的特定目标而有所差异。实践和研究往往会根据所需的分析、模拟和生成内容进行代码编写和插件开发，这导致了一个多元化但互不关联的局面。为了实现建筑数字技术的可持续发展，我们需要构建基于空间、结构、材料和声光热性能的建筑形式表达、模拟和生成方法体系，并创建一个基于案例、网络和触摸等先进理论和技术设备的多专业人员协作设计平台。

在这样的体系中，建筑数字技术的可持续性表现在两个方面：一方面是综合考虑建筑空间、结构、材料和声光热等方面的物理效能，生成使其中一个或多个效能最优或均衡的建筑形式，从而节约建筑施工、能源消耗和全生命周期维护所需的资源，实现低碳环保。另一方面，系统化的技术方法和统一的协作平台开发有助于明确建筑数字技术的研究方向，汇集全球各地分散的研究思想和力量，减少重复、冗余的研究方法探索和不可持续的工具开发。

1.2 发展和现状

自"十五"规划开始至"十四五"规划阶段，我国的建设行业持续推进信息化进程，借助信息技术优化企业与工程项目的生产、运营、管理和决策，从而推动了信息化建设的显著进步。面对工程产品的整个生命周期，智能建造已成为深度融入新一代信息技术的新型项目建设模式。该模式追求全生命周期、全链条的一体化和协同化，目标是实现设计数字化、施工工业化、管理现代化，以期推动建设行业转型升级，实现生产方式的根本性变革。智能建造的核心内容涵盖全程数据的智能感知、识别、采集、定位、跟踪、传输、监控和管理及数字化建模与数据管理平台、数字化协同设计、工厂化生产与自动化施工、数据驱动的决策管理。

当前的建筑业发展规划，旨在推进行业和企业的数字化转型和升级。其目标是利用数字化技术，重塑企业和行业的组织关系、业务模式和生产方式。具体策略主要是以工程项目的全过程数字化为基础，从智能建造的角度出发，通过 BIM 数字化建模以及全过程的应用，实现对算据、算力和算法的全面提升，为行业和企业的数字化转型升级提供必要的数据基础和支持。

数字化主要聚焦于信息应用的计算机与自动化，将物理世界重构到数字化世界中。信息化则强调信息技术的利用，信息资源的共享，以及信息产业的发展，旨在利用信息与信息技术对物理世界进行改造，从而形成信息生产力。数字化是信息化的基础和实现手段，而信息化则是数字化的价值核心，它是在物理世界中数据的应用。智能 BIM 展现出典型的特征，包括 BIM 的自主智能特性、大数据驱动以及智能环境支撑。BIM 的自主智能特性源于其完整的模型结构，包括产品模型、过程模型和决策模型，这些模型拥有完备性、关联性和动态性等特征，能够支持模型智能关联、自动化演化、自主更新以及数据驱动决策。

以"数字产业化和产业数字化"为核心，数字技术已经成为城市高质量发展的强劲引擎，深度的数字技术赋能将促进数字文化和新型智能制造特色的数字产业发展，加速创新型开放格局的构建，并为全域创新型应用场景的开放做好准备，从而打造出数字经济对外交流的"数字新国门"。作为一种数字化的建筑设计、建设和管理方式，建筑数字化技术建立在计算机辅助设计、计算机辅助制造、计算机辅助工程、虚拟现实、增强现实以及人工智能辅助设计等技术的基础上，同时还包含了主要的模型、模拟和分析工具，旨在帮助建筑师、工程师及其他专业人员更有效地设计、评估和优化建筑和基础设施，从而实现建筑产业的数字化升级和转型。建筑数字化技术主要涵盖以下几个方面。

（1）建筑信息模型（BIM）：BIM 是一种基于数字模型的建筑设计和管理方法。BIM 在整个建筑生命周期内管理项目信息，包括构建、维护和拆除。BIM 可以帮助建筑师、工程师和建筑师合作工作，更好地管理项目，并在设计过程中进行模拟和优化。

（2）虚拟现实和增强现实（VR/AR）：虚拟现实和增强现实技术可以帮助建筑师和工程师更好地了解他们的设计，并实时进行模拟和优化。这些技术还可用于培训和演示，以及向客户和其他利益相关者展示设计效果。

（3）数字化制造（DfMA）：数字化制造是将数字设计和建造技术应用于制造建筑组件和构件的技术。数字化制造技术可以帮助减少材料浪费，提高构建质量并增加生产效率。

（4）真实时间建筑（Real-time/Interactive Buildings）：真实时间建筑技术允许建筑师和工程师实时对设计进行模拟和优化，并预测建筑在未来的表现。这种技术还可以用于可视化和演示。

（5）云计算和物联网（Cloud Computing, IoT）：云计算和物联网技术可以促进协作和文件共享，同时提高建筑的性能和效率。物联网还可以用于收集和监测建筑的数据，以便更好地进行设计和优化。

整合这些先进的技术将有助于推动建筑业走向数字化、智能化和可持续化。其中的应用包括建筑信息模型（BIM）、数字化建造（DB）、数字化运营和维护（DOM）等，可以提升工程质量和效率，降低成本和风险，改善决策和协作，同时，采用数字化技术，可对建筑设计、施工、运营和管理等各个环节进行有效处理和管理，促进可持续发展和智慧城市建设的实现。

行业发展

随着科技的进步和社会的发展，建筑行业也在不断变化和发展。在众多社交网络平台上，有很多人分享自己运用 AI 软件生成的建筑方案方面的经验和成果，作为一款基于人工智能技术的语言模型，ChatGPT 结合 midjourney、Stable Diffusion 可以对建筑行业的创作设计产生一定的影响。在 AI 辅助工具的使用中，参照建筑大师风格、现有案例图片或手绘草图，生成具有独特形态、大胆色彩与材料组合、复杂图案肌理及超前的建筑空间创作等，能够引燃人们的兴趣点和好奇心。如今科技逐渐在以天为单位进步，在 ChatGPT 融合各类软件的"宇宙大爆炸"中有 3 项最基本的能力需要设计师们具备——1. 访问最新的实时信息；2. 代表用户执行操作；3. 私人定制秘书，让他理解你、倾听你、帮你办事、教他做事，进而成为你的左右手并提供 24 小时服务。

目前，建筑设计即将进入全面的 AI 智能辅助阶段。具体说来，众所周知的 Chat GPT 是一种人工智能语言模型、一种基于深度学习的自然语言处理技术，可以模拟人类的思维和语言。它基于大规模语言数据库的训练并不断迭代，可以生成具有语义和逻辑关系的自然语言，利用深度学习算法构建的神经网络能够自动生成文本，实现人机对话。同时，鉴于强大的训练数据拥有可以媲美人类的能力，更像是一个强劲的发动机，能够帮助人类进入超级智能时代。

在全生命周期工程项目中，BIM 模型与信息集成应用发挥着智慧建筑与智能建造的核心作用，同时亦是行业数字化建模及大数据积累的关键途径。BIM 模型的信息集成应用主要涵盖 3 个方面：1. 土建、机电和幕墙等多专业的一体化应用；2. 参与建设的各方（如建设方、设计方、施工方和运维方等）的协作化应用；3. 在规划、设计、施工及运维等各阶段的协同应用。要实现这些层面的集成应用，需要全生命周期 BIM 创建技术的支撑，涉及全生命周期 BIM 体系架构和信息共享环境、全生命周期 BIM 建模技术、全生命周期 BIM 数据存储与管理技术、BIM 子模型提取与集成技术等。此外，还包括一系列 BIM 集成应用管理支撑，如 BIM 应用标准导则、基于 BIM 的管理模式与方法、基于 BIM 的业务流程组织与控制等。这些技术与管理支撑需通过统一的 BIM 平台整合为一体，以支持项目全过程中 3 个层面的 BIM 集成应用，生成完整的 BIM 数字建模，为项目全过程数字化与工程大数据积累提供数据支持。

随着 BIM 平台与数据中心的构建与运用，这一创新型技术为智能技术的融合与大数据驱动的智能管理与决策提供了强大的技术支持。BIM 与智能技术的融合应用，包括数据驱动的管理方式、动态数字监控、智能化定位，以及基于数据和算法的智能决策等。BIM 技术以其参数化、可视化、协调性、模拟性、可出图性以及信息一致性六大特点，不仅在时间和效率方面实现了提升，且最重要的是其"建立联系"的时代意义，BIM 技术的应用以模型为基础，信息为灵魂，而应用的关键在于协同。BIM 技术在建筑的规划、设计、施工和运维等各个阶段共产生了 20 余个应用点。根据《关于印发推进建筑信息模型应用指导意见的通知》，到 2020 年末，建筑行业甲级勘察、设计单位以及特级和一级房屋建筑工程施工企业，应熟练掌握并实现 BIM 技术与企业管理系统和其他信息技术的一体化集成应用。综上所述，随着 BIM 技术的不断发展，结合大数据、人工智能、5G 等信息技术的集成应用，BIM 技术应用的关注点已经从模型到信息，从简单地罗列到基于数据进行分析、挖掘和预测。基于信息，结合大数据、人工智能等信息技术的智能设计将对提高设计效率产生变革性的影响。

在 21 世纪初，高层建筑的设计和建设技术迅猛发展，积聚了丰富的工程实践经验。结构设计，特别是概念设计与计算分析，呈现出明显的知识密集型劳动特征，这是一个充满智慧的工作过程。设计过程涉及多元化的因素，包括运用知识、经验、推理、评价和判断等综合技能。目前，结构设计依然处于基础的经验设计阶段，随着设计行业工作压力的增加和工期紧迫性的增强，许多责任心强、经验丰富的工程师流失，同时导致了项目经验的流失，而新手成长需要时间，这对设计质量控制带来了挑战。在实现设计经验数字化的过程中，首先要实现数字化。这一步骤是"数字中国"建设的核心部分。然而，单纯的数据本身并不能直接为我们带来价值，为了获取更多信息，我们需要对数据进行整理和提炼，转化为信息。接下来，在信息的基础上，筛选和优化内容，形成知识。最后，以知识为依据进行决策，这一过程展示了智慧的光芒。

随着信息科技的疾速进步，建筑行业之数字化转型成为必然，专业知识及技术技能须与 BIM、大数据、人工智能及 5G 等信息科技进行系统化的结合与应用。人工智能的思维方式是从大量数据中直接获取答案，即便不知其背后的缘由。达成此目标，则务必保证室内资料手册厚度显著，也意味着人工智能不仅需要具备先进的算法，更需要依赖大数据的支撑。大数据的数据量要足够大，且不同维度数据间应有明确的关联性，否则就仅是一堆无法结构化的数据，价值并不显著。

人工智能为所有行业带来了前所未有的颠覆，这一点在建筑业也不例外。但是，就当前建筑行业的人工智能发展而言，这一颠覆性的现象并不明显，主要原因在于数据资源的匮乏。从目前的发展趋势来看，人工智能不仅能作为推动力在创作设计阶段提高工作效率，而且可以通过收集大量数据，运用其相关性为企业提供关键决策依据，成为一个重要的筛选工具。借助日益丰富的设计实例，构建相应的知识库和实例库，并辅助设计人员进行决策，已成为提高设计质量、保证质量控制、积累企业设计经验，以及提升设计品质的关键措施。

早在 2005 年，王光远院士便致力于结构智能选型的理论研究，并将其应用于实践。当时的建筑结构和建筑材料相对简单，通常建筑师仅需独自负责建筑设计、结构设计和施工技术等多个方面的问题。然而，随着新材料、新理论、新方法和新技术的不断发展，结构形式日益丰富多样，复杂程度也随之上升。与此同时，专业分工变得日益精细化。传统的经验设计方法可能导致决策失误、设计周期冗长、设计效率低下，而结构工程师疲于应对烦琐的工作，从而影响了创新精神的培养。

此刻，信息科技的巨大变革正重塑着我们所生活的社会，引领人类社会迈入一个以数字化信息技术为主导的知识经济时代。传统的 CAD 技术已无法应对市场需求的快速变迁，为了显著缩短土木工程结构设计的周期、降低设计成本、提升设计质量，从根本层面提升设计企业对市场需求的快速响应能力和竞争力，社会对设计自动化提出了更高的期望，旨在使其朝着智能化、集成化、网络化和数字化的方向演进。华润、绿地、宝能等地产开发商建立了自己的项目数据库，编制了自己的标准图集和管控标准。为了更好地服务工程的设计工作，团队整理了有关高层项目的近百条关键数据，梳理了计算分析和设计措施的关键点及百余条解决方法，编制了地下室外墙标准族库、框架柱配筋标准族库等，以及 20 余项结构设计计算表格，并将研究成果应用于项目中，显著提升了设计的标准化、精细化程度，从而保证了设计质量。

行业现状

2016 年，世界围棋冠军李世石接受了谷歌"阿尔法狗"的挑战，并最终以 1：4 的成绩惨败给了人工智能。被甲方反复地"虐"了千百遍之后，终于有建筑师坚信：人工智能必将大有可为，并且也一定可以应用在建筑设计领域。然而，AI 用于建筑设计，远比围棋更为复杂，由于涉及日照、出图、满足控规等具体条件的要求，终于在 2023 年由 ChatGPT 4.0 的升级更新在 Midjourney 和 Stable Diffusion 两款优秀的 AI 绘图软件的加持下，将建筑设计方案的工作流程进行了巨大的改变，能够非常快速地批量出图（无论是大师风格还是各种竞赛的表现图），并在建筑造型上提供设计思路和灵感，同时在现有的方案上快速出图。

在建筑设计方案逐步建造实现的过程中，我们坚信"务实"原则才是关键。为此，我们对建筑数字化技术发展进行了如下的阶段划分：1. CAD 阶段：计算机辅助设计技术的运用，让建筑设计师能在计算机软件环境下进行数字处理，从而提高工作效率和精度；2. BIM 阶段：建筑信息模型技术的应用，将建筑设计、施工、运营和管理等环节整合为一体，实现了全生命周期的数字化管理；3. VR/AR 阶段：虚拟现实与增强现实技术的应用，将建筑设计和施工过程的数字模型转化为虚拟现实场景，为用户带来更具沉浸感的体验和交互；4. AI 阶段：人工智能技术的运用，可对建筑设计和施工过程中的数据进行分析与处理，显著提高设计和施工效率。如今，建筑数字化技术已在建筑设计、施工、运营和管理等各个环节广泛应用。在建筑设计领域，AI 辅助方案设计尚处于不断优化阶段，而 BIM 技术已成为建筑设计的标准工具，实现了设计的数字化、可视化与协同化。在建筑施工方面，数字化技术能够实现施工过程的数字化管理与监控，从而提高施工效率与质量。在建筑运营和管理方面，数字化技术则可实现建筑设备的远程监控与维护，从而提高运营效率并降低能耗。

参数化建筑设计系通过运用计算机程序和算法完成建筑设计的一种方式，相较于传统手制与计算机辅助设计，此类设计方法更显理性与高效。参数化设计的价值，体现在建筑师通过构建参数和变量之间的关系实现自动创建多个设计方案的过程，进而提升设计效率及质量。参数化设计广泛适用于各式建筑空间，包括住宅、商业、公共建筑以及城市规划等，广为人知的参数化设计软件有 Grasshopper、Rhino、Revit 等。为更好地运用数字技术，我们需建立更强大的建筑基础及更自信的建筑能力，从而实现数字技术与建筑设计的完美互动。

参数化设计并非源自建筑理论学家的学术探讨，而是由工程实践推动的数字工具。20 世纪 90 年代，建筑领域涌现出一批数字设计研究团队，如铿利科技（Gehry Technologies），该团队由弗兰克·欧文·盖里（Frank Owen Gehry）事务所衍生而来；专门设立的计算机研究组（CODE），来自扎哈·哈迪德（Zaha Hadid）建筑事务所；数字专家团队，如诺曼·福斯特（Norman Foster）建筑设计事务所等。这些数字设计研究团队不仅帮助建筑师创造出令人赞叹的建筑作品，更重要的是通过参数化设计生成精确详细的施工数据，从而确保复杂的建筑空间形体能在严格的成本预算和时间规划下有序、科学地推进，最后顺利完成施工建设任务。

参数化设计已对建筑师的思维模式产生显著影响。传统设计方式主要依赖建筑师对空间概念的具象化理解和形象思维的推敲与修改，设计思路通常较为单一，可选的形象备选方案相当有限。与此同时，这种设计方法在许多情况下呈现出概念化特征，表现为一种典型的自上而下的"TOP-BOTTOM"理想化建造方式，其中最为突出的问题是大量建筑作品呈现出相似的模式且变化有限。在设计过程中，场地环境以及人的个性化需求考虑得相对较少，建筑常常需要适应建筑师的个人风格。而参数化建筑设计模式则是"BOTTOM-TOP"的科学建造方式，它依据场地条件和人体工程学参数进行虚拟数字化建造，生成严谨且合理的建筑空间造型，在参数化模型生成之前，建筑师可能无法清晰预见建筑的最终造型。只有在虚拟建造过程结束后，建筑师才能明确预期结果。这种设计过程常常让人意外，甚至在很多情况下，生成的建筑空间造型可能让建筑师感到惊讶。最后，建筑师将对这个参数化形体进行评估和分析，如果模型不满足建筑师和甲方的需求，可能需要返回修改基本参数或者修改参数模型生成的数学规则，这构成了一个循环往复的设计过程。

参数化设计的核心主题涵盖建筑空间造型、建筑立面纹理设计以及建筑顶部的设计方案。这些设计均遵循"点—线—面—体"的逻辑顺序，本书将以知名建筑大师伊东丰雄、扎哈·哈迪德和马岩松的代表作为例，详细阐述现代数字化建筑设计的建模过程及设计思路。这将为我国在数字化技术领域的深入探索和实践提供有价值的学习与思考资料。

1.2.1 建筑空间造型设计

建筑实则关乎幸福。我认为，人们都希望可以在一个空间中感受到愉悦。确实这一方面关乎"庇护"，而另一方面也关乎快乐。

Architecture is really about well-being.I think that people want to feel good in a space... On the one hand it's about shelter, but it's also about pleasure.

——扎哈·哈迪德

在参数化设计的舞台上，"形式追随功能"的原则并未失去它的光芒，反而，借助科技的翅膀，它更进一步地演绎了科学的内涵。老子的空间哲学："有之以为利，无之以为用"，即使在实践运用中，依然展现出它的魅力。相比之下，结构工程师可能更像是一名艺术家，他们的职责在于不断地寻找、探索新颖独特的建筑形式。这种创新的过程，实际上正为现代前卫的建筑师们打开了一扇欣赏视觉造型艺术的新窗口。

北京·丽泽 SOHO

图 1-1 丽泽 SOHO（照片：吴尘摄）

（一）项目简介

丽泽 SOHO（Leeza SOHO，图 1-1）坐落于北京西南角的丽泽路，为丰台商务区的代表性建筑，同时也是一个重要的交通中心，毗邻北京市中心与北京大兴国际机场。其总建筑面积达 172800 平方米，占地面积为 14165 平方米，外立面顶端高 199.99 米，中庭顶端达到 194.15 米，共 45 层，能够满足北京中小企业对灵活高效甲级办公空间的需求。

丽泽 SOHO 所处的地理位置较为特殊，恰好位于北京地铁在建 5 条新线交会的商业区火车站周边。这使得建筑场地被一条正在施工的地铁隧道斜向地分割为两部分。这种设计使建筑体量一分为二，而两个部分之间的空隙将贯穿整个建筑高度，从而形成一座世界最高中庭。这两部分建筑相互交融，犹如两条相互缠绕的丝带，增强了外观的动感。在塔楼的十三层、二十四层、三十五层和四十五层设置了空中走廊，使得人们可以透过弯曲的外墙欣赏城市的风光。建筑中庭部分作为连接塔楼内部空间的关键要素，利用动感的扭转姿态，为内部空间营造出变幻莫测的视觉体验，创造出一个极富吸引力的、与城市交通网络紧密相连的独特公共空间。大面积玻璃幕墙可引入自然光线至建筑深处，使其更好地融入外部环境。此外，中庭还配备了通风系统，能够净化和过滤塔楼内部环境。丽泽 SOHO 采用了整体式双重隔热玻璃幕墙系统，以确保每层楼都能得到良好的环境控制。通过调整各层的倾斜角度，实现了室内通风功能。

（二）参数化逻辑要点分析

丽泽 SOHO 位于北京市丰台区丽泽金融商务区，是由国际著名女建筑师扎哈·哈迪德设计。

1. 该项目初期看来似乎相对简洁，但深入研究后却能发现其隐藏的难度。项目的难点在于建筑中庭的内部区域。这一区域在建筑物的中心被划分为两个部分。因此，我们可以推断，建筑物中庭的复杂性，源自建筑物的功能设计。值得注意的是，我们可能在研究建筑的外观时，对其内部空间的关注度不足。从建筑物的二维视图来看，此建筑整体呈现为一个椭圆柱形，平面图呈椭圆形状，如同一个被压扁的椭圆形啤酒桶。然而，这个椭圆柱子被分成了两个部分，两部分之间存在着一个扭曲的过渡区域。若未能深入了解该建筑的设计过程，并试图模仿其设计，在模型构建阶段将可能产生大量问题，甚至导致无法准确地复制其形态。

2. 在审慎评估了该项目的设计理念后，我们可以启动构建流程：基地内部有多条地铁线路穿越地下，其中一条线路是从平面中心通过，因此该平面椭圆本身存在一个方向。沿着地铁隧道中心穿越椭圆圆心，在穿过椭圆的位置寻找一条切线，并以隧道的瞬间切线将椭圆体（椭圆柱）割成两半，再将割开的两半线缝部分进行扭转处理。以上内容构成了设计理念，也是接下来构建过程的一部分。在扭转之后，为了拓宽视野和视角，需要增加空间的开阔性，因此，将扭转体的中部区域渐变为更宽，继而从下到上的缝隙将呈现出越来越小的趋势。根据这个趋势进行构建，就能更好地接近目标。此外，通过建筑内部的照片可以看到，在扭转体内部又增加了 4 个部分，而扭转角度是根据地图，将原先的切线扭转至与丽泽路平行的方向（即扭转角度与丽泽路平行）。

3. 在该建筑中存在两个固定的交通核部分，它们将在形体的扭转过程中自然显现为椭圆形体。最后的中庭部分揭示出圆柱体与扭曲面的交叉形态，这是一个精心设计的布尔运算过程。为了改善视野，我们在中庭再次进行了空间曲线的切割（图 1-2）。该切割工作发生在空间曲线的切割位置。在这个位置上，我们观察到一个扭曲的锥形，其圆

图 1-2 项目效果分析
（著者制；照片由吴尘拍摄）

锥的顶点最终收敛至一点 c，而圆锥的开口 a'b' 是一个正圆弧，经过了一个向点 c' 的扭曲。因此，我们可以应用圆锥的扭曲性质，从而简化空间曲线的布置。

4. 若仅考虑模型的构建，Rhino 的手工建模方式确实能够较快地完成此过程，然而，在参数化的实践工程项目中，模型的修改是不可避免的常态，且需在后期考虑与 Revit 软件的集成，直接输出施工图纸和与厂家进行生产配合。因此，Grasshopper 的建模能力显得至关重要。

（三）参数化主要过程分析

建模整体思路：

1. 将平面和立面的图纸文件放置于 Rhino 原点，根据图纸数据进行参数化建模；

2. 在 Grasshopper 里，将原点坐标平面设置为工作参考的绝对坐标；

3. 根据建筑造型规律，整个造型可分为左右两部分，且两部分为旋转对称，因此建模可以先建其中一部分，另一部分用旋转复制得到；

4. 建模顺序：建筑整体造型（A）——建筑中庭造型与交通核部分（B）——建筑主体部分体块（C）——建筑幕墙部分（D）——建筑另一部分（E）。

建筑造型特点：

该建筑形态主要划分为两部分。其一，建筑的整体体量呈现出由中间粗壮至两端纤细的线条形态。鉴于此，平面图的外轮廓线被设计为建筑体量中部的最粗壮线条，如此，我们可以开始绘制平面椭圆；其二，建筑中庭的 S 形造型也被纳入考量范围，其形态中的参数常常引发问题。因此，采用扭转运算器，在处理整体 S 形的体块时，需要进行布尔运算的区域便应当使用扭转运算器进行处理。

◆ **步骤 A——建筑整体造型（图 1-3）**

思路： 建筑体块近似一个压扁的"啤酒桶"

1. 用 3 个椭圆（顶、底、中间）放样做建筑体块，椭圆半径为整数，画出底部的椭

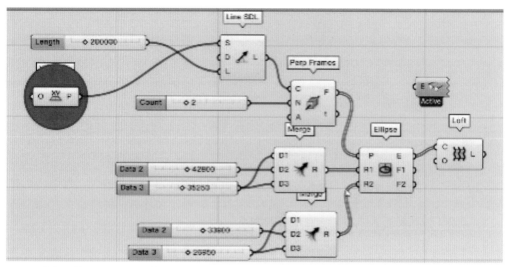

图 1-3 步骤 A 的 Grasshopper 电池组

圆工作平面，注意椭圆有长短两个半径；

2. 从图纸可知，建筑高度是 200 米。在原点处向上 200 米，然后通过均分的方式将中轴线均分为 3 个工作平面，并调整好工作平面的显示尺度；

3. 连接第一步的椭圆工作平面，同时接入汇流的 3 个半径，注意分清上、中、下的椭圆，其中，上、下两个椭圆的半径一致，且为整数。然后，将这 3 个椭圆进行放样处理。

◆ 步骤 B——建筑中庭造型（图 1-4~ 图 1-20）
步骤 B-1：中庭体块扭转（图 1-4）

思路：椭圆形建筑体块本身不发生扭转，需要扭转的是中间跟椭圆体块相交的长方形体块部分，并确定先下后上的扭转顺序。

1. 在椭圆切割线位置画出矩形，在原始点的参考工作平面上（即相对坐标）进行该矩形的缩放，X、Y、Z 值都有方向地缩放，画出矩形的长边要突出到建筑体块外。这里需要注意矩形平面的扭转角度，并改变其角度的单位，这也是在控制体块中下部分缝隙的位置。然后，将缩放后的矩形在 Z 轴方向上挤出建筑高度。

2. 将挤出的长方体进行扭转，之后再把椭圆体块外的部分减掉（设计思路即建模思路）。把两个体块加盖，并在确定扭转轴和改变其角度单位以进行度数控制（这个角度是扭转的总角度）后，再扭转调整，同时注意确定好扭转角度。

3. 把建筑体块和扭转后的长方体进行布尔运算——差集。再调试各部分的角度和宽度，其中，长方体的宽度决定中间缝隙上下开口的宽度，扭转的总角度用来控制上部缝隙的位置（这个建模的角度可为小数，在真实的项目中可以凭效果感觉或参考真实地图中的方位）。由此便得到建筑中庭渐变的长方体效果。

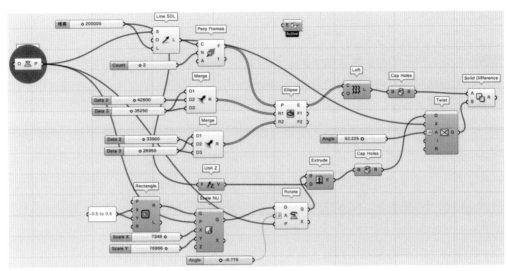

图 1-4 步骤 B-1 的 Grasshopper 电池组

步骤 B-2：中庭造型渐变（图 1-5、图 1-6）

思路：在立面图纸上，如果用 Rhino 手工画线的方式去控制造型，最精减时也需要
5 个控制点（即需要有 5 个参数来控制造型）。因此，最简单的控制方法就是做 5 个渐
变宽度和高度、长度超过体块的矩形（截面）工作平面，然后放样，这个过程的着重点

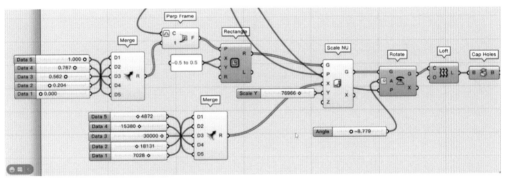

图 1-5 步骤 B-2 的 Grasshopper 电池组（1）

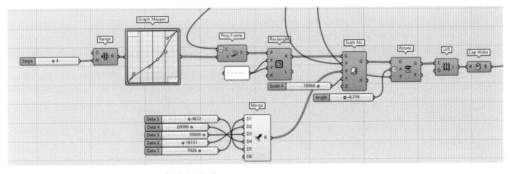

图 1-6 步骤 B-2 的 Grasshopper 电池组（2）

在矩形的宽度渐变 X、Y 值。具体步骤如下。

1. 调整 Grasshopper 电池位置，将中轴线均分成 5 个矩形工作平面，其中矩形的 X 值是渐变的，用 5 个值（建议电池由下到上排列，这样比较容易查看）汇流控制。

2. 先旋转一定的角度，然后放样，再加盖，用第 1 步汇流的 5 个值控制建筑中庭部分的渐变效果（可以用 Grasshopper 线框模式对照立面图进行查看）。

3. 此时的效果不够准确，可以采用调整截面工作平面高度的方法来调整，即需要把 Grasshopper 电池运算器 Perp Frames 更换为 Perp Frame 重建阈值，5 个截面高度采用汇流的方式接入，其中第 1 个截面在最下，与地面同高，最后一个截面在最顶，中间还有 3 个截面。

（注：渐变数值的汇流，也可换用数列 Range 和贝塞尔函数曲线控制、调整渐变高度）

步骤 B-3：建筑交通核部分（图 1-7、图 1-8）

思路： 按照平面图纸画出交通核部分的形状，其中朝向中庭部分均为正圆弧，另一部分由两个图形共同构成椭圆，因此该建筑的 2 个交通核形状为椭圆和 2 个正圆形的交集，走廊是根据正圆形偏移而来的，可用 Grasshopper 参数画出来，再放样为体块。因左右两个交通核体块为旋转镜像关系，所以建议先建出一个交通核体块后再通过旋转复制出另一个。

1. 在 Rhino 中找到两个正圆弧的圆心，手工画点后嵌入 point 电池，使 Rhino 中的点转化为 Grasshopper 参数。

2. 画一个正圆和椭圆取交集，得到交通核部分的轮廓。然后，将其挤出并接入建筑高度后，得到一个交通核体块（务必记得加盖）。这里和步骤 C 得到的建筑本体结合，可以看出建筑中庭部分自然露出的交通核体块（图 1-7）。

3. 将已有交通核体块进行旋转。

步骤 B-4：中庭主结构（图 1-9~ 图 1-12）

思路： 鉴于该建筑左右两部分为完全镜像关系，所以选取模型的一半进行建模设计

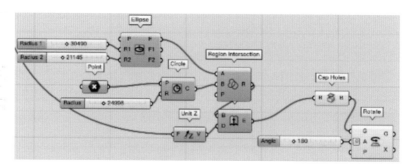

图 1-7 步骤 B-3-2 分析　　图 1-8 步骤 B-3 的 Grasshopper 电池组

图 1-9 项目效果分析（注：1.避难层 / 设备层；2.体块边框；照片：吴尘摄）

以达到精减建模。由建筑图纸可见，该建筑中庭的主结构是由避难层 / 设备层和体块边框等宽相连的精巧设计，同时避难层 / 设备层也是左右两部分的通道（图 1-9）。因此，要做出避难层的宽度即两栋楼通道的宽度，需要对主体用偏移进行交集。

1. 先剥离步骤 B-3 中的交集面，即炸开挑选出来，之后再将其边线中的相交边挑出来进行偏移（这里用圆管工具求交线的方法，图 1-10）；

2. 但因圆管运算工具为法线方向，所以需要以其切线的方向将管子延长，并和交集面相交求得交线 a（图 1-11，即步骤 B-5 中的中庭三角形圆锥 a 边）；

3. 在此，得到中庭体块边框的面，它的宽度就是通道的宽度。

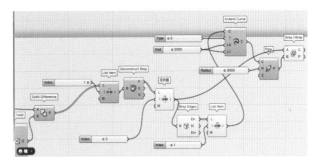

图 1-10 步骤 B-4-1 分析

图 1-11 步骤 B-4-2 分析

图 1-12 步骤 B-4 的 Grasshopper 电池组（注：挑选面和边线的序号会有所不同）

步骤 B-5：中庭三角形圆锥部分（图 1-13~ 图 1-20）

思路 1：

Q：如何在曲面上画线？

A：用 Curve On Surface 指令在面上以 UV 点为基础画线，其中需要重建面的阈值。这条曲线是 UV 点在曲面上的最短距离，同时它会紧贴面，是 UV 的轨迹（注：UV 的最短距离不等于曲面的最短距离）。其中，以 UV 点为基础有两种画线方法：

1. 采用手工控制点的方法画出曲面上的 UV 线，用两个 MD Sader 接入 Curve On Surface 的 UV 接口；

2. 采用点在曲面投影的方法画出曲面上的 UV 线，点可以用 2 个、3 个，同时要注意 3 个点的顺序（图 1-13）。

思路2：该部分分为左上角和右下角两部分。在左上角部分中，a、b、c 分别为中庭三角形圆锥的 3 条边，其中在步骤 E 中用圆管法取得 a 边，现需求取 b、c 边（图 1-15）。其中，a 边上的点 3 由工作平面切得，c 边上的点 1 已知，需要找取到点 2（图 1-14）。最后，三角形圆锥部分可由点 1 和点 2 构成的截面，结合 a'边和 b 边进行双轨扫略。

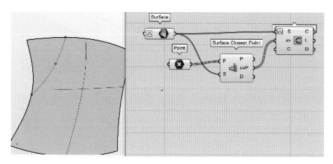

图 1-13 步骤 B-5 思路 1-2 分析

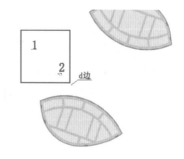

图 1-14 点 1、2 位置

1. 由图 1-15 可知，点 3 的高度在第二避难层。因此，在 *XY* 工作平面中由步骤 B-4 得到的交曲线 a 上，取一个刚好在此高度的点，即为点 3。同样是在 *XY* 工作平面中，再从步骤 B-3 中交集面的边线中挑选出 d 边并在上面取点，同时对照平面图选定点 1 的恰当位置。

2. 将点 2 和点 3 投影到步骤 B-3 的交集面上，得到相应投影点的 UV 值，然后在这个交集面上画线，得到 b 边（图 1-15、图 1-16）。

3. 由点 1 和点 2 构成的截面，以 a'边和 b 边为轨道进行双轨扫略。其中，用交点 3 的 *t* 值把 a 切断，再挑出 a'边。取 a'边和 b 边的端点——顶点画圆弧（注意两条线是有方向的），和这两点连直线的法线方向偏移线的中间点进行 3 点画弧，这个偏移量就是弧的半径，最后进行双轨扫略得

图 1-15 项目效果分析（照片：吴尘摄）

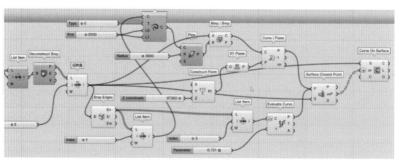

图 1-16 步骤 B-5 思路 2-2 分析

图 1-17 步骤 B-5 的 Grasshopper 电池组（1）——b 边

到交集面左上角的三角形圆锥（图1-18、图1-19）。

4. 交集面右下角的三角形圆锥：先将左上角的整体参数电池复制一份下来，再重新选取其中的点和交线用以更新参数。参数的不同之处在于 a 边、d 边的挑选和法线方向偏移的正负值（图1-20）。

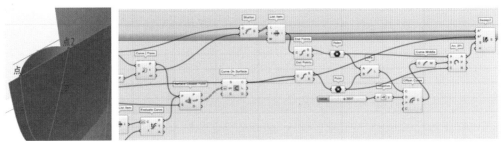

图 1-18 步骤 B-5 思路 2-3　　图 1-19 步骤 B-5 的 Grasshopper 电池组（2）——三角形圆锥

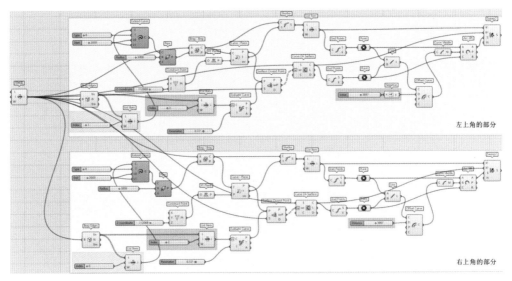

图 1-20 步骤 B-5 的 Grasshopper 电池组（3）——总

◆ **步骤 C——建筑主体部分体块**（图1-21、图1-22）

如图1-20，这一部分的操作流程相对简明，将构成建筑主体体块的4号、6号、8号面的参数从步骤B-5参数中挑出，和把1号、2号、3号、5号、7号、9号面用线切割挑出再组合成的体块同交通核体块进行布尔运算求交集，然后炸开挑出每个曲面，并用颜色区分，以便查找。

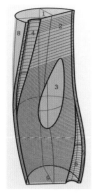
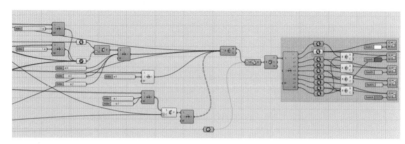

图 1-21 步骤 C 分析　图 1-22 步骤 C 的 Grasshopper 电池组

◆ **步骤 D——建筑立面幕墙部分**（图 1-23~ 图 1-38）

幕墙造型的规则实验：

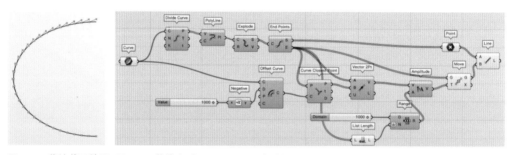

图 1-23 幕墙截面效果　图 1-24 幕墙造型 Grasshopper 电池组

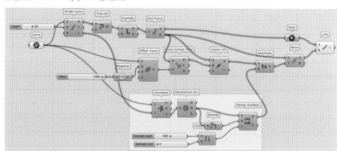

图 1-25 幕墙造型的规则效果　图 1-26 幕墙造型的规则 Grasshopper 电池组（底部）

思路 1： 由图 1-23、图 1-24 得到的玻璃幕墙造型的夹角是渐变的。

Q：那么，如何能做到减小该玻璃幕墙造型的段差，即背面夹角不越来越大，又如何让夹角由小变大再变小？

A：根据幕墙平面图椭圆上每点的瞬间曲率圆的半径值来确定幕墙造型的翘起量并进行渐变，即半径大的地方夹角小，半径小的夹角地方大，再用曲率圆半径进行法线方向干扰的移动量来控制大小（图 1-25、图 1-26）。

注 1：曲线为开放线。

注 2：30 个均分点会出现 31 条线，所以需要把最后一条线减掉。

以上是幕墙底部的建模方法,顶部还需将参数整体复制。第一层和第二层的段数相同,这里的每层曲线为双曲,需要拍平后进行放样(图1-27、图1-28)。

思路2:以上由思路1得到的面为双曲面(在Grasshopper里由放样得到的面,点顺序是整齐均匀的)。

Q:如何把一个双曲面优化为单曲面即纯平面?

A:任意3点一定共面,以任意3点为基础做一个工作平面,将第4点拍到工作平面上。即从该双曲面中取4个点出来,标明点"0、1、2、3",并取"0、2、3"这3点构成一个工作平面,再将点1垂直投影到该工作平面上得到点1',最后以点0、1'、2、3进行4点建面。这里拍1号脚点是因为它受影响较小,那如果需要幕墙造型更翘(即夹角更大),调整4个点的顺序即可(图1-29、图1-30)。

图1-27 放样效果

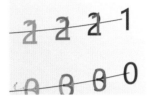

图1-28 双曲面上点的顺序

实验结语: Grasshopper参数规则使建筑幕墙的造型既美观、预期效果又是纯平面,完美达到了建筑方案的设计要求,同时也极大地方便了建筑幕墙工程后期的生产和施工、降低了工程造价和难度;若采用非纯平面的钢化玻璃,则造价要高出好几倍。

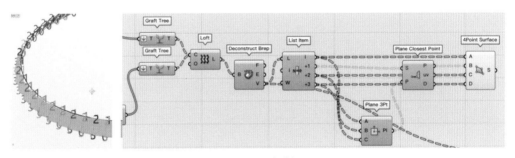

图1-29 幕墙分析　　图1-30 幕墙夹角Grasshopper电池组

建筑主体部分的立面幕墙(图1-31~图1-38):

(1)由层高线到幕墙边线:按照建筑剖面空间分析,层高分为5类:地面层、一层、二层、标准层、VIP层和避难层,将各层的层高汇总后,调整模型单位。然后,取Z轴上的点为工作平面,并和步骤D里的8号面相交。得到的交线就是幕墙的边线(图1-31、图1-32)。

(2)明确幕墙的上下边线:把得到的交线,即等高线(不分组)拍平后(不滚动)挑出,作为幕墙的上边线;交线最下面的一条线要减掉,作为幕墙的下边线(图1-33)。然后接入幕墙造型参数组,得到的每一个面都需要封边,可以用偏移或挤出加厚的方式,操作如遇卡顿,可以将面转化为精简网格或关掉显示数字再进行操作。

建筑中庭部分的 S 形立面幕墙:

这里有个技巧是通过 UV 进行分割。建筑主体和中庭两部分交接的边缝一定是直边玻璃（缝隙很小可以忽略），同时也需考虑尽可能降低参数化工程实际造价和施工难度的问题。

（1）首先，需要切出中庭的 S 形面，S 形外立面会比较特殊需要重建。

Q：为什么需要重建 S 形面?

A：将建筑整个外立面和扭转面取交线，进行切割再把 S 形面挑出（图 1-35），烘焙得到修剪出来的曲面，修剪过的面的结构线与没修剪过并无差异（图 1-36），无法得到图 1-37 中的效果，所以 S 形面的结构线应以该面的 UV 线为基准在曲面上切割出每一层数量一致的玻璃（由图 36 可见它的顶点都对上了，且是个点的矩阵），切出来的玻

图 1-31 建筑主体幕墙细节效果（照片：吴尘摄）

璃面也是双曲面，同时曲面上的玻璃会使曲面上非平面的翘角小，且越小越不明显，这样也是为了在忽略一定的误差后能够使单片玻璃更接近纯平面；在完全不优化的情况中，

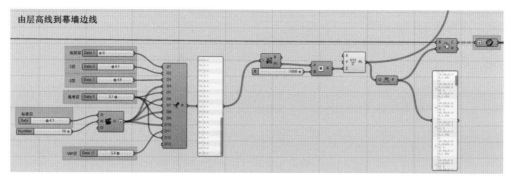

图 1-32 幕墙边线的 Grasshopper 电池（1）

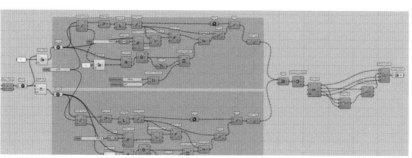

图 1-33 每层幕墙下边线分析　　图 1-34 主体立面 Grasshopper 电池（2）

图 1-35 切割
后挑出 S 形面

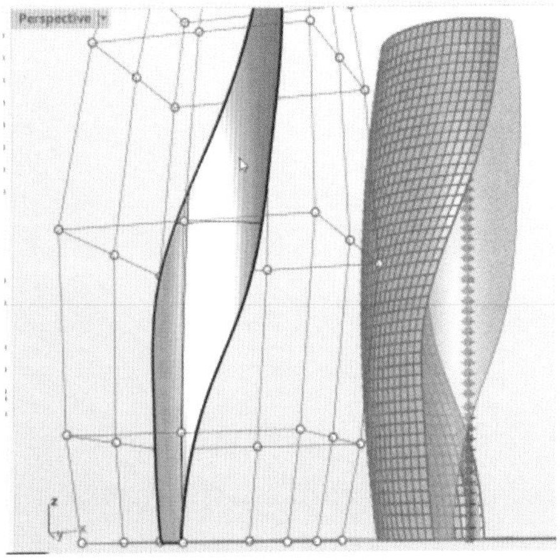

图 1-36 修剪过的面的结构线分析

图 1-37 项目效果

可使用 Grasshopper 的袋鼠插件，可以同时拍平所有的面。因此，需要重建这个 S 形的面。

（2）建筑中庭部分 S 形外立面重建的方法和建筑主体外立面幕墙一样，需要用等

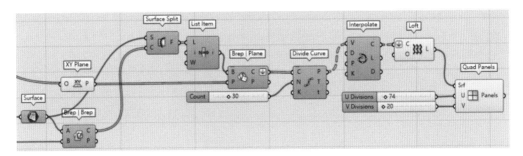

图 1-38 S 形曲面重建方法 Grasshopper 电池（3）

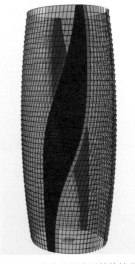

高线进行切割，切割密度是原来的 2 倍（由图 1-42 可见每层又均分 2 份）。

（3）重建的方法是求等高平面的交线，将得到的线（让它的控制点均匀排列）连成平面后再拍平放样，如此一来得到的面的效果就会很好、很漂亮。用 UV 线或者 Quad Panels 插件（UV 方向的片数可以自由控制）对面进行切割，这样所得到的 S 形曲面会很接近原方案（图 1-38）。

◆ **步骤 E——建筑另一部分（图 1-39）**

以上参数以建筑平面圆心为中心点，旋转复制即可得到建筑造型的另一部分（图 1-39）。

图 1-39 建筑立面造型整体效果

台中·大都会歌剧院

（一）项目简介

台中大都会歌剧院是位于中国台湾省台中市的一座现代化建筑，由日本著名建筑师伊东丰雄设计，该剧院占地大约为2.3万平方米，总建筑面积达到5.4万平方米。行政管理楼共有13层，并设有地下室。整个建筑外观呈现出流线型与曲线造型相结合的特点，给人以动感兼优雅的视觉体验。立面采用了玻璃幕墙作为主要材料，在阳光照射下可以反射周围环境的景色，使整体看起来更加通透明亮。同时也采用了金属网格覆盖部分区域，增强了艺术氛围与美感（图1-40）。

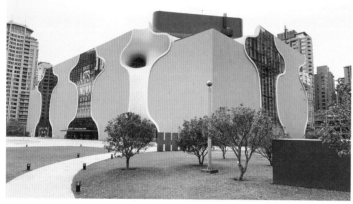

图1-40 项目实景（照片：谢岱桦摄）

·壶中居——歌剧院外观无论玻璃墙面还是水泥墙面，都是如同酒瓶般的形状，设计师伊东将之称为"壶中居"。

·曲墙——歌剧院是全球第一座以曲墙为结构主体支撑的建筑，整体除了边界之外，几乎没有直线，总共以58面曲墙、29个洞窟组成，空间大小不一，彼此间隔却又相连，形成流动的空间，打破一般建筑界限分明的形式，是仿生建筑概念的实践。

·呼吸孔——歌剧院的呼吸孔模拟自然界的生物，透过孔洞获得生命所必需的阳光、空气、水。白天，阳光从呼吸孔洒入歌剧院；夜晚呼吸孔透出馆内的幽微光线，使每个呼吸孔的亮度都不同，让坐落于市中心的歌剧院仿佛得以透过呼吸孔与城市一同呼吸。

·防火消防水幕——曲墙上一点一点如同星座分布连成的一条线，是引进日本荣获世界专利的防火水幕系统，每一个点都是一个喷头。当监测到火灾发生时，就会降下细细的水幕，第一时间快速阻绝火热与烟气、防止火灾蔓延，并净化火场扬起的悬浮微粒，增加歌剧院的安全性。

·辐射冷却地板——歌剧院一楼的地板下暗藏机关，铺有冰水管线，不仅可以大幅降低空间温度，还能透过地板的出风口送出冷空气，使冷空气维持在地面以上 2 米处（约是一个成年人的高度），以维持恒温，达到舒适的室内空间效果。

　　建筑内部空间是一个灵活的声学空间，分割成许多水平和竖直的管状空间，被称为"美声涵洞"，其空间布局注重舒适性和实用性：包括 1887 个座位、排练厅、音乐图书馆等功能区域，各区域与剧场交错相连，呈通透的网格状，观众行走在建筑中，好似在洞穴中漫步，是全新的空间体验（图 1-41）。此外，建筑内还设置有吊顶式可调节灯具系统及声学隔离设施等先进技术装备，以提供最佳环境体验。剧院将通过 LED 灯光展示不同的色彩和图案，使建筑在夜间也成为城市中一道亮丽的风景线。台中大都会歌剧院独特而现代化的设计吸引了街头群众和艺

图 1-41 项目室内实景（照片：谢岱桦摄）

术参与者，也使这里成为一个重要的文化场所，展示了对音乐与表演艺术发展的承诺与追求。

　　建筑结构极为特殊，无梁无柱且没有 90° 的直角空间，墙体都是三维曲面墙体。结构设计由台湾永竣工程顾问股份有限公司和 ARUP 合作完成。整个结构分地上和地下两部分，地上 6 层，地下 2 层。地上部分的主体结构由曲墙、镶嵌式楼板、镶嵌式墙面、实心外墙及服务核心筒所组成。除了镶嵌式楼板为钢与混凝土的组合结构外，其他所有主体结构均为钢筋混凝土结构。而各剧场的幕塔和舞台则为独立的钢结构系统，插入主结构的洞口中，并与主体结构之间进行适当的连接，剧场观众席也属于钢结构。

（二）参数化逻辑要点分析

　　在该项目的数字化模拟过程中，既能够在 Rhino 环境中采用全手工方式创建模型，又能够运用 Grasshopper 工具实施参数化建模。基于 Rhino 的手工建模经验，可以清晰地理解该工程实例的参数化设计思路，为了便于建筑工程的优化调整和施工后的再设计，这里推荐在 Grasshopper 环境下实施该项目的参数化建模。

　　"极小曲面"的概念在业内广受欢迎，然而，建筑物本身并未严格遵循这一原理，而是基于该理论的实践。尽管理论上的数学模型难以直接应用于实际项目中，我们仍然可以采用多种算法以及手工建模的方式，使其既符合科学原理，又具备美学价值。例如，

从图 1-40 中可以观察到建筑物的外形酷似细胞结构，这其实是泰森多边形（Voronoi）的应用。在经过泰森多边形的优化调整后，我们将截取所需部分，以达到科学与美学的和谐统一。

逻辑要点解析：

该建筑的造型形态是由矩阵所决定，并在矩阵的基础上进行泰森多边形的变形。至于变形与打乱的规则和方法，我们需要参阅项目的一个算法。该算法的具体内容我们不得而知，但可以确定的是，所有操作都经过深思熟虑和周全计划。参照图 1-42，它展示了 A、B 的分布，其中 A 和 B 表示突出与凹陷的位置。因此，建筑通过在间隔凸与凹的中间部分进行变形和打乱，从而在 A 点表现出凸性，而在 B 点表现出凹陷性。了解了这一规则，参数化建模就会变得容易许多。通过图 1-43，可以看到建筑的侧面存在四个凸起与凹陷的关系。经过研究，我们发现整体造型并非 Voronoi 图形，而是在泰森多边形的基础上调整变形，这种形态在网络上常被其他人用网格细分的方式来操作。然而，使用网格的一个缺点，是其尺寸难以精确控制，进而导致在曲面处理上存在困难。因此，在这里我采用了 Grasshopper 参数电池不精减的方法进行建模，以便让大家更好地理解，同时也为进阶者提供热身，希望大家都能够愉快地探索 Grasshopper 的奇妙世界。

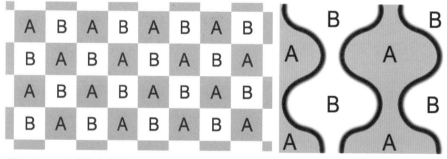

图 1-42 A、B 的分布分析　　　　　　　　　图 1-43 建筑造型凹凸关系

（三）参数化主要过程分析

◆ **步骤 A——建筑造型曲面**（图 1-44~ 图 1-50）

1. 根据它每一层的图纸可知，这个建筑是一个 123000 米 ×66000 米的矩形体，那么我们在 Grasshopper 里画一个矩形。

小实验： 在上述叙述中已提及，该泰森多边形并非基于标准数学模型，而是在经过优化和调整的状态下呈现。根据建筑功能的需求，该多边形亦进行了相应的变形处理。实际上，将泰森多边形生成在矩形范围内的操作，如先前的实验所示，在此处，我们会观察到它的一种变体。

在具有 Rhino 或计算机绘图经验的前提下，由此可知，最终建成的建筑模型为 NURBS 曲面而非传统网格。在模型构建过程中，可能借助网格进行了深度细分。对于实现曲面的方法，有几种情况？事实上，这个作品包含了镜像成分，即自下而上的镜像以及 3 次镜像。每一层都通过镜像手段构建，各层之间存在微小差异，但这些差异在整体上接近镜像效果。倘若基于目前的造型欲塑造此类 NURBS 曲面，我们可以采取下面的一种方法来实现。

（1）将多边形变成一个圆滑的多边形。即可以通过控制点画线的方式将这个多边形变成一个曲线的环，但这样得到的形状和原来多边形的形状不太接近，所以这里用均分点。假设均分成 20 个点，然后对控制点进行连线；

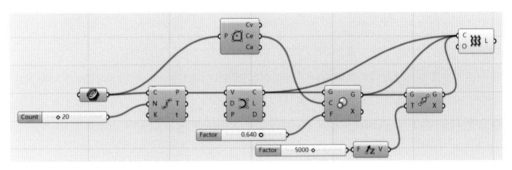

图 1-44 实验所用 Grasshopper 电池组

（2）取多边形的中心，将圆滑多边形缩小后，在 Z 轴方向移动 5000 单位再进行放样（"内差放样"——这里注意顺序：1. 缩小前的、2. 缩小后的、3.Z 轴移动后的，其中 Grasshopper 电池的 O 端选项更改为"Loose"），进而得到想要的效果。

注："内差放样"是透过起点进行放样，因此它放样出来并没有办法往垂直方向和平面相切，所以需要更改运算器里 O 端的选项为"Loose"。即以控制点放样，也就是说当两条线垂直时，放样出来的面也会相互垂直；当两条线共面时，那得到的面也会平行于水平面的（Loose 特性）。

实验结语：若将 Z 值参数设置为负，那么整体造型将呈现下行趋势。基于此特性，我们便能构建出建筑所需的所有造型形态。

2. 该建筑既有向上延伸的部分，也有向下延伸的部分，在处理建筑形态的过程中，我们对这些部分进行区分（图 1-45，用方框标出的位置表示向上部分）。基于对建筑空间的考量需要挑选出这些点，因此我们无须过度深入探讨。

接下来，我们需要探索如何将这里的各类多边形集群转化为小实验所带来的改善成果。将一个多边形集群拆解成多个元素，在 Grasshopper 的流程中是迅速且便捷的。

①首先把 Rhino 中的 30 个多边形一次性地拾取进 Grasshopper，然后在每个多边形的中心编号，然后通过挑出 30 个长度的数列（都为整数）进行编号筛选（图 1-46）。

注：曲线整体拾取（框选）的顺序是曲线流水号码的倒序，越大的越靠前。如果觉得乱可以重新排序，但这里并没有必要。

②接下来，凹凸部分的区分只能通过手工来挑号码，所以把凸造型的号码写下来，然后把它们挑出来（图 1-47），再把其他凹造型的号码反选出来（图 1-48）。

③在这里接上小实验的电池组后，会发现在参数分组有问题的情况下放样出来的结果是错乱的。原因 1——在于缩放时多一次分组，产生了叠加配对，所以这里需要在 G 口拍平再缩放；原因 2——在于放样时是每 3 个一组进行先拍平再发芽后放样（注意要选择 "Loose"），这样就是垂直向上的效果了（图 1-49）。

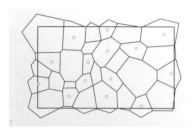

图 1-45 向上与向下部分分析

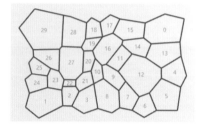

图 1-46 编号分析

◆ 步骤 B——缝隙面（图 1-51、图 1-52）

1. 考虑到每个平滑多边形皆存在缝隙，因此，为了将无墙的表面填充成平面，我们需要使用步骤 A-1 所定义的矩形，并借助这些平滑多边形将面分割开来。为了识别所需的平面，有一种方法是确定其规则。这里提供一个规则，即并非所有平滑多边形中最大的那个面的边际线是最长的。因此，我们可以先从切割后的面中移除边缘，然后测量其长度。

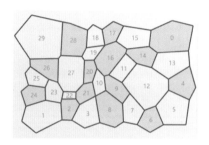

图 1-47 凸造型部分分析

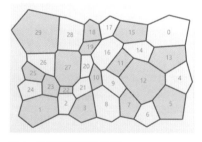

图 1-48 凹造型部分分析

2. 由于部分面上存在多条边线，我们必须计算所有边线的总和，并按照长度对其进行排序，找出最长的一条边线。参考整体效果如下（图 1-51）。

图 1-49 垂直向上效果

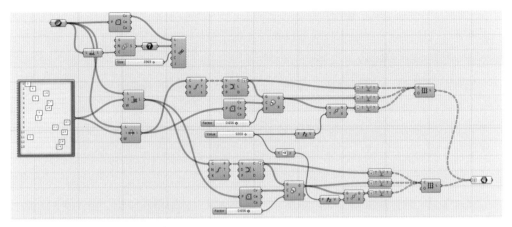

图 1-50 步骤 A 的 Grasshopper 电池组

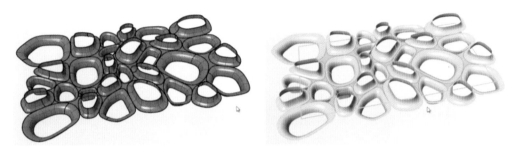

图 1-51 步骤 B 造型效果

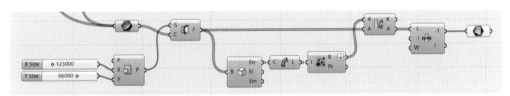

图 1-52 步骤 B 的 Grasshopper 电池组

◆ **步骤 C——矩形框内造型**（图 1-53、图 1-54）

1. 在对矩形框进行处理时，首要任务是移除框外部分：将矩形边界线映射至所选的各个面（在此，先要对选定的曲面进行发芽处理，并按此步骤进行投影，以确保得到的边界线已进行分组），然后通过对投影边界线的应用，实现对所选曲面的切割。

Q：在切开矩形框后，如何处理和移除包围在矩形框外的曲面，只保留框内部分？

A：存在一种方法，即将经过切割的每一个表面上的一个节点提取出来，并且通过这个节点的位置在当前的框架内或者框架外对其进行选择性的筛选。

Q：如何在平面上确定一个特定的点？

A：有以下几个命令可以使用：

图 1-53 步骤 C 造型效果

①首先，使用 EvalSrf 将面切开后，它的 UV 很可能有很多部分在面之外，所以用这个命令取很可能选取到修剪后的部分，并没有办法保证所取的点是在面之上，而需要选取的点很可能在被切掉的部分之上；

②当然，使用 Area 工具先取面中点也可以，这是比较简单的，但计算时会多算一个面积；

③因此，我们可以用 PopGeo 工具选取需要的点，它是在面上取一个随机点，同时也可以保证点在框内，同时还可以用来判断框内外的情况。

所以，我们取所有面上的随机任意一点，判断该点所处的区域为框内还是框外，并以此作为分流的根据。

2. 接下来，将分流出来的框内曲面和缝隙面拍平，并衔接在一起，经过烘焙之后，就得到我们所需建筑其中一层的造型效果（图 1-54）。

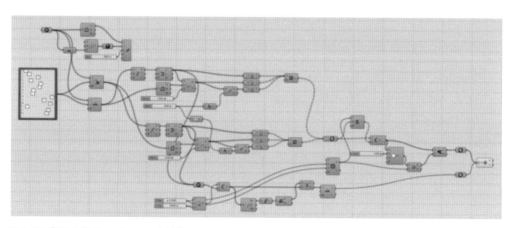

图 1-54 步骤 C 的 Grasshopper 电池组

◆ 步骤 D——建筑整体造型（图 1-55、图 1-56）

1. 把步骤 C 得到的造型连续镜像 2 次（镜像可在 Rhino 或 Grasshopper 中完成），就得到了建筑整体的曲面模型（图 1-55）。

2. 在创建建筑曲面造型的过程中，只需对实体进行相应的偏移，即可实现其厚度的调整。至于曲面之间的缝隙，直接挤出即可满足需求（图 1-56）。

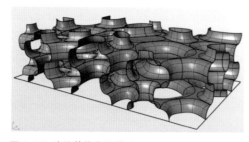

图 1-55 建筑整体曲面模型

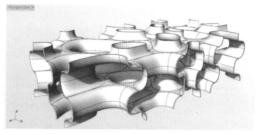

图 1-56 建筑曲面造型效果

1.2.2　建筑立面肌理设计

建筑物也在交流，建筑是沟通的容器。

Building is communicating. Architecture is a container of communication.

——帕特里克·舒马赫（Patrick Schumacher）

参数化肌理式的设计为建筑立面带来了多样性的革新，打破了传统建筑创作的思维框架。作为内外空间沟通的媒介，建筑表皮逐渐从呆板、静态且二维的特征中解放出来，展现出多样化的形态。这可能促使传统观念下的建筑师和鉴赏者重新审视他们的思维。传统的审美理论，如严谨、对称、均衡等形式美法则，已经无法完全解释诸如折叠、流体、扭曲、编织、裂变等新的建筑表皮创作手法。

近年来，越来越多的建筑表皮类作品呈现出复杂且多层次的变化，展示了体块的扭转和叠加、内外界限的模糊和转换、生态功能的复合承载等现象。这些作品使当代建筑表皮明显呈现出从肌理式向体化形式的转变趋势。这种转变不仅丰富了建筑表皮的形态，而且推动了建筑设计和创作的进一步发展。

澳门·摩珀斯酒店

（一）项目简介

摩珀斯酒店（Morpheus Hotel）位于中国澳门，是一座由世界著名建筑师扎哈·哈迪德设计的奢华酒店。该建筑独特而创新，以流线型外观和复杂的结构闻名。这座高达 160 米、39 层高的大厦被誉为"城市中心之星"，采用了双曲面玻璃幕墙，并通过 4 个巨大钢制网格框架连接起来。整体造型如同一个立方体内部被挤出形成空洞，在视觉上给人一种动态感。在设计过程中，扎哈·哈迪德注重将功能性与美学相结合。他利用先进技术打造了多样化的公共区域和客房布局，并提供各类豪华设施和服务。摩珀斯酒店拥有 772 间客房及套房，每个都配备现代化设施并享有壮丽景色。此外还包含顶级餐厅、水疗中心、健身俱乐部等休闲娱乐场所。总之，摩珀斯酒店作为澳门地标性建筑展示着前卫时尚的风格，既满足了住宿需求，又提供了豪华体验。

1. 设计理念

摩珀斯酒店的设计理念参考了中国玉雕传统的流体形式，并采用创新的工艺和形式将极具特点的虚空间和满足顾客需求的客房相结合。扎哈想要将"Morpheus"定义为原始地基的简单挤压，当地的城市规划法规限制建筑高度为160米，所以这座将近40层的建筑将由一个整体的矩形体量来定义，通过对其的垂直挤压，建筑中心形成几个虚空间，平台层和屋顶层依然被连接在一起，形成具有雕塑形态的酒店公共空间。

酒店的中庭空间引入了"舱体"的设计构思，将其作为顾客的私人用餐空间，这种空间能够让顾客尽享城市壮丽景观。"舱体"的外部表面覆盖着由极富韵律感和多元纹理构成的彩色鳞片，这些鳞片与舱体的主结构紧密结合。鳞片的制作方式多样，并以多角度分布，同时可在轴线上旋转。这不仅提升了建筑外部的雕塑感，而且保证了室内的私密性。舱体内部的装饰则运用了浅色设计，营造出一种让顾客感到放松和舒适的氛围。

2. 空间布局

建筑的空间布局从外部造型即可体现。3道水平旋涡穿越建筑的南北墙形成虚空间，这些虚空间成为连接酒店内部公共空间和外部城市空间的桥梁，增加了拥有外部景观视野的酒店客房数量。地面层和屋顶层相连接的塔楼决定了建筑的空间划分，酒店的高处是塔楼之间的中庭，中庭穿过了外部虚空间，通过桥梁的形式也创造了许多独特的空间，例如餐厅、酒吧和宾客休息室等。该建筑在设计时充分利用中庭和虚空间的特点削弱了建筑内部和外部的隔离感，使顾客尽可能地欣赏城市的壮丽景观。例如在中庭设置了12台玻璃电梯，使其在建筑的虚空间之间运行，给顾客最好的体验感。摩珀斯酒店作为世界上第一座形式自由的高层建筑，内部空间具备极高的适应性，墙壁或柱子的不间断设置不仅能够支撑建筑的外部结构，还能够优化室内的空间设计。

（二）参数化逻辑要点分析

摩珀斯酒店建筑由扭曲的几何立面形态组成，中部开有3个大小不一的孔洞。

建模整体思路：让每一个造型肌理单元为一个面

A. 做有目的的如案例所示肌理的分布，对于面的建法要求很高。

小实验：

举一个例子：大部分曲面的肌理是按照UV划分的，该案例也是。那么，UV在划分的过程中有一个问题：

1. 曲线：画一条曲线，它的控制点也是疏密不均的，然后在Grasshopper中取该曲线的均分点，可以看到这个均分点的分布跟控制点没太大关系，也不互相影响，因为它是直接取样距离、轨迹的长度。而另一个方法是按 t 值均分，在 Grasshopper 里取它的 t 值（$t=0\sim1$），会看到均分点会随着曲线控制点的疏密而渐变布置。

同样，曲面也有这个特性——面的 UV 值会按照结构线分布。

2. 曲面：在 Z 轴方向画几条疏密不均的直线，然后在 Grasshopper 中放样（线由下至上选取），在面上取均分点（图 1-57），会看出它好像和 t 值无关。那如果用另一种方式放样，即改变放样运算器的 t 值，按照放样线的分布决定 t 值也就是它的 UV 值，那它就会导致分布不均（图 1-58），曲面的结构就会按照结构线的分布去进行布局，这个参数是放样运算器的"O"端口（$t=5$ 为均匀，图 1-59）。

放样后，不管接的是哪一个运算器、接下来做的是什么操作，都会有这个现象：例如，未来我们对这些点利用 Grasshopper 的插件做菱形分隔，会发现它的菱形也是这样渐变的，当 t 值为 0 时也会有这样的问题。

因此，通过观察摩珀斯酒店的建筑立面图纸，我们可以发现该建筑立面的肌理具有一定的疏密程度。这也就意味着在制作模型时，只有按照其肌理的顺序和距离进行线条的排列与准备，才能准确地模拟出建筑立面的外观。

B. 构建该立面形体时，面的布置需依照立面肌理的分布进行。此肌理近似菱形分隔，但在菱形基础上添加了单数或双数垂直的线。若以单双数作为评判标准，建模流程将变得复杂。因此，将该造型肌理视作此类单元格会更为恰当。这就是我们要取的单元，然后按照距离分布、阵列。

（造型肌理单元格演化步骤：取长方形四边中点——连成菱形——连接菱形上下点为直线——得到造型肌理单元——将单元阵列——得到建筑立面造型肌理）

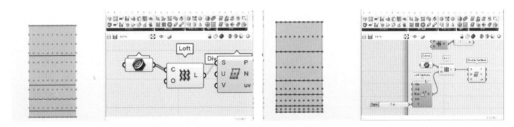

图 1-57 一种面上均分点分布均匀　　　　　图 1-58 另一种，面上均分点分布不均

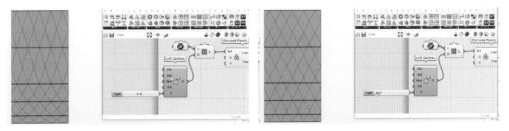

图 1-59 放样效果（$t=5$，$t=0$）

（三）参数化主要过程分析

◆ 步骤 A——肌理单元（图 1-60）

1. 为了便于实践操作，我们将研究出发点定位于建筑底部的核心地带，并位于半径的中点。假如考虑到加速操作的需求，可以手工与参数化方法并行应用。然而，参数化处理技术具有丰富的优势，但与此同时，这将影响到时间投入。

2. 在 Rhino 中参照建筑立面图手工画出建筑的层高线，如为了便于后期修改，可将这部分层高线在 Grasshopper 中设置成参数。

3. 按照自下而上的顺序点选并拾取建筑的层高线，再两两成组进行放样。这里放样的两组线需要在原参数的基础上错位排序，即一组线是顺序推移，另一组线则是剔除最后一条线，同时需要注意这两组参数先分组、后放样，这样得到的就是一层一层的独立面。

4. 在一层一层面的基础上进行横向单元分隔，由建筑立面图可见有 8 个单元，因此横向需要分隔成 8 个，这里先用结构线切割、再等分。然后，针对每一片做肌理，这样建模就会精简很多。

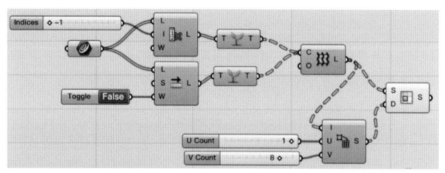

图 1-60 立面肌理单元划分

◆ 步骤 B——立面造型肌理（图 1-61~ 图 1-65）

思路：整体肌理——顶部特别处理——底部干扰

小实验：

先在旁边做一片：在 Grasshopper 里拾取这个 Rhino 平面，通过炸开的方式提取它的 4 个边，再分别挑出，并取每条边的中点，然后把每两边的中点连线和垂直中点连线，达到效果。

1. 把这组参数直接接入步骤 A 的分割单元中，就得到图 1-61 的大概效果。

2. 关于顶部的特别处置策略：对照图纸，我们会发现顶部存在一些特殊情况，而底部同样存在一些干扰因素。顶部拥有一个显著的特征，因此，我们需要在这个区域内识别并挑选出顶层菱形上部的两条边线的序号。

①以菱形边线的中点为基准，清楚标明号码。此过程涉及参数的双重削减，而所得参数形成纵向小组（图1-62）。自然，我们可以选择去掉参数的最后一组。通常，这种运算器比较复杂，需由几个部分拼接使用，因此，我将采取如下操作：将编号相同的反向取正，结果可见第14号应被排除。同样地，去除掉另一条菱形边线，以达到此目的（图1-63）。

②关于从顶层垂直下来的线条：先把参数反向，然后将需剔除的菱形左上的这一条线，用提取的方式挑选出来，再找到线的2个端点，选取下面的端点画一条直线向上，同时把这两个端点的X、Y、Z值分解出来，随后要画出的直线上面端点的X、Y、Z值，由下面端点的X、Y值和上面端点的Z值组成，将两个新点连接成线，作为图1-61中的直线。然而，在最顶端的最右端缺失一条垂直线。尽管如此，这一条"缺失的线"也将作为侧面最左边的第一条线；如果确实存在此线，其也将与侧面部分发生重叠。

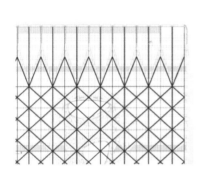

图1-61 分割单元效果

图1-62 所得参数形成纵向小组

图1-63 菱形边线标号

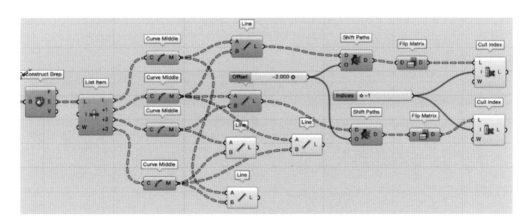

图1-64 步骤B的Grasshopper电池（1）

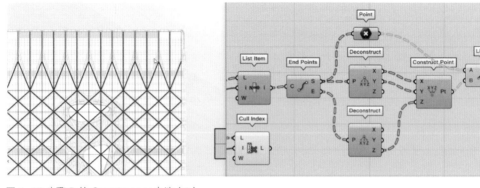

图 1-65 步骤 B 的 Grasshopper 电池（2）

◆ 步骤 C——建筑整体造型体块（图 1-66~ 图 1-69）

思路 1：布尔合并——转换成精简网格——再转换成细分曲面

该建筑的中部造型可以运用袋鼠运算器进行计算。侧面肌理的单元数量为正面的一半。因此，可以说该建筑平面由两个正方形组成（可能会有些许的偏差）。目前，该造型在 Grasshopper 参数化环境

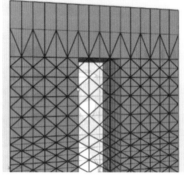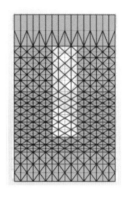

图 1-66 菱形线条整合细分曲面

下进行会显得复杂，因此我会采用 Rhino 手工建模的方式。

在烘焙所有细分面之后，我们将镜像 2 次并按照建筑立面图剔除中间造型部分，然后将全部细分面进行布尔运算合并起来（只留表面）。接下来，将整体转化成细分曲面。这一个个模块，便构成了每一个造型部件的肌理。最后，我们将通过连接这些菱形线条的参数，来整合这些表面。当然，在这一过程中，中间部分的造型还需要进行桥接，从而得到图 1-67 所展示的结果。

注：根据经验，该细分工具在逆向重塑的过程中，可能导致当前状况的处理复杂度增加，因此，这里建议先将当前状态复制到新的图层并进行隐藏备份。

接着，鉴于建筑的顶部和底部缺乏肌理效果，我们需要将这部分的面剔除。可以通过 Rhino 的局部炸开功能，移除

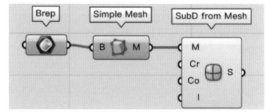

图 1-67 步骤 C 的 Grasshopper 电池（1）

顶部和底部的面，并将剩余的面转化为细分曲面。同时，在 Grasshopper 参数化环境中，首先接入最简网格电池组，所得到的模型格子和曲面相同，然后接入细分曲面进行转换。之后，将其烘焙，通过直观的 Rhino 手工方式进行桥接。

思路 2：在 Rhino 的前视图中，参照建筑立面图可以看出，中间的纹理似乎是一格一格构建起来的。由于其呈现出变曲面的效果，因此肌理也产生了扭曲，并通过两个上下错位的格子进行桥接。桥接过程中还需考虑所需的单元数，对照图纸，应为 2 个单元。该肌理的最左侧应呈现凸起状态。

在 Rhino 中处理桥接元素时，建议选择 2 段的分段及组合，因为每个格段即为一个肌理，所以有 2 个肌理组合。随后，可利用袋鼠物理运算器进行其造型的处理，亦可运用 Rhino 控制杆通过手动调整点、线、面，以实现立面造型的精确对准。需要注意的是要妥善确定网格的位置。

注：正向设计阶段，并不需要特别关注格子桥接位置，与建筑功能匹配即可。然而，在反向推导阶段，需要特别注意这些格子的数量和位置。因此，在 Rhino 环境下，手动调整可能更有助于贴近设计形态。

有时看不清或无法调整曲面时可以按住 Tab 键框选更改模式，虽然图形不太圆滑，但更直观，直接点击需要调整的边即可。由此也能看出哪些边进行了调整，只要不平整就是已移动。这里如果希望造型更圆滑，可以把中间的线或点向上提升一点找型（这里也会有一些调整手感的问题）。也可以先删除一半，调好造型点后再镜像组合，平滑即可。

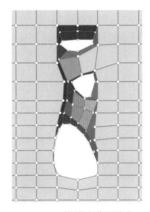

同样，使用此方法亦可实现下部分桥接，其分段数设为 3。请注意，基于造型设计，中间部分需进行缩放处理。同时，桥接两侧的面有被拉、鼓起的造型效果。按下 Tab 键切换到圆滑模式进行检查（图 1-68）。在这一过程中逐步调整、查看，

图 1-68 更换模式进行检查

这正是细分曲面建模的优势所在（此部分建模已经相当便捷。若纯 Rhino 实现，则需要进行无数次混接，才能得到理想的造型效果）。

根据已得到的建筑物整体造型，应用 Grasshopper 技术进行细分曲面参数处理，然后从网格面中提取烘焙表面，并在 Rhino 环境中隐藏结构线（由于结构线会过度逼近形态，因此需要将其隐藏）。可以观察到，该表面呈现出理想的、井然有序的纹理（图 1-69）。若表面呈非离散片段状，将导致肌理上的问题。因此，对于桥接后的形体，有必要重新

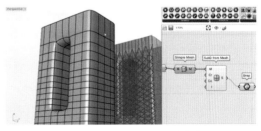

图 1-69 建筑表面呈现出理想的、井然有序的纹理

获取其曲面数据，得到的才是真实曲面。

◆ 步骤 D——建筑整体造型肌理单线（无点干扰，图1-70~图1-74）

思路： 连接步骤 B 的电池组——烘焙后调整 UV 方向——重新接入肌理参数进行脚本调试

根据对建筑造型体块的调整，我们将连续进行两次炸开操作，然后连接到步骤 B 的电池组，参数需进行相应的调整和调试。在处理中间的造型时，调整和筛选会变得困难且复杂。在此阶

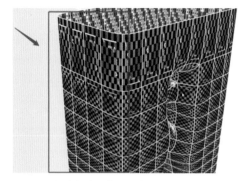

图 1-70 检查每个面的 UV 值

（注：1.对称肌理会有这个问题，不对称的则没有；2.这里模型 UV 的显示，需要先导入 UV 显示模式）

段，需要检查每个面的 UV 值，因为 UV 值的差异将导致点的方向不同。将烘焙出的造型体块炸开，是因为每个面的阈值变得非常奇怪。可以使用 Rhino 命令 Rep 重建阈值（图 1-70），查看到镜像后的两部分方向是颠倒的。为解决这个问题，可以对每个面的 4 条边进行排序（当然，如果你觉得在 Grasshopper 中编写代码很麻烦，可以直接在 Rhino 中进行修改）。如果 UV 方向不一致，Grasshopper 的参数脚本将无法发挥作用。

此外，亦可借助"曲面 UV 方向的显示器"来察看曲面 UV 的方向：选取曲面 UV 的中间点，将其 U 向量和 V 向量分别涂饰红色和绿色，其中向量箭头的长度及粗细可以调整，进而便能识别出部分 UV 方向的差别（图 1-71）。

该处可根据顺时针或逆时针的顺序，对每个面上的 4 个角点进行排列。

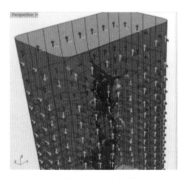
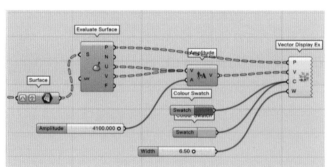

图 1-71 识别部分 UV 方向的差别

针对面菱形肌理的特性，需进行相应的参数调整（详见图 1-72）。所有的线抽取夹角以进行角度测量（所测角度为向量，依据两个向量的夹角）。首先提取各边终端向量，测量它们与 Z 轴的夹角，随后测量向量的角度，筛选这些角度（取大于等于 90°的角误差在 10%），并将其归入范围内，进而导入所需筛选的原始曲线，由此生成筛选后的曲

线并构成菱形。

经过观察 UV，我们将每一处面进行烘焙并检查，对每一面 Rep 重新参数化后进入 UV 模式进行观察，或在 Grasshopper 里连接"曲面 UV 方向的显示器"观察。其中存在的不整齐区域主要集中在几处，但大部分是正确的。因此，我们建议对不规整区域进行局部的 UV 调整，例如 UV 交换和翻转（Rhino 目前不具备批量处理功能，因此建议在 Grasshopper 中调整），然后对调整后的面进行烘焙镜像，再将镜像后的部分用相同的方法进行调整，并在烘焙、镜像后，与原始部分进行组合。至此，整个造型体块的 UV 都是一致的（图 1-73）。

注：如果在步骤 C-1 中，把所有的细分面烘焙出来，然后按照单元格挤出 2 次后旋转复制出另一半，仍然会出现 UV 颠倒的情况的。

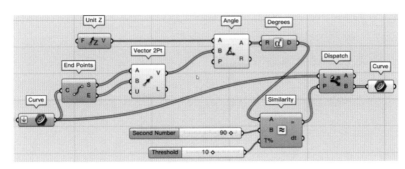

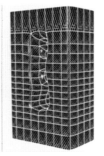

图 1-72 Grasshopper 参数调整

图 1-73 造型体块的
UV 一致

◆ UV 小实验：

在对立方体展开研究的过程中，我们可能不易察觉其肌理的独特性。这种肌理在初始阶段就无法实现镜像处理，只能进行复制，因为只要一镜像 UV 就会颠倒。我们通常会认为，使 UV 保持一致是一项规律性的任务，但实际上，并没有任何命令或插件能够实现完美的统一。镜像后 UV 能够保持一致的是那些没有 5 线交会的面。然而，在 5 线交会的面中，必定存在一个面是相反的，因为这个面是单数的。因此一般情况下，并不具备统一的命令。

由于位于建筑中心的造型桥接区域非矩阵的特性，无论其 UV 方向如何，都不会对其对称感产生影响（唯有对称形式才会对视觉产生影响，反之，不对称的形式则难以察觉，可谓不易实现无缝拼接）。

注：在所有面 UV 值均不相同的情况下，须直接抽取其结构线（重建面的阈值，并为其 UV 值设置坐标——0,1&1,0）。这样，每个面的 4 条边都会被剥离出来（当然，这些边已被预先分组，我们自己应充分了解其顺序）。

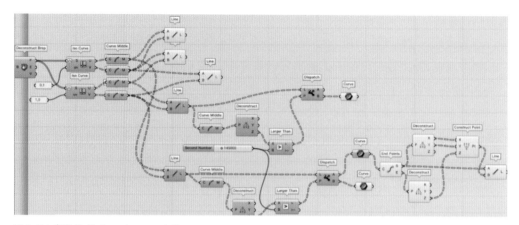

图 1-74 步骤 D 的 Grasshopper 电池

◆ **UV 实验总结：**

倘若 4 个边的顺序要绝对正确，则：1.UV 要正确且一致；2. 避免炸开边缘，而是应当采用提取结构线的方式。因为我们需要清晰的顺序去安排线条。

实验结果应用——建筑立面肌理脚本调试

1）将细分好的整个建筑造型炸开后（所有面的 UV 不同），抽离曲面的结构线，按照边线顺序，分别取线的中点连接成菱形和中间的垂直线，这些线已经没有同一排一组的情况，因为炸开时所有组的状态整齐的，所以接下来只能进行筛选。

2）顶层最上面菱形需要去除的两条线只能从高度进行筛选（高度为 145000），且只能用点而不是线。但因个别线的起点和终点方向不一，所以需要选取线上的中点，否则线的两头可能颠倒。分别将两条线中点的 X、Y、Z 分解出来，然后把 Z 值大于145000 的筛选、分流出来。和步骤 B 相同，取被筛选出的线的端点，并移动上面点的Z 值（X、Y 值不变跟起点一致）成为新的点，然后将这一新点和线的起点相连，即为顶层肌理中间的垂直线。

3）所有的线汇聚，并烘焙。

◆ **步骤 E——建筑底部点干扰造型**（图 1-75~ 图 1-79）

思路：倘若选择使用 Grasshopper 参数化方法，应当研究所有点的干扰规则，但更便捷的方法是通过手动捕获这些干扰点来进行网格线的干扰。

1. 参照建筑立面图，把步骤 D 的底部线烘焙出来，然后取这些线的 1/4 作为后续镜像的模板，并在标好这些干扰点后再左右镜像。但因资料图纸不全，所以这里只干扰正面，做对称面干扰。

注 1：干扰就是将干扰点附近的几个点往里面缩放。

注 2：这些点的干扰跟平常不同，它是局部干扰，所以需要注意的是，把干扰范围内的点先挑出，再进行缩放，缩放后再放回之前的组里。即把受到干扰范围的线拿出来分解成点，这些点变化之后，再原封不动地放回原来的位置、原数列的同一个顺序中（这部分需要设计者有一些数据基础）。

2. 挑选被干扰的点的思路

此干扰区域内可能含有 4~6 个点，因此，它可以产生 20 个点的干扰效果。因此我们应采取以下策略：将干扰点置于中心位置，并根据其放射状的范围进行筛选。首先，我们要从干扰范围内的点中找出被干扰点。具体而言，我们可以以此次干扰点为中心，绘制网格球，在此过程中，务必避免选取其他交点，这样，在半径约 8000 单位的区域内，就不会挑选出其他干扰点，进而找到我们所需的被干扰部分。

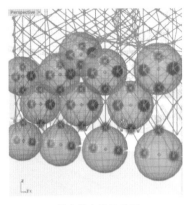

图 1-75 干扰点放大显示分析

接下来，分别挑出所有网格两个端点中被干扰的点后，再将端点连成线还原。这里有个长列表的问题，需要先发芽球独立成组，然后按照名单进行分流，将分流出来被干扰的点放大显示，以便检查（图 1-75）。这里，所有网格线两个端点参数的挑选方式相同。

注 1：Mesh Inclusion 点挑选的作用：查看点是否在实体的内部，并给出名单列表。

注 2：点是可以被缩放的，只要缩放参数不是 0，那它就可以缩到一点。

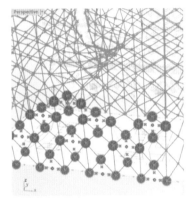

图 1-76 干扰点位置

我们将对选中的干扰点进行缩放处理，该操作以干扰点（图 1-76）为中心进行。需注意，同一缩放组中包含的缩放点数量应保持不变。接下来，我们将按原有的分流原则，将经过缩放处理后的干扰点重新组合，并恢复成原始数据。为了保证干扰点数据的恢复质量，2 个端点的干扰点数据恢复操作需分开进行。最后，恢复完成的点将被连接成线，形成干扰后的造型肌理。

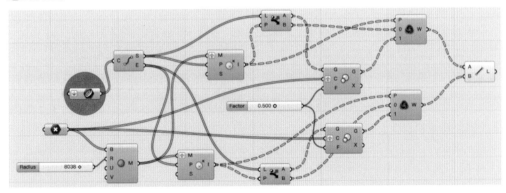

图 1-77 步骤 E 的 Grasshopper 电池（1）

3. 在 Grasshopper 里，点被干扰缩放后恢复原来的数据（图 1-77）

在步骤 E-2 中，下部干扰点在不使用 Rhino 手工点的情况下，还可以通过置换数列的方式，恢复成原来的数据（图 1-78）：

（1）原端点数列为 L；

（2）List Length 提取原端点数列，并加序号（Series 电池），再分流出球内受干扰点的数列为 I；

（3）缩放后的点数列被置换为数列 I。

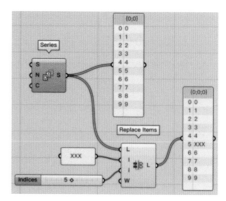

图 1-78 置换数列原理（注：运算器左侧端口 L 为原数列，I 为被置换数列 / 物，i 为置换位置 / 编号，运算器右侧端口则为置换后还原的数列）

在原数列 L 这个长列表中，把需要被置换的缩放点数列 I，置换到原球内受干扰点的数列 I 所在长列表的编号位置上，得到新的长列表，即缩放后恢复原数据。

最后，接入步骤 D，得到最后想要的肌理单线（图 1-79）。

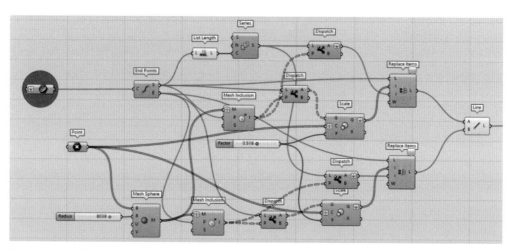

图 1-79 步骤 E 的 Grasshopper 电池（2）

◆ **步骤 F——建筑立面钢结构肌理体块生成**（图 1-80~ 图 1-87）

思路：线上取均分点采样——点投影到体上——肌理厚度——倒斜角的截面

1. 先把立面肌理未被干扰的线烘焙出一份，在这些线上取均分点采样，然后把这些采样点投影到体上（步骤 D 得到的建筑整体造型有**细分曲面**的体块），从而这些点就贴在了造型的细分曲面上。

注：拉回：法向投影，将线拉到面上。其中 S 接口只能接单一曲面，不能是细分曲面（如果细分曲面炸开，也会有其他问题，所以这里不要用拉回，要用**逼近的方法**）。

逼近的方法思路：在线上采样，点越多就越准确。只是做效果的情况下采样的速度是很快的。

2. 从建筑照片可见，该钢结构架构并未全面与其基础建筑实体紧密地结合，即使是悬浮在建筑表面上的，并没有完全贴在建筑主体上，两者之间存在一定的空隙，而这个空隙的具体宽度则需要我们进行准确测量。因此，我们按照采样点的法向（即法线方向）进行移动，再改变法向向量的大小。移动完再把它连成曲线，在视图中展现出的效果将与实体很接近（图1-80）。

图1-80 步骤F-2视图中的效果

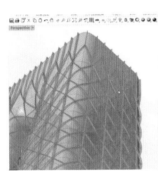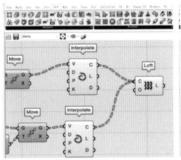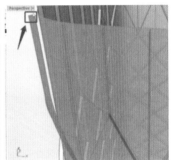

图1-81 每一条钢结构获取

3. 肌理厚度思路：造型肌理的设计还需要考虑钢结构的厚度，其厚度可以使用双轨扫略的命令做出。在实际建筑中它的截面有斜倒角，所以这里需要做一个斜倒角的截面，再进行双轨扫略焊点建立出来。首先，将"改变法向向量大小"向外偏移一条距离，其长度为800单位，调整后，将其连接为曲线。当然，您可以在初始阶段暂时不做截面、观察效果。将两条移动后的曲线放样，形成面；最后在图示的位置处制作截面进行双轨扫略，获取它的每一条钢结构（图1-81）。

注1：采样的这个均分点是精度，设置为20点，通常20点、30点的误差已经很小、精确度也很高。

注2：均分点也可以以距离进行采样。其中，将每一条线的长度求出，再除以公差，就会得到等分数列，每一条结构的数列可以按照公差的均分点数去等分。

注3：使用Surface Closest Point将点沿法向投影到面；未修剪面、单一面的情况使用这个工具。使用之前需要将面炸开，且得到的UV可能经过修剪，面也可能是不完整的。

4. 斜倒角的截面思路：截面形状——倒圆角——找到它不连续处的点——连接成多段线——得到斜倒角截面。

把这些干扰点内置进point运算器（点内置后，在Rhino中删掉也没关系，不会发生变动）。查看过效果后，放样运算器可删掉，接下来画一个截面。因为这个截面是矩形的，所以用矩形运算器，这里通过调试可得它X值的区间在600单位比较合适（值可再调）、Y值为800单位（值可再调）、倒圆角的R值为100单位。

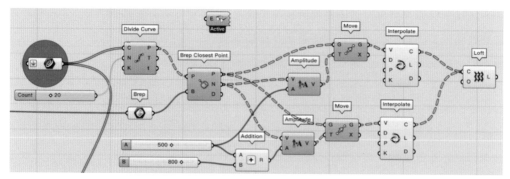

图 1-82 步骤 F 的 Grasshopper 电池（1）

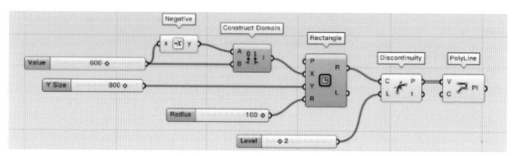

图 1-83 步骤 F 的 Grasshopper 电池（2）——斜倒角截面

Q：Rhino 有斜倒角而 Grasshopper 没有，那么 Grasshopper 中的圆倒角如何改成斜倒角？

A：这里需要找到不连续处（因倒角是 G1，所以须找到达不到 G2 的两个点），再封闭连成多段线，这样就得到了斜倒角的截面。

注："一条曲线的不连续处"——当曲线的连续条件达不到 G0\G1\G2 时，工具就可以帮你标出这个点。

5. 双轨扫略思路：以步骤 F-3 得到的两条肌理曲线为轨道，截面放到这两条线的端点上，由时作出一个工作平面。

首先，分别找出线的起点（注意线要重建阈值，t=0），然后做一个工作平面，以它的切线为工作平面的 X 轴、以法线为工作平面的 Y 轴，其中，面的法线就是这轨道两端点的连线（这里用向量去连线得到 Y 值）。再转一个方向，把这个工作平面的 X、Y、Z 分开再组合起来还原，得到 a 的两条线的工作平面 A，以及 b 的两条线的工作平面 B（图 1-84）。

图 1-84 双轨思路分析

做好工作平面后，我们用搬动的方式定位（图1-85）——将工作平面A、B从原点把斜倒角截面摆上来，然后再做双轨扫略，最后给个颜色，得到建筑立面钢结构的肌理造型（图1-86）。

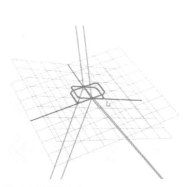

图 1-85 移动定位

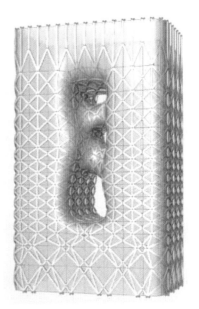

图 1-86 建筑立面钢结构的肌理造型效果

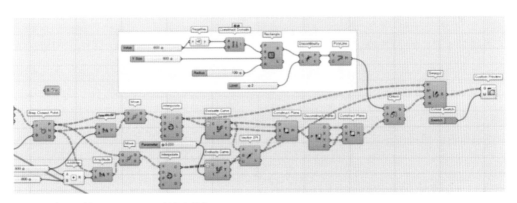

图 1-87 步骤 F 的 Grasshopper 电池（总）

天津·中钢国际广场

（一）项目简介

中钢国际广场又称天津响螺湾项目，位于天津滨河南道以南、迎宾道以东，占地2.67万平方米，总建筑面积35万平方米，其中主塔楼88层，高358米，该项目集酒店、写字楼、会展、酒店式公寓及高端商业于一体，将成为中钢集团在华北地区的营运中心、物流中心、科技研发中心。

建筑由MAD建筑事务所设计，其外观似乎会强化办公室白领作为"忙碌蜜蜂"的形象。事实上，它也是这栋大楼最酷的特点。其蜂巢状外部结构起到了两个重要作用。首先，作为承重结构，帮助调节光线和热量进入大楼内。通过利用五个大小不同的六角形窗户的交替外形，国际广场的房间可以获得充足的阳光，同时保持合适的温度，夏天不需要空调，冬天不会有太多的热量流失。以六边形"中国窗"作为主题元素，蜂巢似的建筑外形造型新颖独特，是世界建筑史上一次大胆的尝试和创新。

缓解一栋百米高建筑的散热和供热压力，将大大降低中钢国际广场的能耗。其次，由于蜂巢状结构起到大楼支撑物的作用，意味着大楼内部不需要保留广阔的基础构架，从而腾出更多空间给其他用途。中钢国际广场毗邻一个288英尺（约合88米）高的住宅公寓，这栋公寓将采用类似的蜂巢状外部结构。

中钢国际广场A座双层挑空大堂高达11米，给人空旷自由的想象空间，木质人性化屋顶和墙面，给人以柔和温馨的感觉；外立面采用单元式玻璃幕墙，保持了内部的通透；周围7.1公顷超大绿地广场环绕，形成错落有致的三维空间；内部标准层4米层高，全部采用无柱化设计，方便灵活组合平面空间；30部不同功能的电梯充分节约了候梯时间；集中冰蓄冷低温送风技术，为大厦带来绿色、健康的办公环境，多媒体网络信息平台使与世界各地通信畅通无阻。

（二）参数化逻辑要点和过程分析

参数化逻辑：平面纹理——超高层立体造型体块——立面表皮肌理
参数化的设计过程具体涉及建筑装配式设计对立面开窗、洞口的标准化需求。

1. 平面纹理
（1）透过六角形的阵列，取其中心点，然后在中心点重新做一个渐变的六角形；
（2）按照参考图片的深浅、灰阶，来改变六角形的大小；

（3）取灰阶值，转换数据：做一个跟陈列大小一样的面，这个面主要是采样参考图片中每一个点的灰阶值，将点（它的UV坐标）投影到曲面上，就可以取样了（注意区间值在0~1之间）。取完灰阶值就可以转换数据，将黑白的阈值反向，大小颠倒，由此，黑色的孔会越大、白色的孔会越小；

（4）调整灰阶值区间，让每个六边形有一个可控的尺寸；

（5）用分割的方式将大曲面切开，留下被切开曲面内的部分，隐藏中心点，得到平面纹理效果（图1-88）。

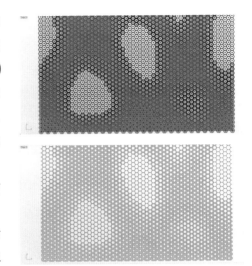

图1-88 立面表皮效果

2. 超高层立体造型体块

（1）根据建筑平面建立造型体块，立面纹理确保均匀（即阈值均匀）；

（2）挤出体块：倒过角的矩形的阈值不均，会导致六边形窗户大小不均、尺寸突变，所以需要把曲线重建成若干个点，由线挤出的面随之会变得均匀，得到均匀的建筑造型立面。

3. 立面表皮肌理

（1）拷贝平面表皮后，须先改变其UV方向（默认的是错的）；

（2）将曲面的洞拷贝到另一个曲面，将有洞的面拷贝过来，得到建筑立面表皮效果（图1-89）。

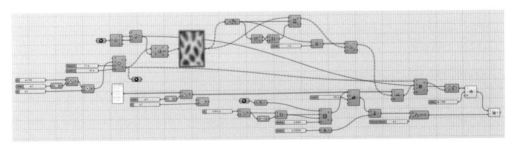

图1-89 Grasshopper 电池组

1.2.3　建筑屋顶设计

空间与形式的关系是建筑艺术和建筑科学的本质。

The relationship between space and form is the essence of architectural art and architectural science.

——贝聿铭（I.M.Pei）

在现代建筑领域中，屋顶通常被誉为"第五立面"，这也体现了其在建筑设计中的重要地位。早在20世纪，著名建筑师勒·柯布西耶就将其视为"新建筑五要素"之一。时至今日，屋顶设计以其多样的形态成为现代建筑的鲜明特征和标志性元素。

在当前社会环境日益趋同的背景下，屋顶的设计成为建筑师追求个性化语言和多元化空间的核心表达方式之一。近年来，无论是美术馆、体育馆、博物馆还是游客中心等，许多大型建筑项目都以追求新颖和奇特的设计为特点，从而创造出众多别具一格的曲面屋顶。相较于传统的平屋顶和坡屋顶，异形曲面屋顶以其独特的形态和魅力，为观众带来与众不同的艺术感受。同时，它拓展了建筑功能，为现代化城市增添了新的视觉焦点，进一步提升了人类的幸福感。

法国·梅斯蓬皮杜中心新馆

（一）项目简介

1. 项目概况

法国梅斯蓬皮杜中心（Centre Pompidou-Metz）位于法国梅斯市，是一座现代和当代艺术博物馆，它是乔治·蓬皮杜国家艺术文化中心的一个分馆。建筑由坂茂建筑事务所（Shigeru Ban Architects）和让·德加斯蒂讷建筑事务所（Jean de Gastines Architecte DPLG）联合设计，结构由 Ove Arup, Terrell, Hermann Blumer（木屋顶结构）设计，项目占地 12000 平方米，建筑基地面积 8118 平方米，总建筑面积 11330 平方米，建筑高度 77 米（至六边形塔顶），屋顶面积 8000 平方米。

设计以夸张的拱形结构和不规则的曲面屋顶著称，屋顶的设计灵感是中国草帽的样子。它拥有 3 个矩形展厅，穿过建筑物的不同层次。建筑的中部是一个 77 米高的尖顶，据说象征着蓬皮杜中心 1977 年在巴黎开放。整个建筑物上布有曲线和反曲线，特别是 3

个展厅。整个木结构被白色涂层覆盖，既具有自清洁的特点，又能避免阳光直射，同时在夜间提供透明的视觉效果。

2. 内部空间

法国梅斯蓬皮杜中心的内部空间主要由 3 个不规则的展区构成，由 3 个长条矩形体块错落交叠组成，伸出屋顶外，透过大片的景观窗户可以直接感受到周围的环境。形成了最具艺术性的展区正中心，占地面积 1200 平方米。顶棚高度也由原来的 5.7 米增加到 18 米，更利于展览大型艺术品。

除了展区之外，建筑内还设置了会堂、创意工作室和屋顶咖啡馆等功能性空间。在这里，游客可以感到既舒适又安全，因为该建筑施工时的检验非常严格，对抗风雪能力和步行区的适宜程度都进行了检验。

3. 屋顶结构

该建筑最具特色的结构是几何形状不规则的屋顶，屋顶的表面积为 8000 平方米，形似中国竹编草帽的六边形木制单元。六边形网状结构支撑着整个巨大的弯曲屋顶，胶合板制作的木梁以 2.9 米分隔开。这种结构不仅支撑性很强，而且具有弹性，同时起到扩展屋顶区域的作用。白色纤维玻璃薄膜上施以特氟纶（Telfon）涂层，这种涂层不仅能够防水，还能够控温，使内部的艺术品得到保护。

（二）参数化逻辑要点分析

由建筑的方案设计思路可见，该建筑的屋顶概念来自"一顶草帽"，它是设计的关键，也是建模的重点。因此，这里详细介绍屋顶参数的 Grasshopper 建模思路。

整体建模思路：根据建筑平面画出建筑体块的边线——建出建筑规则体块和中心尖塔造型——屋顶帆布造型（重点）——屋顶造型的编制结构——合并模型

1. 根据建筑图纸可见，该建筑是一个大型正六角形结构，围绕着一个中心尖塔（高达 77 米），其建筑平面为六边形。建筑的屋顶及其支撑结构的效果为编织，建筑主体是四方盒子，因此建模的重点是曲线屋顶造型和它的编织效果。曲线屋顶造型需要根据建筑平面先将上下曲线放样后转换成细分网格，然后把六边形范围内的所有点和曲面重新构建成网格曲面，再通过物理运算引擎达到"草帽"的弧度效果，最后把其网格线转换成网格曲面。然后，再做造型的编织效果。

2. 由于木屋顶是帆布材质的，也就是说它边缘的轮廓是异形材料——木材。中间有一些关键孔洞也是异形材质，再透过张力让材料自然产生这样的弧度造型。这个白色帆布曲面如果用计算机来算、用手工来嵌，就不会有实际材料所展现的真实效果。因此，我们主要运用 Grasshopper 软件里的物理力学运算——袋鼠插件进行物理力学的仿真模拟。

综上，我们需要作 Grasshopper 参数化建模的准备：一开始先根据建筑图纸确定硬性的建筑骨架，因为建筑平面是正六角形，所以需把它的6个边缘先建好。再明确屋顶上孔洞的位置，最后将建筑空间内规则的矩形体建好。接下来，观看建筑平面图2D的状态，如图1-90所示，体现出了线框布置的效果，图1-91体现了建筑3D空间布局、里面建筑体量的安排、中心尖塔的情况等。

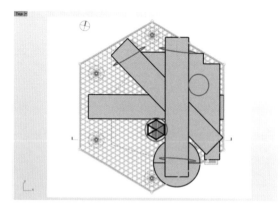

图1-90 线框布置效果

针对屋顶帆布进行的Grasshopper建模是我们的重点，这里需要把紫色线框部分布置到法向曲面，同时它也是我们建模的一个难点。因为曲面就是UV（即所有的建模曲面是用UV曲面建的），且一般是以4个边为基础。然而，这个建筑平面有6个边，因此它不是一般4边UV曲面所能完成的。所以，4个边的曲面如果要做成6个边，而且不用多个面去拼接，

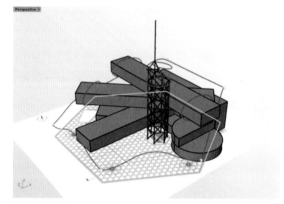

图1-91 建筑内的空间情况

唯一的方法是修剪。但修剪就很难确定修剪轮廓的具体位置，因此我们需要通过网格的方式进行参数计算。而它编织效果的参数化Grasshopper方法，已在之前的热身实验里有详细的介绍，大家不妨尝试一下。

注：这里会根据多边形的空间轮廓和孔洞数据情况考虑用到以下Grasshopper电池：自动拾取图层内的东西（Pipeline）、泰森多边形（Voronoi）、交集布尔运算（RInt）、多条曲线按规则顺序排列组合（Seam）、随机取点（Genes）、放样（Loft）、细分网格（wbCatmullClark）、数据分流（Dispatch）和袋鼠物理运算引擎组合（NV、EdgeLengths、Anchor、Threshold、wbWeave）等重要Grasshopper参数运算器。

（三）参数化主要过程分析

屋顶帆布思路： 从平面泰森多边形出发——对应空间修剪的轮廓曲线放样——移动边线到空间曲线轮廓

◆ 步骤A——下部分曲线

1.先取泰森多边形和六边形曲线的交集，在该六边形范围的泰森多边形内手动设

Rhino 点，并使每一个点对应一个多边形。

2. 关于这个手动的 Rhino 点，为了便于后续的设计修改，可以把这些点在 Grasshopper 中设置成能够"自动拾取所在图层内容"（即可根据修改自动更新），并把每个点的序号标出，以便后续参数的查找。

3. 把取交集的泰森多边形炸开成线段，并取每条线上的点，同时增加中间点后连成线。这里注意需要增加每条线段的阶数，然后再连接成曲线。

◆ **步骤 B——上部分曲线**（图1-92）

1. 在 Rhino 中手动画出造型上需要的多条曲线，这些曲线需要拍平后按照设定的规则顺序重新排列组合以衔接。

2. 把以上曲线等分，将上部分的曲线按照下部分曲线的线段数量进行等分后，再取等分点。其中，需要把下部分曲线上的点挑出来后减1（因点比段数多一），得到实际线段的数量，接入等分曲线运算器。

3. 把得到的等分点连成线段（此参数需要拍平），即为屋顶造型的孔洞。

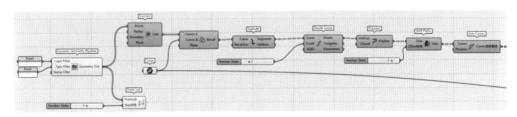

图 1-92 步骤 A 的 Grasshopper 电池组

◆ **步骤 C——屋顶曲线造型**（图1-93~ 图1-96）

1. 把上下部分的曲线放样后转换成网格，需要把该网格拆分为独立个体后，焊接上

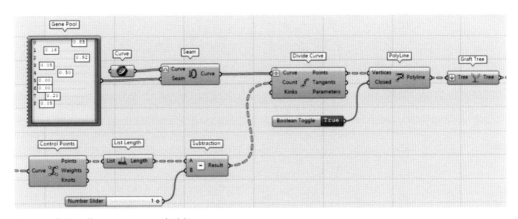

图 1-93 步骤 B 的 Grasshopper 电池组

顶点，再将网格细分，取出它的边框顶点，把下部外框上的点和曲面上的点分流成两组列表。

2. 其中，将下部外框上的点分流出来后，在Z轴方向上移动到上部外框之上，同上部的点汇合。然后和细分出来的面重新构建网格曲面，这个网格曲面就是用于屋顶造型的面。

3. 屋顶造型的曲率则用袋鼠物理引擎运算器组合得到，最后将输出的线组合成网格曲面。

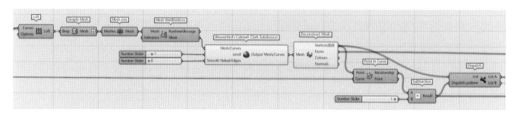

图 1-94 步骤 C 的 Grasshopper 电池组（1）

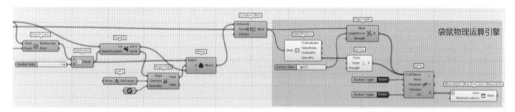

图 1-95 步骤 C 的 Grasshopper 电池组（2）

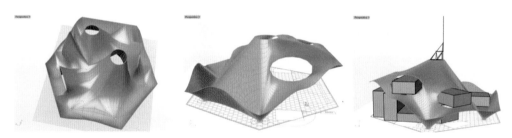

图 1-96 造型过程

意大利 · 都灵大学政治学院

（一）项目简介

　　都灵大学（University of Turin）政治学院（Campus Luisi Einaudi）是由马尔科·维斯孔蒂（Marco Visconti）和福斯特建筑事务所（Foster and Partners）设计的布满活力的未来校园模式，悬臂屋顶便是此中独具特点的设计之一。这一教学楼为都灵大学带来了新气象，使校园与社区之间形成了一种更密切的联系。该设计是传统与现代的结合，两个相连的建筑，共用一个屋顶檐篷并围绕中央庭院排布。

　　被动式的建筑模式可以节省20%的能源需求。"用现代的方式诠释了传统的四角庭院"，这段描述形容的正是两个单独的建筑，中间由一个树冠形屋顶连接。膜布材料的树冠形悬挑屋顶让大量的日光散射进建筑，从而减少了中庭的人造光。建筑外立面的曲线特性和圆润的边缘是因整个建筑不同寻常的形状和建筑屋顶模式的需要而建。新的4层图书馆坐落在北面，与多拉河（River Dora）平行；南面是法律和政治科学教学楼，并且可以直接从中央庭院前往此地。建筑内一楼有演讲大厅，楼上则是教室和教师办公室，屋顶还有一个空中花园，在这里有一个安静舒适的学习空间。

（二）参数化逻辑要点分析

　　从都灵大学政治学院教学楼的设计理念可以看出，建筑屋顶是抽象的仿生树冠，"树枝"则是支撑膜结构的弧形钢框架。屋顶的图形关系能够凸显出这些"树枝"的排布走向，其是围绕着中央庭院密切联系安排的。

　　整体建模思路：根据建筑屋顶轮廓线找到与中央庭院圆形轮廓的最短距离——分别划分出 A、B、C3 个区域——找出 3 个区域的结构划分线（重点）——用函数曲线重组成弧形曲线截面——分别做出造型主体和首尾处的曲面——合并模型

　　1. 根据建筑屋顶轮廓线找到与中央庭院圆形轮廓的最短距离。因为分割的规则不同，所以求出最短距离线划分成 A/B/C3 个区块，其中 A 区块为圆心放射状线划分，B/C 区块为垂线划分。

　　2. 分别划分出 A、B、C3 个区域。

　　3. 将 A、B、C 这 3 区块的划分线，合并为整体的划分线。

　　4. 将划分线采点，使用函数改变成弧线造型排列，再重组成曲线。

5. 将原先直线相连的横截面，使用函数改变成弧线造型排列，再重组成曲线。最终以划分线作为双轨，搭配横截面扫略成曲面。

6. 取出末端两组线放样出整体造型，合并模型。

（三）参数化主要过程分析

从屋顶的实际效果可以看出，树冠中"树枝"的意向是分成 A、B、C 这 3 个不同的区域，其中 A 区域的"树枝"是以圆心为中心进行放射状，B 区域和 C 区域则是垂直于两边的轮廓线。

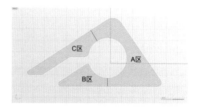

图 1-97 步骤 A 分析

◆ 步骤 A——划分 A、B、C 这 3 个区域（图 1-97、图 1-98）

1. 按照确定的参数将屋顶的轮廓线用 Grasshopper 画出（也可以用手工画，再 Grasshopper 电池拾取）。

2. 用垂线将屋顶分为 3 个区域——A、B、C。先将轮廓线封面，再找出边线 1、2 跟圆的最近点连线，用 a、b 线把轮廓切分为 3 个区域块。

3. 将每个区域块提取出来。

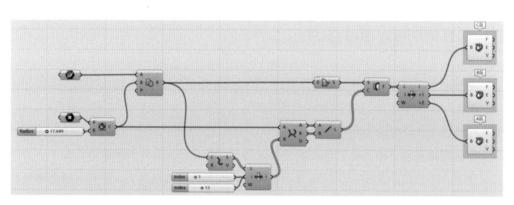

图 1-98 步骤 A 的 Grasshopper 电池组

◆ 步骤 B——投影出 A、B、C 区块划分线（图 1-99）

1. 提取 B、C 区域块的边缘线，偏移边线 1 和边线 2，找到 2 条线上的均分点，并连成阵列线。

2. A 区域块提取出弧形边线，然后做圆心的放射线。

3. 用 3 个区域块的放射线切割轮廓面，然后投影划分出结构线，与轮廓线一起形成概念模型的基础形态。

◆ 步骤 C——将结构线采点，使用函数曲线模拟"树枝"形态（图 1-100）

1. 取出基础形态的端点，投影到轮廓线上，再提取出双轨的两个边缘线。

2. 找到结构线的均分点，通过 Z 方向的曲线函数移动模拟出"树枝"弯曲的形态，从而达到树冠的整体效果。

◆ 步骤 D——弧形横截面、收尾处的曲面生成，合并模型（图 1-101、图 1-102）

1. 选取曲线形态的中点连线，取线上的点进行函数负向移动，点连线成曲面，即为双轨的弧形横截面。

2. 由于首末端是单独的部分，取出相应的两组边线和截面，进行放样（放样时可能出现曲线方向不一致的情况，可以使用 Flip 来统一方向），从而得到树冠的造型。

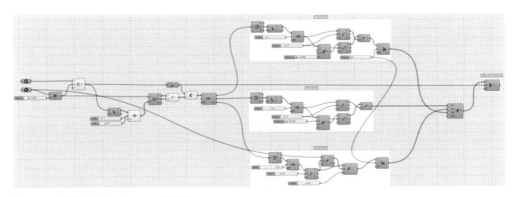

图 1-99 步骤 B 的 Grasshopper 电池组

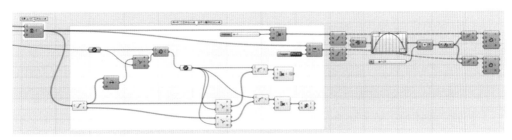

图 1-100 步骤 C 的 Grasshopper 电池组

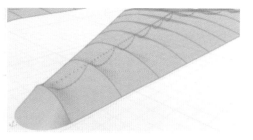

图 1-101 步骤 D 分析

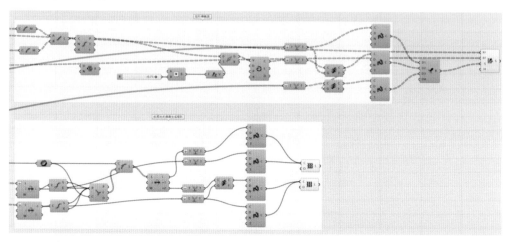

图 1-102 步骤 D 的 Grasshopper 电池组

1.3 展望

在 20 世纪 60 年代，约翰·麦卡锡首次提出了"人工智能"这一全新概念，自此开启了近 70 年的发展历程，经历了从思想萌芽到实验探索再到推广研究的演进。在人工智能迅速发展的过程中，其应用已涉及诸多领域。在建筑工程领域，AI 技术的引入和深入发展为整个行业的革新提供了强大动力。

通过大数据的学习与抓取以及智能系统的构造，计算机系统已具备模拟人类智能行为的能力，尽管尚不能完全实现人类通过五感信息传递、思考、学习及归纳，以适应变化并解决实际问题的能力。目前，人工智能在建筑设计方案生成、效果图渲染和绘画等领域的应用已初见成效。可以预见，未来人工智能将在这些环节替代人工，为建筑工程的设计与实施提供高效可靠的支持与帮助，简化烦琐的设计前期工作，强化建筑师的个人意志，缩短试错进程，同时为后续的方案落地设计阶段提供充足的时间。

人工智能的应用日趋成熟，AI 与建筑师之间的紧密合作将能够促进创新的设计视角、理念和方法的涌现，以及独特建筑环境的创造，为未来的时代开启新的篇章。现阶段 AI 各类的绘图工具能够为建筑师提供更多的设计灵感，这些工具通过分析文本语义将设计要求拆解为关键词，并寻找与之相应的图像数据进行表达。在精准的逻辑框架下，这些图像数据被比对并表达为实体，而非进行预测。通过训练特定的模型，可以获得满足不同设计风格需求的设计方案。另外，建筑数字化技术通过数字化手段对建筑设计、施工及管理进行优化升级。展望未来，在 AI 技术的不断升级迭代中，建筑数字化技术将呈现以下发展趋势：

1. 数字化 AI 辅助设计：基于人工智能技术的语言模型，利用先进的三维建模技术，建筑师可以更加真实地呈现设计效果，提高设计效率和可视化效果；

2. 智能施工：智能化的施工管理系统可以实现施工场地的实时信息采集、远程监控和自动化调度。这些技术使得施工过程更加高效、安全和节能；

3. 大数据分析：借助大数据分析技术，建筑管理者可以实时了解项目的进度、质量和成本等情况，以便及时调整和优化建筑计划；

4. 装配式建筑：数字化技术与装配式建筑相结合，可以实现建筑标准化生产和快速组装。因此，装配式建筑将是未来建筑领域的一个重要趋势；

5. 可持续发展：数字化技术可以帮助建筑管理者更好地评估和控制建筑物的能源消耗和环境影响，从而支持可持续发展的目标。

AI 技术引领的数字化建筑时代前景无限广阔。与传统的建筑设计方法相比，AI 智能工具为建筑师赋予了更多潜在创新的可能性。建筑师得以将自己独特的风格和形式语言转化为数字化形式，并在后续的项目实践中根据具体项目需求进行调整。伴随着 AI 相关算法和模型的深度学习，设计师的能力也得到显著扩展，为建筑行业提供了智能化的解决方案、工程管理、安全措施及维护方案等方面的支持。这种进步有望进一步推动建筑行业向智能化和现代化发展。同时 AI 绘画的应用在解决其他问题时能快速帮助建筑师尝试更多的设计风格，从而解开建筑师在风格创作方面的束缚，使建筑师可以专注于建筑学本身的核心价值，能够以客观多元的视角开拓解决问题的思维，从而提出更符合需求的建筑设计。

当前，随着地球环境持续恶化，月球科研站的可持续建筑设计问题已成为建筑师关注的焦点，而在极端气候环境下地外建筑的建造问题也引起了全球的普遍关注。在中国工程院院士的指导下，建筑师将致力于研究地外建筑在极端环境下的设计问题，这也将有助于他们更好地理解空间本质并探索跨学科技术，从而为星球科研站建设提供重要支持。通过融合航天科技与 AI 建筑数字化技术，可以实现设计边界的拓展，并在多学科技术手段的应用上与航天科技紧密结合，这将为地外建筑的建设提供关键的总体设计和技术支持，以便更好地应对未来的国际挑战，并推动建筑设计的可持续发展。

第 2 章

数字设计研究实验室

2.1 数字化设计实验

2.1.1 排序实验

（一）点排序的方法——以点的 t 值排序、以 $X/Y/Z$ 值排序

A.t 值排序：

求 t 值方法：

1.求 t 值：取线上点的 t 值，由于这条线的 t 值很大，所以需要重建线的阈值（0~1），这样就可以控制全部（图 2-1）。

2.反求 t 值：将点（法向）投影到线上，用 t 值进行排列。由于这条线的 t 值很大，所以先要重建阈值（0~1）。点在端头时，从名单中可见——其 t 值默认为最大值 1/ 最小值 0（图 2-2）。

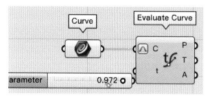

图 2-1 求 t 值的 Grasshopper 电池组　　图 2-2 反求 t 值的 Grasshopper 电池组

多点排序：点投影到线上——重建阈值（图 2-3）——点以线上的 t 值重新排序,标号显示(图 2-4)。

B.$X/Y/Z$ 值排序：分解点的 X、Y、Z 值，并依据 $X/Y/Z$ 值进行重新排序，再标出排序点（图 2-5）。

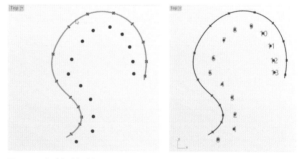

图 2-3 重建阈值分析　　图 2-4 线上的 t 值重新排序

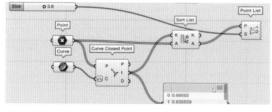

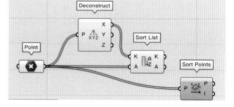

图 2-5 Grasshopper 电池组

（二）有条件排序——通过判断进行排序（图 2-14）

1. 首先画一个矩形，对它进行随机点划分，然后在这个矩形范围内作出泰森多边形。

2. Rhino 中，在它每个多边形内各准备 1 个图形，用 Rhino 操纵杆沿 *Z* 轴向上拉出一定高度（图 2-6）。

3. 让每一个多边形对一个圆进行放样，这时你会发现它的顺序是有问题的，因为这些圈圈是我们自己在 Rhino 中手工画的，而不是由 Grasshopper 的随机点生成的圆，所以泰森多边形的顺序和这圆的顺序不一致。可以用显示顺序看出泰森多边形的顺序就是点的顺序（图 2-7），这也是**泰森多边形的规则**。

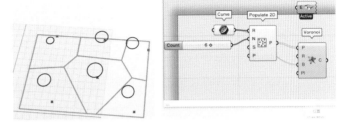

图 2-6 步骤 2 的 Grasshopper 电池组和相应效果

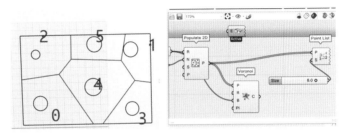

图 2-7 步骤 3 的 Grasshopper 电池组和相应效果

4. 然后，把这些圆圈拾取进 Grasshopper 运算器，如果要将 6 个圆圈分别对下面的泰森多边形进行放样，就必须先看一下它们的分组情况——虽然都是 6 个一组，但组号不同，所以这里需要对它们进行先发芽再拍平的操作，使得组号一致（图 2-8，即先归 0 再生长成一样的组号）。这时，把它们连成线，就会形成两两成组的数据（图 2-9）。

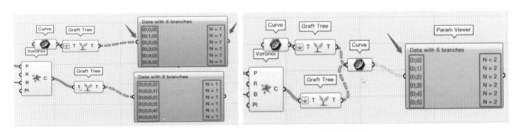

图 2-8 统一组号　　　　　　　　　图 2-9 两两成组的数据

5. 接着再放样，此时会发现它们的顺序是乱的（图 2-10）。

问题思路：

Q：如何解决这个问题呢？

A：这时，需要判断圆圈分别是属于哪个泰森多边形范围内。目前的这个排序是以条件排序，方法是去检查圆对应的是哪个泰森多边形。

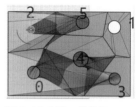

图 2-10 步骤 5 的效果

这里用"Point in Curve"指令，来检查并判断点在线内、线上或线外。有多种方法可以在线上取这个点，当然既可以取在线上，也可以取圆圈的面积中心。如果圆圈有部分在泰森多边形上，那所取的点也可能会在外面。因此，建议取圆圈的面积中心相对稳妥（用"Curve+Area"运算器组，图 2-14）。另外，对于正圆来说面积的中心也是圆心，可这里不用圆心，目的是要保证这些圆圈不是正圆的时候也能使用。

6. 将这个点投影到地面上，因为它现在是有高度的，把圆圈面积中心点的 X、Y、Z 值解开并分解成 3 个值（用"Deconstruct"运算器），然后将 Z 值设为 0，再将 3 个值组合（用"Construct Point"运算器）、检查（用"Point in Curve"运算器，注意

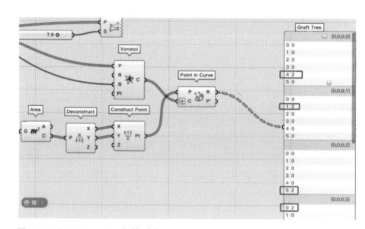

图 2-11 Grasshopper 名单列表

每 6 个点都要检查泰森多边形），而后得到一个名单列表（图 2-11）。

7. 规则：0 以外的值是 True，只有 0 是 False。

通过这个名单列表，对圆圈进行分流（用"Dispatch"运算器，如果是 True 就会跑到 A，False 就会跑到 B），数据拍平后，圈转换成点和矩形内的点进行检查。检查结果若是顺序一致，即泰森多边形的顺序就是圆圈的顺序（图 2-12）。此时，再去放样（记

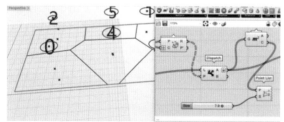

图 2-12 泰森多边形的顺序就是圆圈的顺序

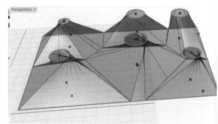

图 2-13 ——对应的效果
（注：这里只剩圆圈的方向需要调整）

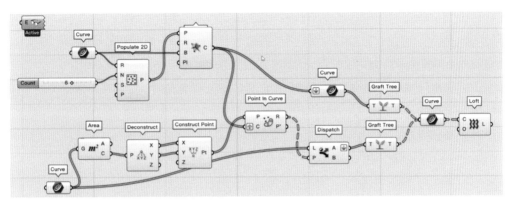

图 2-14 实验所用 Grasshopper 电池组（总）

得要先发芽）就能够达到——对应的效果了（图 2-13）。

实验结论：这个案例是有条件的排序，即通过判断进行排序。它判断的条件是圆圈分别属于哪个泰森多边形。

（三）趣味练习——电影院排座

Q：我们日常生活中充满仪式感的娱乐休闲的地方是哪里呢？

A：电影院，bingo！

那这个排序的实验会很有趣，关于电影院的座位。

Q：现在，如果希望这些座位从左到右、自下而上地进行排列，那么它的方法是什么呢？

A：在二维空间的排序中，每个座位犹如一个矩形；之前是在一维的平面上排序，只有方向而已。可是，现在不只要排序，还需要让它有"组"的概念。

我们可以这样做：

1. 首先在 Grasshopper 中全部拾取这些矩形，找出它们的中心点（图 2-15），然后针对这些点进行排序。如果这里使用之前的方法会出现问题。因为，这些点很可能是直线，它们的 Y 值并没有差异，而且每排座椅是有弯曲的，即它们的 X 值是变化的（由小变大再变小）。

2. 这时，我们可能会想到用画线的方式进行排序。假设

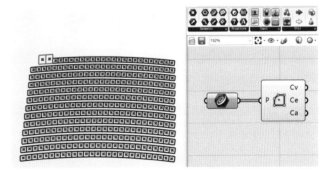

图 2-15 矩形中心点和 Grasshopper 电池组

我们用线自下而上的排序，所有的点都会对这条线进行法向取点。但是，目前所有的点并没有分组，都在一个大组里。排完之后，它们的序号虽然都是由下而上地变大，但是每一组之间并没有连续的号码，而是处在混乱的状态（图2-16）。

Q：在确保座位紧密相连的前提下，让这些座位归属于同一组，还有哪些方法可以采用？

A：**基础做法**：是每一排画一条引导曲线，然后一一法向映射。接下来，把每一条引导曲线的位置进行排序，即先针对引导曲线排序，再把每一条去对引导曲线排序。但这个方法很麻烦的，而且它没有全自动，只能半手工的。

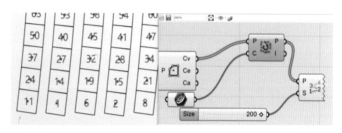

图2-16 号码混乱的状况

进阶做法（图2-22）：是将这些座位矩形作布尔运算，这样同一排座位会变成一个长条的封闭框。我们可能会担心每两个矩形没有接好从而导致无法进行布尔运算。因此为了避免这种情况，我们可以把这个封闭的框稍微放大或偏移至产生交集后，再

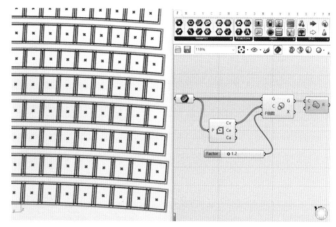

图2-17 布尔运算得到的框

进行布尔运算取其连集，这样就能得到一个一个框的效果了（图2-17）。

由此可见，现在这个框的顺序是不对的，需要重新排序。

Q：有趣的是，这里我们用眼睛一看就知道这些框的顺序，可是为什么不能直接得到答案呢？

A：考虑到电脑尚不具备丰富的自我认知能力，因此有必要悉心指导其履行任务。此外，获取他人劳动成果时，因存在差异性，故需对其进行查验并予以适当修正，以确保其满足预期要求。为确保指令传达顺畅以及工作执行成效显著，需深思熟虑并采取合理措施。

①首先，在框上面取中心点进行排列，即把原来的顺序按照现在的顺序进行排列，再用现在的顺序（新名单）去挑选布尔后的框。这里按照自左向右的顺序排序（图2-18、图2-19）。

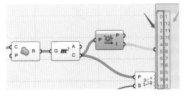
图2-18 由左而右的顺序

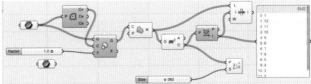
图2-19 进阶做法的Grasshopper电池（1）

注： 如图 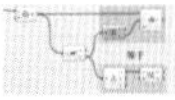 ，紫色框内的Grasshopper电池组的作用是相同的。如果上面用到的Grasshopper电池组难理解，可将它们互换。

②框的顺序已经处理好，接下来需要检查这些点分别属于哪个框，即检查所有的点是否已在排序的框内。这里需要注意先分别对每个框的Grasshopper电池进行发芽，即需要对每个框独立检查。检查完后分流，再直接给出点的名单，标号后检查发现每一框是一组，并且有的地方仍然有顺序错误（图2-20）。这里也有可能所有的数据顺序都是乱的，这个座位实际上在画图的顺序是由下而上的，即画的顺序是原先拾取的顺序。

③因此，我们还需要再进行一次排序，对每一组由下而上排列（即对Y值排列）。把分流出来的点的X、Y、Z值分解出来，然后用Y值对这些点进行排列，再把新排列的顺序拍平后标号检查（图2-21）。这样，电影院的座位是由下而上、由左而右的顺序排列，并且每条都是一组。

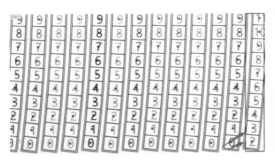
图2-20 部分错误顺序检查

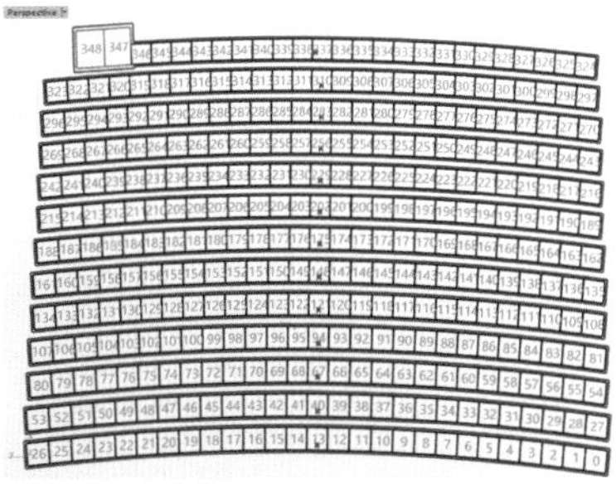

图2-21 顺序拍平后标号检查

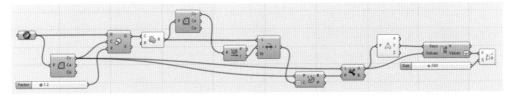
图2-22 进阶做法的Grasshopper电池（总）

2.1.2 干扰实验

循环干扰泰森多边形：

循环运算器： 该 Grasshopper 运算器鲜少使用，只有在参数进行迭代计算时会用到，实验由易到难。迭代计算就是对计算的结果进行再计算，没有第二次计算就不会有第三次计算，它们是顺序的，是不能同步进行的。

（一）基础实验

这里有一个多边形，我要取它每条边的中点进行连线后再画出一个多边形，然后我再取新多边形边的中点画一个多边形，以此类推，那这样的 Grasshopper 步骤是什么呢？

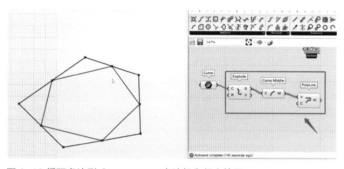

图 2-23 循环多边形 Grasshopper 电池组和相应效果

你会发现你只能这样写：图 2-23 中的 Grasshopper 参数组需要被复制出 n 份（$n= \infty$），这个时候就需要迭代循环。

Q：要怎么做迭代循环呢？

A：如图 2-24，循环条件首尾相接，双击循环

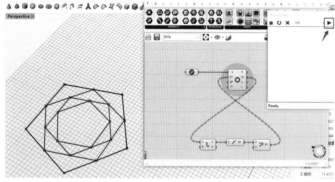

图 2-24 多边形迭代循环 Grasshopper 电池组和相应效果

运算器按"△"钮迭代循环，点一次自动算一次、无限循环这样一直算下去；它也可以直接设置循环次数，然后停止，也可以按"×"钮清除重算。

注： "循环"运算器——其中 S 为起始条件，D 为要循环的数据，H 接要循环的历史条件（显示结果有历史痕迹），F 接条件（最终的结果显示）。双击开始循环。

（二）进阶实验

1. 画个矩形，在其内画随机点或者矩阵点，如果在矩形内做个泰森多边形。

2. 找一张图片用作颜色采样（黑白图片会比较明显），矩形内的点要映射到这个图片上，因此在 Rhino 中需要把矩形线变成矩面前确定面的 UV 方向（图 2-25），然后将这个面拾取进 Grasshopper 运算器内重建阈值。

3. 点的坐标投影到面去采样图片坐标：将矩形内的点投影到面上会产生 UV 坐标（图 2-26），UV 坐标的范围全在面上，而面的坐标是 0~1（因重建阈值）。当 UV 坐标连接图片，那么图片的 UV 坐标也是 0~1。

4. 取图片的灰阶值（图 2-27），即它的明暗、深浅、

图 2-25 确定面的 UV 方向

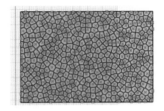

图 2-26 矩形内的点投影到这个面上

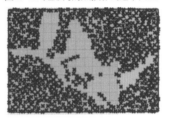

图 2-28 选出背景上的点

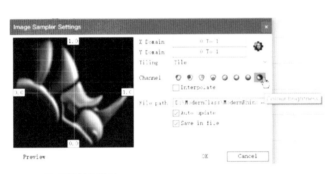

图 2-27 取图片的灰阶值

图 2-29 在背景点上做出泰森多边形

亮度，数列中 0 为黑色、值越大越接近白色。这里先不看泰森多边形（不接它的电池），看采样点的筛选，把颜色太淡的点筛除，这里需要对 Grasshopper 参数的灰阶值进行大小比较，比较完后，会得到一个名单，再扣掉图形，选出背景上的这些点（图 2-28）。最后，在这些点上做泰森多边形（图 2-29、图 2-30）。

5. 如图 2-31 所示，红色点为泰森多边形的细胞核。在这个基础上取泰森多边形的重心（Polygon Center 中 Cv、Ce、Ca 是由 3 种不同的算法得到的点，都接近中心点）这里取 Cv 点再做一次泰森多边形，会发现它的面比原来更圆滑且不狭长了（图 2-32）。如果需要再重复一次，就要再接一套 Grasshopper 参数，面的效果就更接近圆形。从参数逻辑来看，由此就形成迭代循环了，其中泰森多边形的角可以做成弧形，来达到我们所希望的效果（图 2-33）。

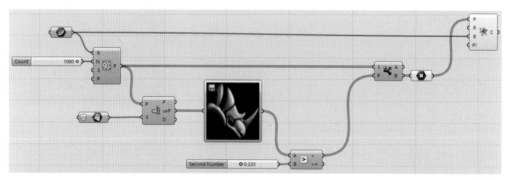

图 2-30 进阶实验的 Grasshopper 电池组（1）

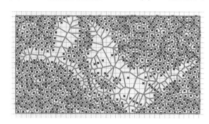

图 2-31 红色点为泰森多边形的细胞核及重复后对比

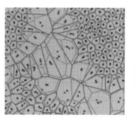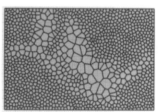

图 2-32 重复后的面更为圆滑

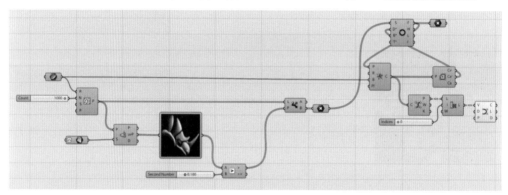

图 2-33 进阶实验的 Grasshopper 电池组（2）

2.1.3 钢结构造型肌理
——以国家体育场建筑立面节点造型为例

　　这是一个既简单又十分有趣的热身实验，它截取自我们所熟知的北京"鸟巢"，即北京国家体育场的立面肌理。

　　在 2008 年奥运会成功举办之后，国家体育场已成为国际知名并具有代表性的建筑。该建筑的设计由著名建筑大师皮埃尔·德梅隆、李兴钢以及赫尔佐格共同完成，其创新之处是其在曲面构造上运用了工字钢，实现了建筑结构的承重功能，呈现出独特的肌理效果。这一设计理念为我们提供了一个珍贵的学习案例，以精进在建筑结构中运用工字钢的技术。在此次预研究实验中，我们仅针对该建筑立面肌理的一小部分进行了分析。然而，作为立面肌理的一个基本单元，其参数化建模的思维方式和方法具有广泛的适用性。因此，我们选择这一小部分肌理作为数字化建筑的研究对象，以便进一步探索和实践数字化建造技术。

（一）实验逻辑

参数化建筑模型建构的整体思路：

Grasshopper 中的肌理造型过程与在 Rhino 中手工双轨生成的方式类似。曲面轨道路径是通过地面曲线对曲面进行投影来获得的。一旦确定了造型放置点和坐标平面，我们可以通过坐标平面的转换将造型轮廓准确地放置到曲面上。最后通过双轨操作，得到建筑立面的肌理效果。

即：线投影到面上——确定曲线的起点——找到线上的坐标平面——检查坐标平面的方向——造型轮廓线流动到曲面上——双轨。

（二）实验方法过程

◆ 步骤 A——双轨的两条路径、曲面上的曲线的起点

1. 在 Rhino 中绘制一个近弧形的曲面 A，该曲面上的造型轨迹可以用**地面曲线垂直投影**的方法投影到曲面上，所以这里我们还需要在这个曲面的正下方绘制出这些曲线。然后把这些曲线垂直投影到目标曲面上（图 2-34），再求出这几条曲线起点的切点（曲线需要重建阈值 0~1，起点 $t=0$）。

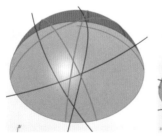

图 2-34 步骤 A-1 分析

图 2-35 步骤 A-2 分析

2. 将曲面 A 复制偏移出一定距离得到新曲面 B，然后把原曲面 A 上的曲线强制法向投影到曲面 B 上，并取这几条曲线起点的切点（曲线需要重建阈值 0~1，起点 $t=0$，图 2-35）。

◆ 步骤 B——线上的坐标平面、造型轮廓线流动到曲面上

1. 用向量连接这两个曲面上的多条曲线的起点，即为它们的法向。然后，以曲面 A 中曲线的起点为原点设置工作平面，再把这个坐标平面拆解开，调整 Z 值为新的 X 值的

坐标平面，使该坐标平面的方向
和造型轮廓的坐标平面方向一致
（图 2-36）。

2. 在 Rhino 中绘制工字钢造
型的轮廓线拾取进 Grasshopper
参数电池中，同时取轮廓底边的
中间点为原点设置坐标平面。然
后，把该坐标平面调整到曲面上，

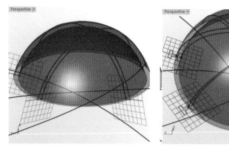

图 2-36 步骤 B-1 分析　　　　　图 2-37 步骤 B-2 分析

这样工字钢造型的轮廓线就流动到曲面对应的每条曲线上了（图 2-37）。

◆步骤 C——双轨

将曲面 AB 上的曲线和工字
钢造型的轮廓线进行双轨扫略
前加盖，就得到了想要的鸟巢
体育建筑的立面肌理效果（图
2-38、图 2-39）。

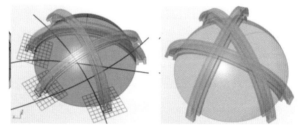

图 2-38 步骤 C 分析

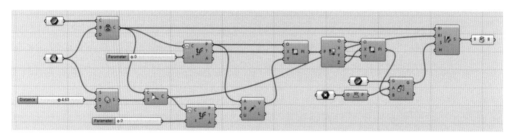

图 2-39 Grasshopper 电池组

2.2　建筑节点设计应用研究

2.2.1　幕墙造型的规则实验
——以丽泽 SOHO 建筑立面节点造型为例

　　思路 1：由图 2-40 得到的玻璃幕墙造型的夹角是越来越大的。

　　Q：那么，该玻璃幕墙的造型如何能做到减小段差，即在背面不越来越大，又怎样能让它由小变大再变小？

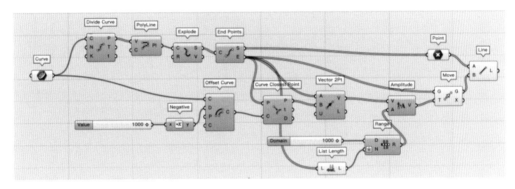

图 2-40 Grasshopper 电池组

　　A：根据它瞬间曲率圆的半径值来决定幕墙造型的翘起量进行渐变，即半径大的地方夹角小，半径小的地方夹角大。求出每一点圆的半径来做，再用曲率圆半径进行法向干扰的移动量并控制大小。

　　注 1： Curvature 是相切曲率圆，C 为相切瞬间曲率圆，K 为向量；Deconstruct Arc 是相切曲率圆半径，R 为半径变化。曲线是开放线。

　　注 2： 30 个均分点会出现 31 条线，所以需要把最后一条线减掉。

　　以上是幕墙底部，顶部还需将该参数整体复制一组。第一层和第二层的段数相同，这里的每层曲线为双曲，需要拍平后再进行放样（图 2-41、图 2-42）。

　　思路 2：以上由图 2-40 步骤得到的面为双曲面（在 Grasshopper 里放样得到的面上的点的顺序是整齐的，这个可以放心）。

　　Q：如何把一个双曲面优化为单曲面即纯平面？

　　A：任意 3 点一定共面，因此以任意 3 点为基位作为一个工作平面，将第 4 点拍平

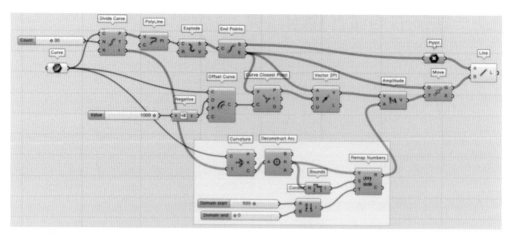

图 2-41 幕墙造型的底部规则 Grasshopper 电池

到该工作平面上。再将该双曲面的 4 个点选取出来，明确 4 个点为"0、1、2、3"的顺序后，再取"0、2、3"这 3 点构成一个工作平面，然后将"1"点垂直投影到工作平面上，最后把这 4 点连成平面即 4

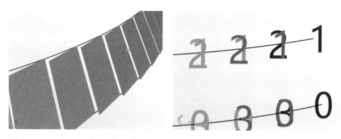

图 2-42 双曲面及点顺序检查

点建面。这里拍"1"号脚点是因为它受影响较小，而如果需要造型更翘些，可以调整 4 点顺序（图 2-43、图 2-44）。

实验结语： 该 Grasshopper 参数规则使建筑幕墙的构型既具备了理想效果，又保持了纯平面的特征，充分实现了建筑方案设计的预期。此外，这一规则极大地方便了建筑幕墙工程的后期生产和施工，降低了工程造价，简化了工程难度。考虑到若采用非纯平面的钢化玻璃，其造价将高出许多。

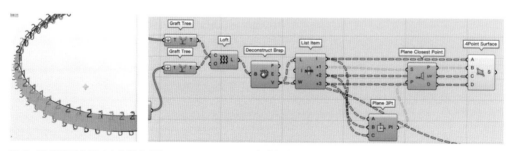

图 2-43 明确双曲面 4 点的顺序　图 2-44 Grasshopper 电池组（局部）

2.2.2 体块 UV 影响造型的实验
——以摩珀斯酒店建筑立面节点造型为例

体块中的 UV 小实验：

在研究立方体时，我们通常会注意到每个面的具体形状或图案，但不会去特别探究它的细节和构造方式。事实上，立方体每个面的肌理从一开始就不能简单地通过镜像操作来实现，而只能进行复制。这是因为在镜像操作过程中，立方体的 UV 会发生颠倒，从而导致纹理排列顺序的改变。

虽然我们通常认为统一处理立方体每个面的肌理是有规律可循的，但实际上却没有一个特定的命令或插件能够完全实现这一目标。我们只能针对没有 5 个顶点交会的面进行统一处理，而 5 个顶点交会的面中必然存在一个面是相反的，这是因为该面是单数。因此，在处理立方体每个面的肌理时，我们不能简单地使用统一命令来完成任务，而是需要针对不同情况进行灵活处理，以确保肌理能够按照预定的顺序正确排列。

关于建筑中间部分造型桥接的问题，这些部分并不构成矩阵结构，因此其 UV 方向并不会对建筑整体造型的对称感产生影响（需要注意的是，对称性是影响视觉效果的关键因素，而不对称性的影响则相对较小，因此很难做到无缝拼接）。

注 1： Deconstruct Brep 是在所有面 UV 相同的情况下，才能够提取出 UV 相同的点。

注 2： 这里在所有面 UV 不相同的情况下，须直接抽离它们的结构线（重建面的阈值，给它的 UV 一个坐标——0,1&1,0）这样每个面的 4 条边就都分离出来了（当然它已经分好组了，我们自己就要知道它的顺序）。

实验总结： 若要确保 4 个边的顺序完全正确，必须确保 1–UV 的配置准确无误，且保持一致。此外，不推荐使用炸开边缘的方法，而应采取提取结构线的处理方式。这样做主要是因为我们需要确保线条顺序的准确，以便更好地安排这些线条。

在真实的工程实践中，多数曲面的肌理设计通常按照 UV 进行划分。以摩珀斯酒店的建筑立面为例，其设计思想是将每一个独特的肌理单元都映射到一个独立的面上。然而，在处理 UV 的过程中，可能会遇到以下问题：

（一）曲线

画一条曲线，它的控制点也是疏密不均的，然后在 Grasshopper 中取该曲线的均分点，可以看到这个均分点的分布跟控制点没太大关系，并且不会互相影响（图 2–45），因为它是直接的取样距离、轨迹的长度。另一个是按 *t* 值均分，在 Grasshopper 里取它的 t 值（t=0~1），会看到均分点会随着曲线控制点的疏密而渐变布置（图 2-46）。

同样，曲面还有这样一个特性——面的 UV 值会按照结构线分布。

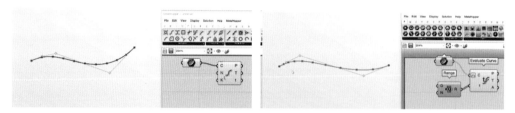

图 2-45 均分点的分布跟控制点互不影响   图 2-46 按 t 值均分效果及其 Grasshopper 电池组

（二）曲面

在 Z 轴方向画几条疏密不均的直线，然后在 Grasshopper 中放样（线由下至上选取），在面上取均分点（图 2-47），会看出它好像和 t 值没有关系。那如果用另一种方式放样，即改变放样运算器的 t 值，按照放样线的分布决定 t 值也即 UV 值，那么它就会分布不均，曲面的结构就会按照结构线的分布去进行布局，这个参数采自放样运算器的"O"端口（t=5 为均匀，图 2-48）。

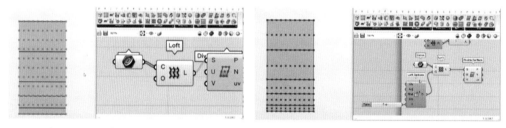

图 2-47 在面上取均分点   图 2-48 放样与 t 值的关系（t=5 为均匀）

放样操作后，不管接的是哪一个运算器、接下来做的是什么操作，都会有以下现象：例如未来我们对这些点利用 Grasshopper 的插件做菱形分格，会发现它的菱形也是这样渐变的，当 t 值为 0 时也会有相似问题（图 2-49）。

基于上述实验，观察摩珀斯酒店项目的建筑立面图纸可以发现，该建筑立面肌理的

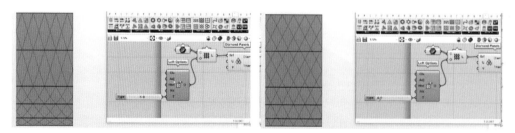

图 2-49 Grasshopper 中菱形分格与点和 t 值的关系（t=5、t=0）

特征具有一定的疏密程度。因此，在制作项目 BIM 模型的过程中，必须按照立面肌理的特定顺序和间距来排列和准备线条，从而准确地模拟建筑立面的外观。采用这种设计方法，不仅保证了建筑外观的完整性和独特性，同时为建筑工程的实施提供了有效的指导和保障。此外，这种设计理念和方法也充分展示了设计师和建筑师在追求建筑美感和实用性过程中的精细考虑和精湛技艺。

2.2.3 商业综合体建筑
——以丝路明珠商业综合体为例

在建筑数字建造的设计实践过程中，设计师通常采用建筑数字信息技术（BIM）的参数化软件工具对参数化建筑的概念方案进行拟合建模设计。同时在工业建造方面，一般直接使用设计时的效果雏形模型，以其较大尺寸的空间构件来直接呈现建筑方案的概念效果，并以此装配建筑立面肌理的整体幕墙表皮模型，然后再进行工程后期的建造设计和施工建设。然而，由方案概念效果转化为施工建造设计的过程中，常会出现方案概念被曲解的情况，进而导致项目落成后的实际效果与方案概念效果图之间的巨大差别，许多可优化设计的细节被忽略。

工程建设实践面临诸多主客观不确定因素，如参数化肌理表达的立面表皮幕墙与建筑功能及相关外部空间环境适应性较差、与原方案效果拟合度较低、工业建造精度不足、工程成本大幅增长、无限制增加工期等。针对这些问题，我们发现，通用技术路线已无法满足复杂的参数化建筑工程的需求，于是基于此，我们展开了研究式的优化设计。

（一）项目概况

丝路明珠商业综合体项目（图 2-50），其建筑高度为 23.1 米，占用土地面积 6.19 万平方米，总建筑面积则约为 13.34 万平方米。此建筑立面设计的肌理式构造和动态韵律的整体曲线外形使其具有超前性，其浓厚的现代气息和文化意识及地域特征，使其成为该区域重要的标志性人文景观和城市代表性建筑。该项目采用设计总包形式的 EPC 大型标志性工程，以项目组作为管理单元，集成各领域的优势因素，这些领域包括建筑原创方案、结构创新、BIM 研发、幕墙设计、绿色建设科技、景观绿化、照明亮化、智能化以及建筑结构健康监测等多个维度。这些多维度专业的全方位协调配合，充分展现出当代数字智能化建筑科技的智慧。

图 2-50 明珠塔商业综合体部分的立面效果

（二）参数化设计工业建造困境

在参数化建筑工程项目中，建筑师对接明珠塔项目方案阶段得到的已确定效果图和元胞模型，在进入到建造优化设计阶段的过程中，面对其商业综合体部分的参数化立面肌理表皮模型的呈现效果，核心难点在于立面表皮的参数化空间肌理化造型的工程实现。因此，受到了以下严峻问题的长期困扰。

1. 设计工具与方法：传统建模的软件工具及方法，无法满足参数化实际工程建造设计的需求。

2. 环境适应性：立面肌理表皮的幕墙系统建筑内部功能与相关环境的适应性差。

3. 工期和经济性：参数化建筑的建造为非标准营造，因此在设计建造的过程中会出现诸多更改、返工找形的情况，这样就会使工程成本出现巨额的激增，以及无限制的工期延长。

4. 无法对接工业建造：因方案元胞模型的精度不够、肌理表皮构建尺寸过大、结构系统有缺陷、整体形体找形困难，所以在工业建造方面无法准确地指导施工图的设计绘制，并进一步对接工厂进行标准化量产式生产加工建造，增加现场施工作业难度，使工程项目施工后建成的效果和概念方案的效果相比，存在诸多具体问题。

5. 双层幕墙体系：内部幕墙为常规曲面玻璃幕墙，外层幕墙为肌理效果的表达部分。在其肌理表皮构件单体结构及幕墙的结构系统整体异常突出，且对室内平面功能、采光，以及对外视线景观通达性产生严重影响。目前无法根据《建筑设计防火规范》要求设置消防救援窗，并确定其合理位置。

6. 材料选择：外层幕墙的表皮设计形式会影响材料的选择，同时材料的选择也会影响立面表皮肌理的表达。因此选择不同的材料质地和特点，会产生不同的方案肌理效果，进而形成不同的建造表达和意境。该项目材料选择的困难主要来自其过大的自重荷载。

7. 效果呈现、美观性与完成度：建筑方案阶段的元胞模型无法在工业建造及施工阶段直接使用，它设计的不准确性、低拟合度、较低的精度会影响建造及施工安装，并在环节的最后严重影响建筑肌理效果，即表皮空间旋转、渐变的肌理结构组织造型形态的呈现和内部实际功能的使用，使项目建成后与方案效果落差巨大、不够美观，甚至影响审美。

（三）参数化肌理优化设计研究

参数化建筑设计系统是一个涉及众多影响因素的复杂系统，其立面肌理设计同样需要考虑到多种因素。为了建立有效的参数化优化设计系统，需要明确参数化优化设计技术路线的架构。根据项目参数化方案立面效果所呈现出的多种肌理造型的空间动势，可以将方案划分为不同的造型区域。

在项目的方案阶段，模型的建立是优化阶段所需的设计雏形。这一模型需要解决参数化这一复杂系统的主要矛盾，并对设计结果产生直接的建造影响。最终建造的成果应最大程度地满足实际使用时对功能的要求。因此，这个优化设计雏形需要在其他影响因素的作用下继续进行建造性的进化。由于该模型是在参数化软件工具条件下生成的图形，因此它可以接受工具语言编辑的指令操作。通过改变其空间形态，可以进一步发展到令人满意的设计结果。

1. 参数化优化设计系统

参数化优化设计过程的最终目的在于实现设计成果最大化，满足功能需求。在建立参数化模型时，要始终坚持对人与环境和空间功能的尊重。设计过程遵循前后连贯的因果逻辑关系，从而推导出与设计起点相呼应的设计结果。因此，设计的逻辑性在此显得尤为重要，甚至成为必要条件。

在对项目立面整体幕墙结构系统和构造逻辑的深入研究后，同时在保证参数化方案设计的建造效果完美呈现的情况下，运用优化设计的基本方式——建筑表皮结构的逻辑性优化、形体适应性优化、建筑界面透过性优化，以及其基本步骤——模拟分析、（细节）模型建构、优化甄选，经过反复多次的设计分析研究，在参数化设计技术的指导下，以可建造性为目标，根据 JPG 格式图片特有的像素特点，我们最终从确定的方案效果图出发，自主创新研发了一种基于 BIM 的参数化建筑立面优化设计方法——"像素化网格 2D 法向投影 3D 曲面空间格栅几何细分"方法（图 2-51）。该方法可将复杂的空间旋转曲面形体简单化、有理化、拆分细化，使其形成强有力的标准模数，进而设计出能应用于工业标准化建造的肌理表皮构件模型。这个设计方法基于 BIM，并可以与各专业进行详细的密切配合后最终完成对方案模型的参数优化再设计。同时，从已确定的参数化建筑肌理方案的效果及意境出发，基于参数化的软件工具 Rhino 和 Grasshopper（图 2-52），在项目设计的 3 个阶段（方案阶段、优化阶段、施工建造阶段）归纳了具有普适性的参

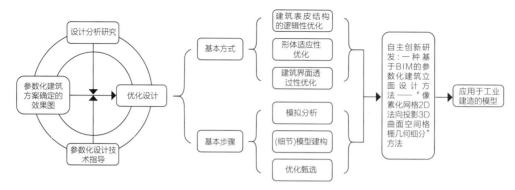

图 2-51 参数化优化设计流程

数化立面肌理表皮优化方法的工艺流程，具体包括：提取像素方格点和 2D 网格交叉线、构建整体空间体块的建筑立面肌理、重构其体块模型、进一步重构其深化模型、重构参数化立面肌理表皮构件，以及重构建筑表皮单元模型这 6 大步骤。

2. 三维协同参数模型的建立

参数模型的建立始于"对人与环境、空间功能的尊重"这一核心原则，设计过程需遵循前后连贯的因果逻辑关系，从而确保获得与设计初衷相符的设计成果。因此，在深入分析项目整体幕墙结构系统和构造逻辑的基础上，以可建造性为宗旨，根据 JPG 格式图片特有的像素特点，我们自主创新研发出一套适用于项目各阶段的方法。在建筑工程的每个阶段的具体操作步骤如下。

第一阶段：方案阶段

a. 步骤 1：将获得的某建筑效果图放大至能看清每一个像素方格点为止，然后将图中具有连续参数化形态的建筑立面范围内的每个像素方格点和这些像素方格点呈矩阵式规则排列形成的 2D 网格交叉线提取出来。

b. 步骤 2：在参数化设计软件 Rhino 的建筑体块模型上，根据已确定的建筑立面效果图将具有连续参数化形态的单个建筑或群体建筑作为一个整体空间体块，并确定其整体空间体块空间形态肌理图案的走向，获得整体空间体块的建筑立面肌理。

第二阶段：优化阶段

a. 步骤 3：将步骤 1 提取的像素方格点及 2D 网格交叉线法向投影到步骤 2 获得的整体空间体块的建筑立面肌理上进行几何细分，得到 3D 曲面空间格栅；同时，确定对其整体空间体块的影响因素，包括：基地环境信息、周围建筑信息、方案美学意境、建筑层高和建筑内部空间功能，并将这些影响因素作为建筑立面肌理优化的参数信息数据组 A，采用参数信息数据 A 组对 Grasshopper 软件中具有源代码可视化脚本的逻辑结构优化设计编写（图 2-53），然后在步骤 2 获得的整体空间体块的建筑立面肌理基础上，重构其体块模型。

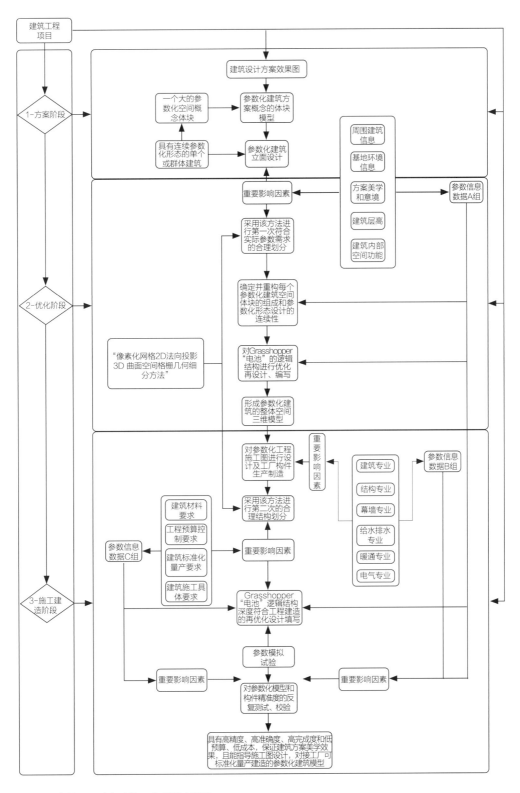

图 2-52 参数化设计方法的工艺逻辑流程图

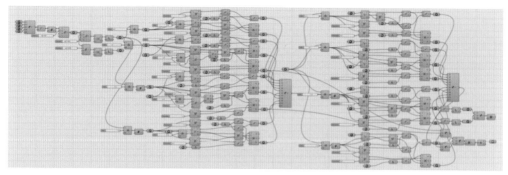

图 2-53 Grasshopper 软件中具有源代码可视化脚本的逻辑结构优化设计编写逻辑图

b. 步骤 4：将步骤 1 提取的像素方格点及 2D 网格交叉线法向投影到步骤 3 获得的建筑立面肌理的体块模型上进行几何细分，同时根据参数信息数据组 A 的限制条件确定肌理表皮构件的截面形状，并对 Grasshopper 软件中具有源代码可视化脚本的逻辑结构进一步优化设计编写（图 2-54），然后进一步重构其深化模型，获得一个个菱形构件单体（图 2-55），进而得到由菱形构件组成的立面肌理造型的深化模型（图 2-56）。

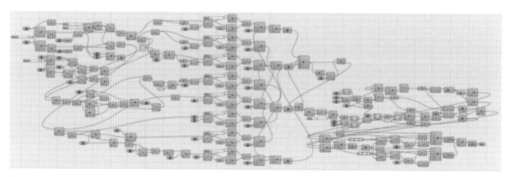

图 2-54 Grasshopper 软件中具有源代码可视化脚本的逻辑结构优化设计编写逻辑图

第三阶段：施工建造阶段

a. 步骤 5：将具体施工设计要求作为参数信息数据组 B，以及具体工程造价要求作为参数信息数据组 C，利用参数信息数据组 B 和参数信息数据组 C，对 Grasshopper 软件中具有源代码可视化脚本的逻辑结构再进一步优化设计编写（图 2-57）；然后在步骤 4 获得的深化模型基础上重构参数化立面肌理表皮构件。在参数化建筑实际工程中，将空间格栅三维几何构件的截面由常规的长方形

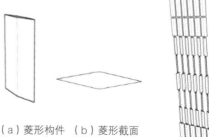

（a）菱形构件　（b）菱形截面
图 2-55 菱形元件的示意图

图 2-56 立面肌理造型的深化模型示意图

优化成菱形并确定菱形的 X 轴为正向展示面，即一个 2 维的平面由两个有角度的 2 维平面构成一个 3 维的平面空间，在增加建筑立面的自然光反射效果的同时，也避免了使用金属材料镀反光彩色膜以达到方案概念效果的成本。

b. 步骤 6：将步骤 1 提取的像素方格点及 2D 网格交叉线法向投影到步骤 5 获得的参数化立面肌理表皮构件上进行几何细分，同时利用参数信息数据组 A、组 B 和组 C 对 Grasshopper 软件中具有源代码可视化脚本的逻辑结构进一步优化设计编写（图 2-58）；并进行参数模拟试验调试和对参数化模型建造精细度的反复校验和论证，使构件每部分的精细度符合设计和施工要求，然后重构建筑表皮模型（图 2-59）。

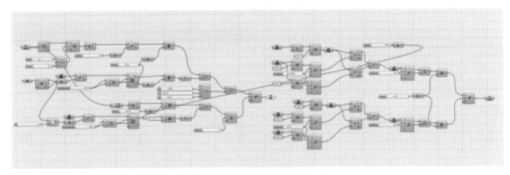

图 2-57 Grasshopper 软件中具有源代码可视化脚本的逻辑结构优化设计编写逻辑图

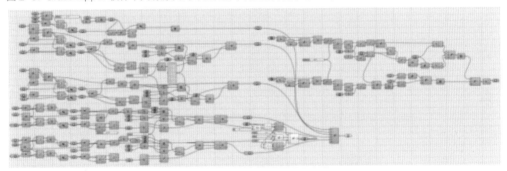

图 2-58 Grasshopper 软件中具有源代码可视化脚本的逻辑结构优化设计编写逻辑图

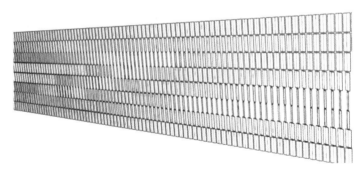

图 2-59 建筑表皮模型的局部示意图

3. 肌理式幕墙优化设计

项目的建筑立面采用双层幕墙体系，其外围护表皮幕墙是方案参数化肌理效果的呈现，内部表皮为传统玻璃幕墙。因此，建造设计如何最大程度地拟合方案肌理的效果就成为显要问题。这样，在项目的施工建造阶段对接工厂的环节中建筑师与幕墙设计师密切配合，将外层幕墙、结构外壳一体化设计并形成模数化，将建筑表皮形式、结构系统和材料构造进行高度的设计整合，同时以有效控制并节省建造成本、适应工厂标准化建造、减轻自身荷载、降低现场施工难度为原则，运用自主研发的参数化肌理优化设计方法，在空间维度上对建筑立面的外表皮幕墙系统进行模数化细分。经过 60 多次的优化设计分析研究（图 2-60），最终

（a）优化设计方案过程（部分）

（b）优化后的立面效果

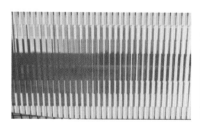

（c）优化后分段旋转（局部）　　　　　（d）建筑室内优化前后对比

图 2-60 优化设计分析研究

细化出符合建造标准的肌理构件,并确定其形状、材料、轮廓、结构体系和组合方式(图2-61),然后进行具体工业化标准构造设计,最终得到高拟合度、可建造的全新立面构件。同时,充分满足建筑室内功能房间的采光和视觉通廊等的实际使用需求。

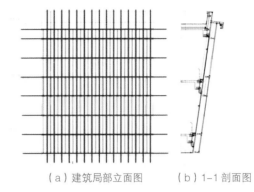

(a)建筑局部立面图　　(b)1-1剖面图

图2-61 立面肌理表皮分析图

(1)表皮构件单体优化设计

通过自主研发的参数化肌理优化设计方法细分出的空间表皮构件单体,是由一对三棱柱形格栅和设置在一对三棱柱形格栅之间的连接件组装而成,连接件包括垫块和嵌设在其垫块内部通孔的连接轴,垫块嵌设在一对三棱柱形格栅之间;构件本体上下两端还设有封口板。在三棱柱格栅一侧的面设置为内凹式圆弧面,圆弧面两端设有与圆弧面成一体的矩形支板,其上设有螺孔1。随后,进一步地建构件内置垫块为方体结构,其内开设有用于嵌设连接轴的通孔;同时与方体结构上相对的其中两个侧面边沿处开设有与螺孔1相匹配的螺孔2,通过螺孔1、螺孔2及不锈钢螺栓,将垫块嵌设在一对三棱柱形格栅之间。方体结构相对的两个侧面中心处分别设有一对矩形翼板,同侧的一对矩形翼板通过螺柱相连。同时,立面构件还包括一对可拆卸的扣盖,扣盖内侧设有嵌合板,并在其上开设有凹槽,所用扣盖是通过其凹槽与螺柱卡接,以将其固定在垫块上,进而扣盖、三棱柱格栅对接形成该立面构件的菱形立面构件(图2-62)。

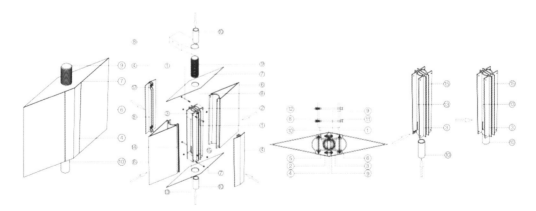

(a)构件单体　　　(b)构件的结构拆解图　　(c)构件的俯视图　　(d)构件内置垫块的结构图

1- 用于连接垫块和矩形支板的不锈钢螺栓;2- 矩形翼板上的螺柱;3- 连接轴;4- 扣盖;5- 垫块;6- 三棱柱格栅;7- 封口板;8- 矩形方管连接件;9- 外螺纹连接件;10- 圆管插芯;11- 矩形方管连接件外喷涂的氟碳层;12- 矩形方管连接件上装饰栓;13- 用于固定圆管插芯的螺孔;14- 矩形支板;15- 矩形翼板;16- 嵌合板;17- 凹槽

图2-62 表皮构件单体

该表皮构件的垫块设计为中空构造，用以减轻构件自重荷载，并采用节能环保型材质进行标准化量产，可以大大降低工程造价，同时构件扣盖、三棱柱格栅采用可进行日光漫反射的材质来满足建筑内部环境具体功能的使用要求。在参数化建筑实际功能的使用方面，构件各部位及零件可进行即时的拆卸、安装，充分满足《建筑设计防火规范》GB 50016—2014中要求的建筑消防安全距离和建筑平面每个防火分区设置的多个消防救援窗的开启净尺寸面积要求、内层表皮常规玻璃幕墙的维护及清洁要求。

（2）表皮构件单元（组）优化设计

建筑立面肌理表皮模型整体是由一个个模型单元呈矩阵排列形成，每个模型单元由若干个上述立面构件通过连接固定件按照上下顺序串接而成，连接固定件还起到将所述模型单元固定在建筑结构上的作用。同时，连接固定件包括中空外螺纹连接件、矩形方管连接件和圆管插芯；矩形方管连接件上设有穿孔，其穿孔内设有与所述中空外螺纹连接件外螺纹相匹配的内螺纹；将中空外螺纹连接件固定在矩形方管连接件上，其内插设所述圆管插芯，圆管插芯两端通过螺栓连接相邻的两个立面构件垫块内的连接轴。为了更好地保护所述连接固定件，在矩形方管连接件外喷涂氟碳层。并为了增强对轴向受力的承载作用以及增加美观性，因此在矩形方管连接件上还设有装饰螺栓（图2-63）。

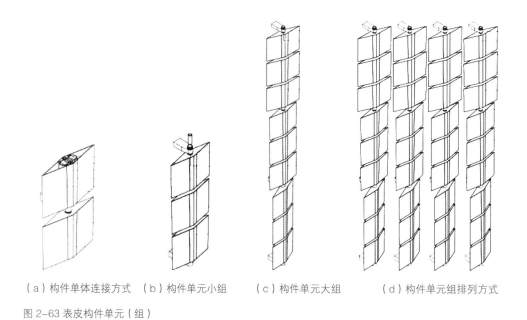

（a）构件单体连接方式　（b）构件单元小组　　　　（c）构件单元大组　　　　（d）构件单元组排列方式

图2-63 表皮构件单元（组）

（四）结语

数字化时代全生命周期参数化设计中的核心问题，即立面肌理呈现的建造完成度。通过银川·明珠塔商业综合体项目进行其关键技术的研究，我们自主创新性地提出了一种具有高拟合度和工业建造性的参数化建筑肌理优化设计的技术方法和建造模型。该优化设计方法基于 BIM 参数化软件，从参数化肌理的方案效果图出发，总结归纳分析方法并创新性地提出了参数化建筑立面设计的优化方法——"像素化网格 2D 法向投影 3D 曲面空间格栅几何细分"。精确化地拟合理想建筑外幕墙肌理形态，进而设计出能应用于标准工业化建造的肌理表皮构件模型。同时，该方法除了能够提升设计雏形模型的精度外，还能够增强肌理表皮构件的适应性和幕墙结构系统的合理性，并将工业模型应用于施工建造。

在项目设计的 3 个阶段——方案阶段、优化阶段、施工建造阶段，参数化优化设计技术路线的架构是优化设计系统工作的基础。我们总结并归纳了具有普适性的参数化优化设计流程、立面肌理表皮优化方法和相关工艺流程，同时基于参数化软件工具编写了具有源代码可视化的脚本逻辑图。在满足实际的建筑功能使用和建筑防火规范等多方面实际需求的同时，我们根据工艺流程对建筑肌理表皮进行优化（包括幕墙系统、建造材料的甄选、优化表皮性能、造型优化等操作），重新建立了一个具有高审美和高工业精度的可建造模型。

工程实践表明，这种方法不仅能提高生产效率、减轻自重荷载、确保室内空间功能、使预算可控，还能降低至少 1/6 的巨额工程成本，缩短从优化设计到工业建造阶段 1/2 的工期，并且达到绿色建筑的标准建造、安装使用简单、操作便捷、节省材料、绿色环保的要求。

2.2.4　公共场馆建筑
——以哈尔滨大剧院建筑立面表皮为例

随着中国经济社会的持续发展，公众对精神文化生活的需求也在不断增长。为满足这一需求，我国文化产业正在经历转型升级，而高水平文化场所的建设也呈现上升趋势。公共场馆类建筑作为现代化文化建筑的典型代表，充分展现了特色鲜明的现代化设计风格。以哈尔滨大剧院为例，作为"音乐之城"哈尔滨的标志性文化项目，其建筑表皮的造型引人瞩目，同时具有很高的艺术价值和社会意义。

（一）项目概况

哈尔滨大剧院位于哈尔滨市松北区太阳岛风景区，其建筑设计与环境和谐相融，突显了建筑师的艺术造诣。该建筑外皮的设计灵感来源于对自然和地方特色的尊重，充分利用自然资源，使之成为城市中一处引人入胜的"城市绿肺"景观。哈尔滨大剧院是集文化演出及配套设施于一体的综合发展项目，其中包括大剧院（1564 座）、小剧场（414 座）、地下车库及附属配套用房等，总建筑面积达 79396 平方米，最大高度为 56.48 米，总用地面积 7.2 公顷，剧院建筑等级为甲等剧场。

项目的建筑主要采用金属复合屋面作为外皮，屋面具有独特的曲面造型。同时，该项目还巧妙地结合了模块化四棱锥群采光顶和其他多种新材料，如 FRP、GRC、混凝土挂板和防水保温材料等。这些创新元素的运用为建筑物带来了前所未有的独特视觉效果，从而为观众带来了新奇感受。这些元素的应用也使其成为标志性建筑。

（二）立面构造系统分布

哈尔滨大剧院的建筑立面设计灵感源于北方冰城的雪硕，其自然景观在自然风的吹拂下呈现雪痕落下的优美形态。在建筑营建过程中，精心的建筑细节设计构造让这座庞大的建筑更加富有内涵，并展现出轻柔而细腻的质感。

哈尔滨大剧院的建筑立面设计汲取了北方冰城雪硕的独特魅力，巧妙地融入了自然景观的优美形态。在建筑营建过程中，精心的细节设计使这座大型建筑看起来更具内涵和质感。在自然风的吹拂下，建筑立面呈现出宛如雪痕落下的优美形态，展现出与当地气候和地理环境紧密相连的特色。

在自然建筑的语境下，建筑独特魅力的艺术表皮由以下 8 个系统构成（图 2-64）：

图 2-64 立面构造系统分布图

（①金属复合屋面幕墙系统，②模块化四棱锥玻璃采光顶幕墙系统，③外皮双中空玻璃幕墙系统，④上人玻璃屋面幕墙系统，⑤清水混凝土板幕墙系统，⑥石材上人步道幕墙系统，⑦金属单层装饰幕墙系统，⑧雨篷、门及其他幕墙系统）

1. 系统一：金属复合屋面幕墙系统：位于建筑外皮的下侧；

2. 系统二：模块化四棱锥玻璃采光顶幕墙系统：位于建筑入口上方；

3. 系统三：外皮双中空玻璃幕墙系统：位于一层檐口下方；

4. 系统四：上人玻璃屋面幕墙系统：位于上人观光石材步道；

5. 系统五：清水混凝土板幕墙系统：位于檐口下方特色墙面；

6. 系统六：石材上人步道幕墙系统：位于檐口下部；

7. 系统七：金属单层装饰幕墙系统：位于建筑外立面外部；

8. 系统八：雨篷、门及其他幕墙系统：位于入口处。

（三）参数化表皮设计策略与数字化工作模式应用

1. 参数化表皮设计策略

为了实现如此复杂且丰富的外观造型，找型构造系统的设计显得至关重要。本工程采用了"多级调整，逐层找型"的方法来实现。首先，策划人员利用现场全站仪进行主体结构测量数据的采集，并将这些数据导入计算机，动态地反映出主体结构的偏差。然后利用BIM模型，动态调整设计模型，并确定各部位的控制基准点，完成设计模型的宏观找型。再者，可通过系统构造进行调整找型（图2-65），具体包括以下3个部分的调整。

第一级找型调整是为屋面钢檩条布置。钢檩条通过可调整的连接件与主体结构连接来实现调整，其中连接件的调整是找型的基础。

第二级调整是为通过锁边板连接T码支座下的几字形连接件的高度布置来实现调整。此级调整是找型的关键，它决定了安装锁边板与实现排水分区的基础构造面。

第三级调整是为外皮铝单板连接系统找型布置。依据外皮铝板距离锁边板面的不同，采用不同的连接方式。

2. 数字化工作模式应用

建筑的外表皮结构在三维空间中发生了复杂的褶皱、扭曲和挤压，灵巧地改变了其轻盈的形态。这一全新的建筑肌理造型展现了冰城现代化的城市风貌，其复杂程度和独特性无法用传统的设计方法来充分体现，因此必须借助先进的数字化软件技术进行参数化设计。该设计实践充分验证了现代空间技术应用的无限可能性，凸显了建筑的独特魅力和时代特征。

（1）BIM软件应用：整个建筑的初始设计是在BIM软件下完成的。BIM软件均是由数字符号建"模"，它把整个建筑在计算机空间模拟建造，构件设计从里到外均采用1∶1生成，能够模拟集成化模块构件的布置，在方案变更修改时只需修改几个数字就可以完成整个模型的修改，为设计工作节约时间、资源，而三维立体模型在电子平台上展示也更为直观逼真。

（2）Rhino（犀牛）软件应用：整个BIM模型转化成图纸模型空间是利用犀牛

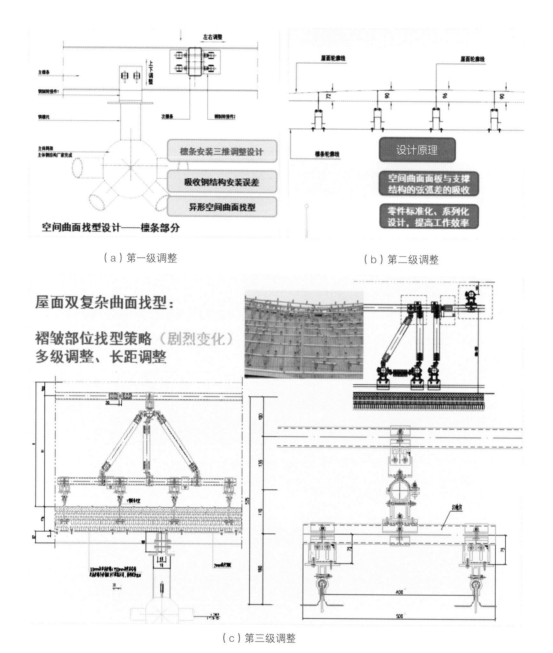

（a）第一级调整 （b）第二级调整

（c）第三级调整

图 2-65 各级找型的实现过程

（Rhino）建模软件来完成的，此软件最适合不规则空间曲面的建模，方便快捷。犀牛的另一特点是可将模型文件转化成 AutoCAD 文件，从而解决了犀牛软件细化详图低效的缺点，本工程设计更多是利用 Rhino 与 AutoCAD 相结合的出图方式，较快速地完成了施工图纸的设计工作。

（3）AutoCAD 软件及 Autolisp 程序应用：本建筑外皮从模型的建立、参数的提取，从立框、底板布置、保温支座布置、锁边板排版布置、龙骨定位、面材下料等都需要大量的数据支持，这些工作都是通过 AutoCAD 软件来实现的。同时建筑外皮没有完全相同的板块，因此引用参数化 Autolisp 程序设计可大大提高设计效率，实现了高质高效。

作为人类社会发展的基石，科学技术被公认为第一生产力。在当前的建筑工程领域，建筑外皮的设计工作已经借助先进的软件工具，成功实现了以往难以达成的立体设计，使设计工作实现了机械化，显著提高了设计效率。据统计，采用这种方式进行设计，相较于传统方式，可以节省大约 30% 的时间，同时减少 25% 的人员参与，进一步提升了设计工作的专业性和精确性。

建筑屋面部分的参数化建构要点（图 2-66）如下：

①犀牛软件建曲面线模型并整理；

②将横向分格数线导入 CAD 软件，采用自定义程序自上而下自动生成板块模型；

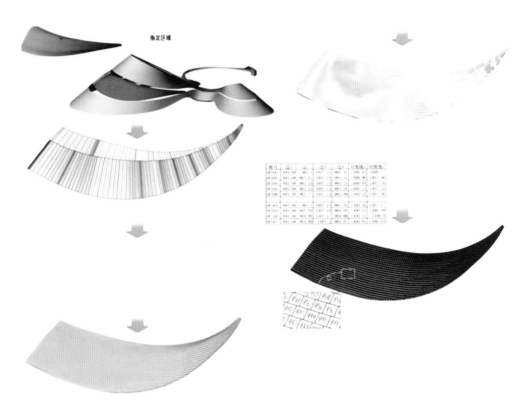

图 2-66 屋面部分的参数化建构要点

（设计说明：1.修补曲面、将模型中的碎面、断面连接或突壁连续的曲面；2.在曲面上按问题 1 米偏移出横向分析；3.按问题 1 米作竖向分析，得到边长 1 米的板块；4.分析板块侧曲量，曲量大小显示成不同颜色，根据建筑师的要求采取不同处理方案，例如：冷弯，对角线弯弧等；5.应用计算机自动进行板块偏移编号，共计 2106 个板块，输出加工组门，确保下料准确无误。）

③应用自定义程序对板块进行翘曲量分析；

④应用自定义程序进行板块偏移、编号，然后输出板块信息；

⑤分析板块信息、合并及优化板块。

（四）建筑表皮幕墙系统与材料

1. 外皮各项功能设计及构造方案

建筑物的外表皮作为其"外衣"，不仅关系到建筑物的外在形象，更承担着保障其功能的重要责任。因此，针对建筑外表皮的抗风压性能、水密性能以及保温隔热等功能的设计，显得尤为重要。哈尔滨作为北方寒冷地区的一座城市，对于建筑的水密性能和保温防结露性能的要求尤其严格。因此，从方案设计、建筑材料选用，到建造施工的工序和工艺等各个环节，都必须严格把关和控制。其具体施工设计的方案保证措施如下。

（1）金属复合屋面幕墙系统的防水和排水设计（图2-67）

本工程防水体系设计采用"设置多道逐级减压体系、防水材料整体化、不同体系沟过渡、材料性能抗开裂"的防水理念。首先屋面外饰面为5毫米白色搪瓷釉面质感的铝单板，表面光滑，保证大部分雨水在面层直接排走，其次屋面防水体系采用直立锁边金属复合屋面结构，防水层采用的铝镁锰合金直立锁边板，厚度为1毫米，直立锁边板沿着屋面的水流方向铺设，锁边搭接处在波峰处扣边咬合在一起，形成完整的"雨衣"，系统面层没有外露螺钉，保证本工程屋面系统的防水整体性，系统在主体沉降缝处设置变形缝，保证面层与主体同步变形，不破坏防水体系，在檐口处设置隐藏式排水天沟，排水天沟设置电伴热系统，保证本系统的雨水和雪水有组织排走，避免出现雨季"瀑布"现象和冬季檐口结冰溜子现象。本体系构造已顺利通过国家建筑工程质量监督检验中心实验检验，水密性能3级。

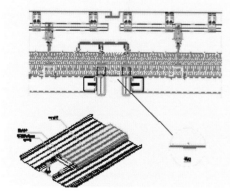

图2-67 金属复合屋面幕墙系统的防水和排水设计

（2）金属复合屋面幕墙系统的保温防结露及隔声设计（图2-68）

本项目工程位于高寒地区，冬季室内外温差较大，空气中的水分都是以气态形式存在，高湿度的热空气在遇到冷的界面时，空气中的水分就会由气态变为液态，形成冷凝水，易产生结露现象。结露产生在屋面功能层内时，影响保温棉的保温效果，腐蚀屋面板，降低整个屋面系统的使用寿命。本工程为避免系统结露，在设计构造上，外侧屋面系统连接采用了断热结构设计，铝镁锰防水板的T形固定座与檩条之间设置6毫米厚的E-CLIP加强塑料，既断绝了屋面板与檩条之间的冷热传递，又起到隔声减震作用。屋面系统内侧设置2毫米镀锌钢板密封铺设，隔断室内空气与外部空气的交换，避免结露现象出现，同时为施工直立锁边板提供方便平台。为加强保温措施，保温材料采用柔软的玻璃棉3层铺设，3层之间错缝铺设，减少空气流动的通道，提高保温效果，保温棉总厚度为170毫米，安装层次为50毫米+70毫米+50毫米，本系统配置已顺利通过国家建筑工程质量监督检验中心实验检验，保温系数达到0.35W/（m²·K），系统详见下图：

a. 保温防冷桥：岩棉错位铺贴；

b. 密封防结露：钢底板与防潮隔气膜双保险，并搭接注胶密封；T码下端腔体填充保温岩棉，消除保温薄弱环节。

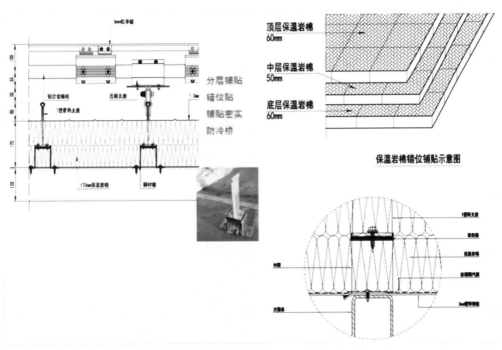

图2-68 金属复合屋面幕墙系统的保温防结露及隔声设计

（3）四棱锥玻璃采光顶幕墙系统的保温防结露及隔声设计（图2-69）

四棱锥玻璃采光顶系统采用隐框结构系统，外侧面层玻璃为双中空玻璃，配置为10+12A+8+12A+8+1.52PVB+8mmLow-E夹胶玻璃，此面材配置保温又隔声。系统构造上减少了外露铝型材的面积，框架铝型材连接位置采用6毫米厚隔热尼龙PA66材料，切断了冷桥，提高采光顶系统的保温性能。内层框架外侧包覆新材料FRP板，FRP材料为玻璃纤维增强树脂（G.R.P），此材料保温防火，表面光滑，耐腐蚀，FRP板的表面开设均布圆孔，吸声降噪。FRP板可塑性好，适合本工程扭曲的造型特点，系统详见图2-69。

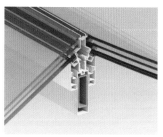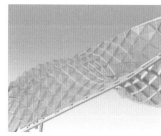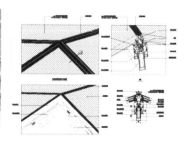

图2-69 工程扭曲的造型特点

（4）清水混凝土挂板幕墙系统设计（图2-70）

清水混凝土板采用开放式干挂安装方式，混凝土板通过预埋钢挂件整体连接到镀锌钢龙骨上，混凝土面板内层采用2毫米氧化铝板做防水层，防水层内部采用保温材料采用憎水保温岩棉3层铺设，3层之间错缝铺设，减少空气流动的通道，提高保温效果，保温棉总厚度为170毫米，安装层次为50毫米+70毫米+50毫米厚的憎水保温岩棉板构造，保温岩棉内部为0.2毫米厚优质夹筋铝箔隔气膜，最内层为2毫米镀锌钢板密封背板，混凝土挂板的挂件与氧化铝板间采用6毫米尼龙断热片断热，同时穿透螺栓采用绝30毫米厚缘纤维喷涂包覆，防止传递热量。清水混凝土板材色彩淳朴大方，环保无污染，是新型装饰材料。

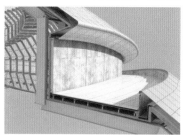

图2-70 清水混凝土挂板幕墙系统设计

2. 新材料应用

随着科学技术的快速发展，新型材料不断出现，为加快推广、普及绿色建筑的升级和可持续发展，要多层次、多目标地利用新型绿色环保材料，本工程选用了以下新型材料。

（1）FRP材料（图2-71）：采用玻璃纤维增强树脂加工而成，此种材料密度小，强度高，良好的隔热性能和阻燃性能，可设计性好，工艺性优良。主要参数指标：密度1.5～2.0kg/m³，抗拉强度500MPa 热导率1.25～1.67KJ/（M.H.K），阻燃等级B1级。

图2-71 FRP材料效果

（2）混凝土挂板材料（图 2-72）：采用普通混凝土或轻骨料混凝土制作而成，混凝土等级不低于 C20 或 LC25，内配 HPB235 HRB335 HRB400 钢筋，板块内设预埋件，方便连接，强度可按设计要求加工，A 级防火材料，便于加工，是建设部推广的四新材料，本工程板厚度为 60mm。

图 2-72 混凝土挂板效果

（3）GRC 挂板（图 2-73）：采用适当比例的水泥、玻璃纤维和石英砂混合，挤压成型为中空板材，经高温高压蒸气养护而成，表面经研磨抛光后可喷涂色彩漆，本工程板厚度为 28 毫米。GRC 挂板主要参数指标：面密度 70 kg/m^2，含水率不大于 8%，吸水率不大于 16%，吸水后最大变形 0.07%，抗弯强度最小 17.6 MPa，弹性模量 2.5x10^4 MPa。

图 2-73 GRC 挂板效果

（五）数字化施工设计——设计与施工的一体化

哈尔滨大剧院的建筑外部造型形态独特且丰富多样，其整体建筑形态没有传统意义上的单一立面，而是通过屋面与立面的紧密结合，形成了一种新颖的建筑造型。这种结构包括凸起的"馒头"形铝板以及在雪中飘舞的纽带，充分体现了其设计的独特性和施工的一体化。

在方案设计阶段，我们的设计团队与施工项目部进行了紧密合作与沟通，共同召开了方案讨论会议，以确定可实施性高、便于加工和安装的最终方案。在深化设计阶段，我们利用设计软件计算出准确的基准控制点坐标，这些坐标值对于龙骨的准确安装以及面板的精确对位具有至关重要的影响。因此，确保坐标参数的准确性是极为关键的环节。

1. 龙骨定位安装

第一步在图纸上找出要施工部位的控制点及对应的龙骨编号，并按设计提供的坐标确定三维坐标点的实际位置，充分利用先进测量工具——全站仪，它具有测角、测距、跟踪测量、连续测量、坐标测量、距离放样、坐标放样、数据与计算机联网直接输出等功能。

第二步现场制作放线用的定位牌：一块 300 毫米 ×300 毫米 ×1.5 毫米的铁板下连一根 900 毫米长的 50 方钢管，用全站仪将三维坐标点投射于建筑实体上，同时立好定位牌并在定位牌上画点标注，需标注两点定位龙骨，一点为龙骨中心点，一点为龙骨位置点。

第三步根据图纸安装龙骨，将定位牌上的两点连成一条直线，以标准的中心点为垂点，画出一条十字线，将龙骨截面位置在定位牌上画出，这样就把龙骨安装到位（图 2-74）。

2. 金属屋面板龙骨安装

屋面板龙骨安装定位方式类同于钢龙骨安装（图2-75），不同点在于连接节点构造为多层次调整。实现立面急剧变化的找型，直立锁边肋上的连接件和一级找型龙骨均为公司加工成品件，实现工厂化加工，二级调节立柱因种类繁多，容易混乱，因此根据实际尺寸所需现场进行下料安装，保证转接件高度的准确度，提高生产安装效率。

图2-74 龙骨安装现场照片

（六）结语

随着时代的进步，现代建筑逐渐向多元化发展。在建筑立面的设计过程中，我们需要同时兼顾结构安全与功能需求。此外，合理利用新材料和新技术也至关重要，这有助于延长建筑全寿命周期并最大限度地节约能源，为社会创造更多价值。

建筑复杂几何造型表皮的设计与施工的其一体化以及有效地利用软件技术手段显得尤为关键。在此基础上，我们还应确保结构体系构造设计的易加工性和易安装施工性。以下是我们对实施该项目外表皮过程中的一些心得体会，与大家共同分享。

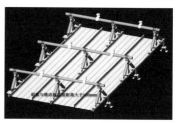

图2-75 金属屋面板龙骨安装

（1）对顺利完成复杂几何形状外皮，BIM技术是有效的工具和平台，但合理的结构体系设计是其实施基础。特别是对哈尔滨大剧院这样多层的屋面来说，多级找形、长距调整是实现复杂几何形状的关键。

（2）防水设计是屋面及多体块工程外皮设计主要难点之一，防水分区、交接处披水搭接，考虑更长的降雨再现期等都是提高防水可靠性的有效手段。

（3）结构上方便有效调节、现场精确测量（如全站仪）和BIM合模互动一体化施工是一次性做好、减少反复调整的有效方法，是保证工期的有力手段。

（4）要充分考虑主体钢结构不均匀变形对屋面最终几何尺寸的影响。

（5）冬寒地区屋面、采光顶要充分考虑保温性能，特别是交接处存在冷桥部位等薄弱环节的保温处理。

（6）新材料、新工艺应先验证，后使用，避免出现系统性风险。

2.2.5 玻璃球体建筑——以丝路明珠塔主体建筑为例

玻璃球体建筑，不仅给空间的实际使用提供了优良的视觉通透性，同时以其独特的外形和结构为城市景观增添了科技气息。随着我国建筑工程技术的不断创新和发展，富有创造力的建筑师们利用先进的科技手段，为我们展示了多种具有科技含量的建筑作品。

在建筑设计过程中，如何确保透光材料的保温隔热性能，从而为使用者创造一个舒适的环境，是建筑师面临的重要问题之一。在"十四五"期间，我国积极推动建筑节能，并不断提高建筑节能设计标准。根据《公共建筑节能设计标准》GB 50189—2015，节能目标被设定为 65%，这就对建筑表皮的隔热性能提出了更高的要求。在建筑表皮的保温隔热方面，不同的材料和连接构造所起的作用各不相同。优化节能玻璃的材料配置以及隔热材料的构造选择，对减少能源消耗、促进可再生能源应用和提高建筑经济性具有重大意义。在丝路明珠塔的玻璃球体建筑表皮传热性能的深化设计中，应对这些因素进行计算分析，以达到最佳节能效果。

（一）项目概况

丝路明珠塔项目位于银川市，玻璃球体建筑主要使用功能为观光、餐饮、文化展廊等，位于北纬 38.00°，东经 106.21°，为寒冷地区，玻璃球体位于高度 282.0 ~ 325.8 米之间（图 2-76、图 2-77），为超高层建筑，球体直径 58 米，球体高度 45.8 米，球体

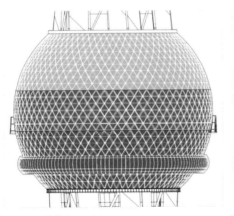

图 2-76 球体立面图

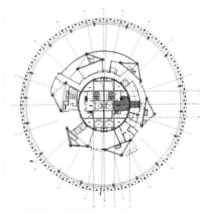

图 2-77 球体平面图

建筑面积 17290.7 平方米，外立面玻璃表皮总面积 9534 平方米，由 3168 块三角形玻璃组成，是国内最大的透光玻璃球体建筑。

（二）玻璃球体幕墙方案研究

根据建筑使用需求，玻璃球体表皮应具有高透明度，其透明区域面积应占整个球体总面积的 83.6%。为确保玻璃表皮的热工性能，经过建筑师综合评估，规定玻璃表皮系统的传热系数不得超过 1.8W/（m²·K），这一要求需要玻璃面板和连接构造均具备出色的保温性能。按照建筑标准〔2015〕38 号文件的规定，玻璃幕墙应采用明框或半隐结构形式。考虑到球体下方的吊顶玻璃并参考上海东方明珠和广州电视塔的实地考察结果，为降低后期维护人员的安全风险和成本，超高层玻璃表皮在运营阶段的更换维修工作需要在室内进行。

因此，结合以上因素，本项目的玻璃球体最终采用了全明框的构造形式（图 2-78）。为实现在室内外均可更换玻璃的功能，幕墙支撑龙骨所形成的空间尺寸必须大于玻璃外周尺寸。这种装配构造要求支撑龙骨预先放置，然而这种做法导致支撑龙骨在保温面处内外连通，传热系数大幅提高，保温性能因此变得薄弱。

为解决这一难题，我们对各种保温隔热材料进行了调研，最终选用高性能的隔热毯材料，对支撑龙骨进行整体包裹。这种做法不仅能够满足保温隔热需求，同时简化了施工工艺，显著提升了幕墙系统的热工性能。

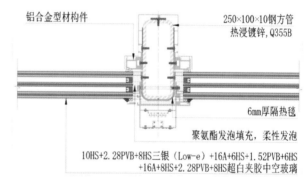

铝合金型材构件

250×100×10钢方管
热浸镀锌，Q355B

6mm厚隔热毯

聚氨酯发泡填充，柔性发泡

10HS+2.28PVB+8HS三银（Low-e）+16A+6HS+1.52PVB+6HS
+16A+8HS+2.28PVB+8HS超白夹胶中空玻璃

图 2-78 球玻璃幕墙系统构造图

（三）玻璃球体表皮材料应用分析

1. 玻璃面材选用分析

本玻璃球体建筑功能设计要求热工等级为 6 级，并且 $K \leq 1.8$ W/（m²·K），这是对玻璃产品传热系数提出的较高要求。常规的提高玻璃产品传热的方法有增加中空层、做 Low-E 膜、充惰性气体、增加周圈暖边等工艺，通过对上述产品传热系数分析并与中国南玻集团股份有限公司技术研发部的研究，确定本项目玻璃球体采用双中空层半钢化夹胶三银 Low-E 镀膜超白玻璃方案。三银 Low-E 镀膜玻璃具有极低的表面辐射率，其镀膜层可通过对可见光高透过及对中远红外线高反射的特性达到透光不透热，进而减少日间人工照明能耗，节能环保，同时具有优秀的遮阳性能，能有效降低建筑能耗，提高室内环境舒适度。

半钢化超白玻璃具有透明度高、平整度好、晶莹剔透的效果，其透光率可达91.5%以上，基本不会发生自爆，能为本项目的安全性带来保障。玻璃采用夹胶工艺，能保证玻璃在被破坏时也不发生高空坠落，进一步提升项目的安全性并减少后期维护成本。同时，夹胶片还有抗震性好及优良的隔声降噪功能，经计算能够降低58dB的声音传导，提高了室内空间的舒适度，玻璃参数指标见表2-1。

玻璃性能参数设计取值 表2-1

玻璃配置	基片颜色	隔声性能（dB）	可见光透射比（%）	K值[W/（m²·K）]	Sc	太阳红外热能总透射比（%）
10HS+2.28PVB+8HS三银（Low-e）+16Ar+6HS+1.52PVB+6HS+16Ar+8HS+2.28PVB+8HS超白夹胶中空玻璃	超白	58.7	60	1.006	0.316	0.062

2. 隔热材料选择分析

本项目幕墙玻璃面板需要实现室内室外均可拆卸安装，因此支撑结构贯穿室内外，支撑结构由热浸镀锌钢方管（Q235B）和铝合金构件组成，导致支撑龙骨处为保温的最薄弱环节，其中钢材（Q235B）的导热系数为58.2kW/（m·K），铝型材（6063）的导热系数为201kW/（m·K），系数均较高，因此支撑构件外表皮需要包裹隔热材料阻断室内外的热传导，降低导热系数。常用的隔热材料有：泡沫玻璃保温板、隔热毯、聚丙烯（PP）、聚乙烯（PE）、聚氯乙烯（PVC）等。聚丙烯（PP）、聚乙烯（PE）、聚氯乙烯（PVC）虽然有耐候性和隔热保温性，但均属于塑料制品，不能满足A级防火材料的设计要求，所以方案设计时选择了防火性能A级且隔热性能更好的泡沫玻璃保温板和隔热毯作对比选择，两种材料的性能参数见表2-2。

泡沫玻璃保温板和隔热毯性能参数对比 表2-2

	泡沫玻璃	隔热毯
导热系数	0.058W/(m·K)	0.022W/(m·K)
防火性能	A级不燃	A级不燃
设计特点	尺寸稳定，材质较硬，抗压强度≥0.7MPa，抗折强度≥0.5MPa	尺寸稳定，材质较软，可以弯折，压缩性能34.5kPa

	泡沫玻璃	隔热毯
加工方式	板材规格可厂家定制,形状需要工厂开模	6mm或8mm厚板材,可以现场裁剪
耐久性	能耐酸性腐蚀(氟化氢除外)与建筑物同寿命,透湿系数几乎为零	耐老化性能高,质量吸湿率≤2%,受温度和湿度影响很小

通过对比两种材料性能的参数对比,发现隔热毯的隔热性能好、密闭性好且便于施工。因此,本项目创造性地选择了隔热毯作为隔热材料,隔热毯与玻璃空隙处填充聚氨酯发泡填充,柔性发泡具有吸音减震、保温绝热功能,并进一步降低支撑系统的导热系数,连接构造形式详见图2-78。

(四)玻璃表皮传热系数模拟计算分析

1. 玻璃表皮传热模拟分析

根据国家行业标准《建筑门窗玻璃幕墙热工计算规程》JGJ/T 151—2008 规定 [8]分析玻璃配置对幕墙系统的热工影响,建立热工模型基于粤建科 MQMC 热工性能计算软件进行计算模拟分析。

玻璃球体传热边界条件见表2-3。

玻璃球体计算边界条件　　　　　　　　　　　　　　　　　表2-3

冬季标准计算条件		夏季标准计算条件	
空内空气温度T_{in}	20.0℃	空内空气温度T_{in}	25.0℃
空外空气温度T_{out}	-23.0℃	空外空气温度T_{out}	27.0℃
空内对流换热系数$h_{c,in}$	3.60 W/(m²·K)	空内对流换热系数$h_{c,in}$	2.50 W/(m²·K)
空外对流换热系数$h_{c,out}$	10.80 W/(m²·K)	空外对流换热系数$h_{c,out}$	10.80 W/(m²·K)
室内平均辐射温度$T_{rm,in}$	20.0℃	室内平均辐射温度$T_{rm,in}$	25.0℃
室外平均辐射温度$T_{rm,out}$	-23.0℃	室外平均辐射温度$T_{rm,out}$	27.0℃
太阳辐射照度I_s	0.00	太阳辐射照度I_s	500.00 W/m²

2. 玻璃光学热工性能

玻璃面板配置为:"10+2.28pvb+8+16A+6+1.52pvb+6+16A+8+2.28pvb+8 半钢化夹胶双中空玻璃"属于多层玻璃,多层玻璃系统的计算应采用如图 2-79、图 2-80 的计算模型,光学热工基于《粤建科 MQMC 热工性能计算软件》进行计算模拟性能分析(图2-81)。计算结果参数见表2-4。

计算结果						表 2-4
编号	名称	U	SC	τ	倾角
1	10+2.28+8+16Ar+6+152+6+16Ar+8+2.28+8	1.006	0.316	0.365	90°

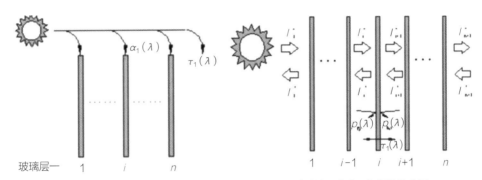

图 2-79 玻璃层的吸收率和太阳光透射比   图 2-80 多层玻璃体系中太阳辐射热的分析

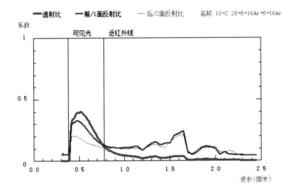

图 2-81 玻璃光学热工性能分析

3. 玻璃球体传热计算分析

根据《建筑门窗玻璃幕墙热工计算规程》JGJ/T151-2008 规定，幕墙导热系数选取最不利的典型幅面进行热工模型计算分析，选取一个完整层间为玻璃球体热工计算单元，面材采用三银 Low-E 带有遮阳功能的节能玻璃，玻璃配置为 10+2.28pvb+8+16A+6+1.52pvb+6+16A+8+2.28pvb+8 半钢化夹胶双中空玻璃，计算幅面面积 22.21 平方米（图 2-82、图 2-83）。

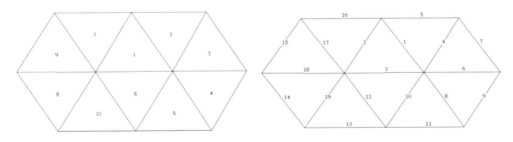

图 2-82 计算幅面玻璃编号图   图 2-83 计算幅面龙骨编号图

基于《粤建科 MQMC 热工性能计算软件》进行计算，玻璃面板计算参数见表 2-5，幅面龙骨计算参数见表 2-6：

玻璃面板计算参数列表 表2-5

编号	U_g	g_g	T_g	A_g	U_gA_g	g_gA_g	τ_gA_g	倾角
1	1.006	0.275	0.365	1.363	1.371	0.375	0.498	90
2	1.006	0.275	0.365	0.983	0.989	0.270	0.359	90
3	1.006	0.275	0.365	1.258	1.266	0.346	0.459	90
4	1.006	0.275	0.365	1.265	1.273	0.348	0.462	90
5	1.006	0.275	0.365	0.998	1.004	0.274	0.364	90
6	1.006	0.275	0.365	1.533	1.542	0.421	0.559	90
7	1.006	0.275	0.365	0.891	0.897	0.245	0.325	90
8	1.006	0.275	0.365	1.226	1.233	0.337	0.447	90
9	1.006	0.275	0.365	1.392	1.400	0.383	0.508	90
10	1.006	0.275	0.365	0.903	0.909	0.248	0.330	90
Σ	–	–	–	11.811	11.884	3.247	4.312	–

幅面龙骨计算参数列表 表2-6

ID	U_f	g_f	A_f	U_fA_f	g_fA_f	GD	Ψ_1	l_1	Ψ_2	l_2	Ψ
1	2.756	0.043	0.439	1.210	0.019	4	0.047	1.781	0.047	1.533	0.154
2	1.806	0.028	0.777	1.403	0.022	4	0.136	1.718	0.136	1.383	0.421
3	2.756	0.043	0.471	1.298	0.020	4	0.047	1.828	0.047	1.938	0.175
4	2.756	0.043	0.416	1.146	0.018	4	0.047	1.459	0.047	1.662	0.145
5	1.807	0.028	0.770	1.391	0.022	1	0.100	1.531	0.100	0.000	0.153
6	2.756	0.043	0.443	1.220	0.019	4	0.047	1.721	0.047	1.725	0.180
7	2.756	0.043	0.446	1.228	0.019	4	0.047	1.734	0.047	0.000	0.081
8	2.756	0.043	0.431	1.188	0.019	4	0.047	1.725	0.047	1.513	0.151
9	2.756	0.043	0.431	1.187	0.019	4	0.047	1.678	0.047	0.000	0.078
10	2.756	0.043	0.432	1.191	0.019	4	0.047	3.491	0.047	1.834	0.155
11	1.807	0.028	0.779	1408	0.022	1	0.100	1.552	0.100	0.000	0.156
12	2.756	0.043	0.437	1.203	0.019	4	0.047	1.877	0.047	1.426	0.154
13	1.807	0.028	0.787	1.421	0.022	1	0.100	1.503	0.100	0.000	0.151
14	2.756	0.043	0.440	1.212	0.019	4	0.047	1.663	0.047	0.000	0.077
15	2.756	0.043	0.441	1.216	0.019	4	0.047	1.731	0.047	0.000	3.080
16	1.807	0.028	6.777	1.405	0.022	1	0.100	1.485	0.100	0.000	0.149
17	2.756	0.043	0.435	1.199	0.019	4	0.647	1.441	0.047	1.781	0.150
18	2.756	0.043	0.472	1.301	0.020	4	0.047	1.761	0.047	1.877	0.169
19	1.806	0.028	0.779	1.406	0.022	4	0.136	1.632	0.136	1.409	0.413
20	–	–	10.401	24.233	0.378	–	–	–	–	–	3.172

计算结果：$U_{CW}=\dfrac{\Sigma U_g A_g + \Sigma U_p A_p + \Sigma U_f A_f + \Sigma \Psi_g l_g + \Sigma \Psi_p l_p}{\Sigma A_g + \Sigma A_p + \Sigma A_f}$ = 1.769 W/（m² · K），满足热工要求。

4. 玻璃球体结露计算分析

为分析玻璃球体结露情况，根据国家行业标准《建筑门窗玻璃幕墙热工计算规程》JGJ/T151-2008 规定，结露理论计算公式如下：

$$T_d = \dfrac{b}{\lg\left(\dfrac{e}{6.11}\right)^{-1}}a$$

式中　T_d—空气的露点温度（℃）；

　　　e—空气的水蒸气压（hP/a）；

　a、b—参数，a=7.5，b = 237.3。

（1）环境条件详见表 2-7，表 2-8。

露点温度条件　　　　　　　　　　　　　　　　　表2-7

t	f	E_s	e	T_d
20.0	30.0	23.39	7.02	1.9

环境计算条件　　　　　　　　　　　　　　　　　表2-8

室内环境温度	室外环境温度	室外对流换热系数
20.0	-23.0	10.8

（2）基于粤建科 MQMC 热工性能计算软件进行结露模拟计算结果见表 2-9，结果表明玻璃球体不会出现结露现象，满足设计要求。

幕墙结露计算结果汇总表　　　　　　　　　　　　表2-9

编号	幕墙幅面名称	计算条件	幕墙幅面T10（℃）	湿度30.0%
1	球面标准幅面计算	第1类	9.2	不结露

5. 隔热材料传热模拟分析

为了更好地对比泡沫玻璃保温板、隔热毯对幕墙系统的热工影响，国家行业标准《建筑门窗玻璃幕墙热工计算规程》JGJ/T151-2008 规定，在室内外计算条件下，用二维热传导计算软件计算流过截面的热流 q_w。热工模型基于《粤建科MQMC热工性能计算软件》进行计算模拟分析，热工模型详见图 2-84~ 图 2-87，计算结论详见表 2-10、表 2-11。

泡沫玻璃保温板框二维传热计算　　　　　　　　表2-10

传热系数UW/(m²·K)	太阳光总透射比g	重力方向	框投影长度mm	线传热系数UW/(m²·K)
3.622	0.057	屏幕向里	223.142	0.070

隔热毯框二维传热计算　　　　　　　　　　表2-11

传热系数UW/(m²·K)	太阳光总透射比g	重力方向	框投影长度mm	线传热系数UW/(m²·K)
2.847	0.045	屏幕向里	223.142	0.049

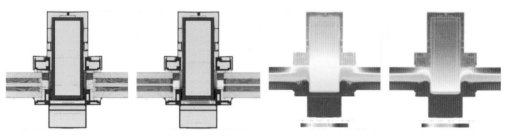

图2-84 泡沫玻璃保温板温度线图　　图2-85 隔热毯温度线图　　图2-86 泡沫玻璃保温板温度场图　　图2-87 隔热毯温度场图

（五）结语

随着国家对能耗的要求逐步提高，建筑作为能耗的主要载体，已成为节能减排的重要领域。因此，作为建筑的重要组成部分，建筑表皮应运用技术手段加强节能环保材料的运用，以改善公共建筑的室内环境并提高建筑用能系统能源利用效率。同时，我们应积极合理利用可再生能源，以降低公共建筑的能耗水平，为实现国家节约能源和保护环境的战略目标作出贡献。同时，玻璃球体建筑设计表皮的透明特性给幕墙热工性能带来了巨大的挑战。针对这一问题，我们通过对玻璃产品及隔热材料的应用进行了深入分析，发现采用高性能保温隔热材料能够显著提高表皮的导热系数。因此，在透明玻璃球体建筑表皮的设计阶段，我们应结合项目的形态、气候条件、安全耐久性和运维成本等多方面进行综合考虑，以降低能耗和高舒适度等为目标，合理选用绿色、节能、环保的保温隔热材料，从而在满足建筑节能需求的同时，实现节能减排目标，并提升建筑表皮构造的便捷性。

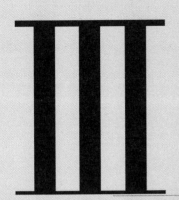

第 3 章

建筑数字化设计工程应用

3.1 数字化建筑方案设计实践

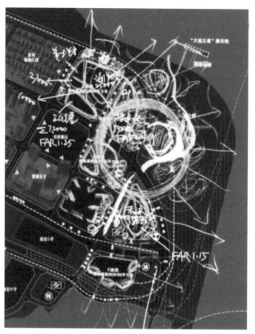

（项目设计初期，通过手绘草图的方式进行初步构思和概念表达）

3.1.1 大连·市科技文化中心设计项目

项目动画

（一）设计愿景

在建筑与自然和谐共生的氛围中，"大连市科技文化中心"这座建筑群以海浪冲击礁石为设计灵感，将海浪形成的有机线条环绕礁石，打造出形态丰富、寓意深远的城市标志与建筑形态。此建筑群将成为东港商务区的一大亮点，塑造出海上看大连的醒目城市天际线。以海上摩天轮为核心，整体形象轻盈、灵动，为大连作为北方璀璨明珠增添了无尽的浪漫气息，并构建出"海上游大连"独特的滨海景观界面。

（二）项目概况

大连市科技文化中心坐落于大连东港商务区东北端，依山面海，构建全新的文化旅游目的地（图 3.1-1）。基地的用地范围由 A、B、C、E、F 这 5 个地块组成，将与现有东港生态文化无缝衔接，形成新的城市文化增长点。大连文化科技中心涵盖海洋馆、美术馆、文化馆、非物质文化遗产展示中心、天文馆、集散中心、科技馆，公交枢纽综合体及海洋公园，将成为新的市民中心。建筑群巧妙利用现有的交通框架、场地位置及景观廊道，

图 3.1-1 "海上游大连"独特的滨海景观界面

通过整合现有社区环境及周边生态，促进培育东港区的文化产业，作为城市可持续发展的增长点，促进大连的文化繁荣。

（三）城市设计：文脉传承与演绎

项目场地位于大连东港商务区东北端，依山面海。大连独特的礁石海滩地貌为设计提供了灵感，建筑群以海浪与礁石为意象，从海浪抽象出的动态有机线条围绕礁石的硬朗体块展开，形成刚柔并济、造型独特的建筑形态，塑造并呼应了"海上看大连"的城市景观界面。场地由 5 个地块和海洋公园组成，整体规划设计强调景观、建筑的连续、融合与渗透，利用景观连廊和人行步道将各个场馆与海洋公园和大海相连接，塑造流动、开放、多样的空间体验。

1. 规划设计愿景

作为城市地标项目，大连市科技文化中心充分展现大连浪漫之都的特点，形成"海上看大连"的重要城市界面。在海浪与礁石的碰撞中创造趣味性室内外空间，海浪成为纽带，将各场馆紧密联系。

（1）海浪与礁石：在建筑与周边山海、公园自然共生的环境中，大连科技文化中心建筑群基于海浪击打礁石的理念，使海浪的有机线条缠绕礁石，形成造型丰富、极具深意的城市形象与建筑形态，实现刚劲与柔美的统一。

（2）系统和秩序：规划场地是由 A、B、C、E、F 这 5 个地块的景观与海洋公园、大海形成整体系统。文化场馆和景观深度融合，建筑场馆成为景观的一部分，室内外景观相互融合。C 地块集散中心、圆形景观连廊、景观湿地、滨海广场和摩天轮共同形成强力轴线，使各具特色的建筑和景观元素融入打造滨海地标的宏大叙事之中。

（3）视角和尺度：通过与海边肌理的延伸在地块上形成不同大小的圆柱体，在不同

方位创造了与环境相对应的各种不同区域。方案中每个馆都展现出独有魅力，拒绝简单重复，而柔美的"海浪"将其连成整体。海浪与礁石碰撞出的趣味空间给游览的人们带来无尽惊喜和沉浸式体验。

2. 规划理念

本方案从区位出发，结合项目所在地的气候特点、城市特点、场地环境和建筑属性，在建筑环境与周边山、海、公园自然共生的环境中，充分挖掘自然元素，形成海浪击打礁石的概念。在建筑环境与周边山海、公园自然共生的环境中，"大连市科技文化中心"建筑群以海浪击打礁石的概念，海浪般的有机线条缠绕着礁石，形成刚柔并济、造型独特、极具深意的城市形象与建筑形态。同时提取海浪中起伏的自然线条是创造出拥有动感流线的海洋公园及建筑场地的整体景观，形成自然、开放、有机的整体形象。浪漫的海浪与硬朗的礁石在视觉上形成极具张力的立面形象，赋予人们更广阔的精神维度。

通过海边肌理的延伸在地块上形成不同大小的圆柱体，在不同方位创造了与环境相对应的各种不同区域，使建筑在各个方位都能与城市和海洋相呼应。以海浪为设计理念，通过几个海浪姿态的连廊将建筑与自然环境紧密联系在一起，在不与环境相竞争的同时，充分展现了自然之美，使其成为建筑环境的一部分（图 3.1-2）。建筑群结合海洋公园的大片绿地，通过一种柔和的动态形式连接了水与陆地，游客不仅在展馆内体验设计所营造的海洋气息，还可以通过海洋公园与大海近距离接触。

公共场馆建筑群坐落在大连东港沿海地段，由于其独特的地理位置，使这里可以充分展示大连风采，与此同时也为当地居民和游客提供了一个了解大连文化和科技艺术的场所。

图 3.1-2 方案概念生成

通过海边肌理的延伸，地块上形成不同大小的圆柱体，在不同方位创造了与环境相对应的各种不同区域，使建筑在各个方位都能与城市和海洋相呼应。

3. 规划空间布局

城市设计致力于探索自然环境与人类文化建筑的融合关系，遵循连通、开放、共享、复合、绿色的设计理念，重新定义建筑与自然环境的界限，塑造浑然一体的城市形象与建筑形体（图 3.1-3）。地标营造、生态系统恢复、低影响力发展、弹性设计策略、社区整合、区域目的地、活动空间、地域协调是方案的主要设计理念。在建筑环境与周边山海、公园自然共生的环境中，"大连市科技文化中心"建筑群以海浪击打礁石的概念，海浪形成的有机线条缠绕礁石，形成造型丰富、极具深意的城市形象与建筑形态。

新的文化目的地： 项目坐落在东港商务区，基地位置位于山海之间区位独特，可以利用新开发的浪潮，构建一座全新的文化旅游目的地。基地将与现有的东港生态文化无缝衔接，形成新的城市文化高潮点，大连新的增长点一触即发。

连续的滨海开放空间：大连文化科技中心建筑群将大连东港及周边地区的市民、文化及海洋之间形成紧密的联系，带动此区域的流量，在下一阶段的城市发展引发人们文化生活上的巨大突进作用，开放而延续的滨海公共空间，将使区域的土地价值最大化提升。设计中将确保文化场馆和景观深度的融合，使建筑场馆成为景观的一部分，也使建筑成为"海上看大连"的重要景观的一部分。

强大的交通联系：得益于大连交通体系的完善与发达，大连文化科技中心将转变为新的市民中心。建筑群的设计，将巧妙利用现有的交通框架、场地的自然位置及所处的景观廊道。通过整合现有的社区环境及周边的生态平衡，促进培育东港区的文化产业，作为城市可持续发展的增长点，促进大连的文化繁荣。

文化产业的繁荣需要环境因素去激发从而引起相应的改变，"大连市科技文化中心"项目涵盖海洋馆、美术馆、文化馆、非物质文化遗产展示中心、天文馆、集散中心、科技馆，公交枢纽综合体以及海洋公园。连科技文化中心项目将大力提升大连整体文化氛围。

4.场馆建筑空间布局

5组建筑在形式上和而不同，在海浪与礁石这一母题下演绎出个性化的形态特征。而场地中部的集散中心、环形连廊、景观湿地、滨海广场和摩天轮则共同形成强力的轴线，使各具特色的建筑和景观元素融入打造滨海地标的宏大叙事之中。建筑场馆的规划布局从海洋馆探索生命的起源，在天文馆瞭望星空，徜徉在海洋公园沉浸在海洋气息之中，到在科技馆体验"未来生活"，富有深意的流线设计让人们徜徉在人类文明的时间长河之中。"礁石"聚集了更多的核心功能，而"海浪"则提供更多的服务支持和公共交通空间，将这些"硬核"紧密联系起来（图3.1-3）。

A、B地块在港浦路海洋公园一侧，与海洋公园紧密结合，可以看作是公园的一部分。从海洋馆的生命起源，到美术馆、文化馆、非物质文化遗产展示中心展示的文明发展，再到天文馆的仰望星空，形成高度有机的整体。C地块集散中心除为各馆及其海洋公园游客提供服务和支撑之外，还进行了功能的扩展。场地有近50%的绿地率要求，于是在用地周边解决大巴车停靠，中央则形成一个以休闲、运动为主题的中央大草坪和环形步道，可以用作举办海边音乐节等各类活动，成为该区域的城市客厅。E、F地块在港浦路内陆一侧，科技馆布置在E地块，公交枢纽中心综合体结合现有地铁站的布局，在满足公共交通枢纽的前提下，下部布置商业、上部布置住宅，产品类型充分考虑当前市场区化需求，

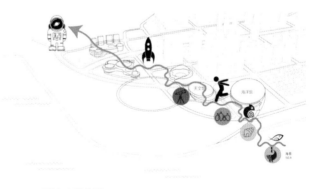

图3.1-3 展馆功能分区

实现完善区域配套、缓解项目投资压力的目标。

　　海洋馆仿佛巨大的礁石屹立在升起的水面之上，另一侧天文馆则被浪花缠绕，海浪与礁石相互交融。"圆"和"方"视觉对比的相互冲突，产生了空间差异感，为场馆赋予了更多的个性内涵。海浪掀起的立面形态形成丰富的室内外空间，带给了人们无尽惊喜，与沉浸式体验，悠闲的徜徉小道是嵌入城市中的超现实旅程。水族箱结合海洋馆科普剧院，形成光影丰富、趣味十足的展演空间。建筑形体的交错形成一系列室外灰空间，丰富空间层次与立体感。海洋馆室内空间营造了两层通高的水箱，丰富展示内容，吸引更多游客观赏。椭圆的建筑形态中设置了一系列室外中庭，一方面满足室内的采光、通风需求，另一方面为艺术品提供了户外展示空间。

　　天文馆建筑表皮采用倾斜向上的肌理，模拟浪花的走势，建筑整体采用冲孔板作为第二层建筑表皮，视觉上减轻了建筑结构的重量，功能上形成了有效的气候缓冲区。在城市界面，礁石与海浪围合出一系列层次丰富的露台和户外空间，促进社会活动与创新的"异花授粉"。进入天文馆，球体将逐渐进入人们的视野，仿佛正从其他星球逐渐靠近这一新的星球，球体建筑有一半悬浮于地面之上，变化的光斑记录时间的流逝。天文馆的建筑平面设计为放射状布局，几何形式遵循了天体系统的运动轨迹，提供了形式上的象征意义。"海浪"在科技馆形成高潮点，"海浪"在此的动势覆盖整座建筑，礁石的形态不再清晰，更多以内部功能空间概念呈现。

　　科技馆的立面仿佛浪花卷起，浪花的动势覆盖整座建筑，形成更为有机的建筑整体造型。流动的设计语言贯穿建筑的室内外及空间路径，营造出处处美好的城市风景。

　　集散中心集旅游服务配套、休闲餐饮娱乐等功能于一身，通过围合的造型设计，承载丰富的活动模式，形成了吸引游客的客厅。通过游憩绿道串联各地块进行绿色渗透，将更多的城市空间还给生态、开放于市民。空中连廊、海洋公园及建筑群形成统一的形式语言，与时间、场地和使用者相结合形成有机整体，诠释设计的内涵。

　　海洋公园形似环抱建筑群的朵朵浪花，景观以湿地景观、森林景观为主要呈现，减少硬质铺地增加环境的渗透性，自然景观减少投入及运营成本，公园带来的投资效益将形成城市价值制高点。毗邻的海洋公园在功能、流线等方面与海浪理念相互呼应，形成海浪为肌理，摩天轮与空中圆环为轴线的整体布局，强化与海的轴线联系，与建筑群隔水相望，形成公众视线的焦点。

图 3.1-4 建筑群空间鸟瞰

海洋象征着进化、更替和发展，包容着各种生命。景观设计不仅服务于展馆，也承载着人的活动，它可以创造出一个充满活力、功能复合、尊重生态的景观系统。在满足消防、人流集散，场地活动等需求的同时，在其功能、流线等方面与海浪理念相互呼应，形成海浪肌理，摩天轮与空中圆环为轴线的整体布局，强化与海的轴向联系，与建筑群隔水相望，形成公众视线的焦点。未来场地使用及运营时可以提供辅助与活动空间，同时满足场馆的各项主题活动和周边居民的日常活动需求（图3.1-4）。

（四）规划可持续设计策略

A、B 地块在港浦路海洋公园一侧，与海洋公园紧密结合。从海洋馆的生命起源，到其他展馆展示的文明发展，再到天文馆的仰望星空，形成有机的整体。C 地块集散中心不仅为各馆及其海洋公园游客提供服务和支撑，还进行了功能的扩展在用地周边解决大巴车停靠，中央形成一个以休闲、运动为主题的中央大草坪和环形步道，满足了50%绿地率的要求。E、F 地块在港浦路内陆一侧，科技馆在 E 地块。公交枢纽中心综合体结合现有地铁站的布局，在满足公共交通枢纽的前提下，上、下分别布置住宅和商业区，同时实现完善区域配套、缓解项目资金压力的目标。

关于规划场地的绿色建筑策略（图3.1-5），我们提出以下几点：

（1）**空间营造方面**：我们致力于打造具有认同感且有温度的目的地。通过灵活的空间布局和数字体验的资源共享，促进多元化交互。运用数字化技术，可以提高用户体验，实现信息共享，优化决策，并进一步增强与用户的互动。

（2）**可持续发展设计方面**：我们将探讨在建筑和周围自然环境中应用可持续发展策略的潜力，并深入研究这些策略如何在整体设计中发挥更大作用。

（3）**土地优化的灵活利用方面**：我们将采取弹性、模块化和可拆卸设计。此外，还将实施延长活动时间的智能站点策略，以应对不同项目的空间可变性需求。

（4）**环保材料的选择方面**：我们将优先选用可再生、可循环和当地材料。此外还将注重资源的再利用和回收性，并尽可能采用循环设计、健康和福利、蓝色和绿色基础设施以确保未来的可持续性。

（5）**水资源管理方面**：我们将运用海绵城市理念来优化水资源管理并促进生态环境的可持续发展和亲生物性。

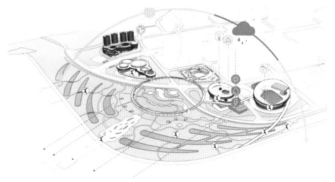

图 3.1-5 可持续设计策略

（6）绿色能源利用方面：我们将采取全生命周期能源规划，注重可再生能源的利用，降低碳排放并实现能源的可持续利用。

海洋公园是该项目密不可分的一个重要组成部分。圆形景观连廊将各个用地高效地联系在一起，并形成独特的城市体验，以及游人看海上、海上看大连的互动交流体验。海浪肌理建筑海浪理念的景观延伸，是海洋公园设计的路径，公园绿植与草地以海浪形式呈现，向心的景观设计及路径，引导游客至摩天轮，这些肌理形成了平面构图的力量感，也构成了建筑整体的精神场所。同时，得益于大连交通体系的完善与发达，大连文化科技中心将转变为新的市民中心。建筑群的设计巧妙利用了现有的交通框架、场地的自然位置及身处的景观廊道。通过整合现有的社区环境及周边的生态平衡，促进培育东港区的文化产业，作为城市可持续发展的增长点，促进大连的文化繁荣。

对场地整体按现实自然情况，在尽量减少改变自然地形及原有平整场地的情况下，布置功能分区及其对应竖向标高，保证场地建设与使用的合理性、经济性，以降低工程成本、加快建设进度，同时设计地形和坡度以适合污水、雨水的排水组织和要求。

项目深入研究海绵城市的生态理念，从多个维度立体化落实这一目标，通过植被覆盖、透水铺装的运用、屋顶绿化，以及蓄水池的建立等多重手段将整个项目构建成生态有机的城市海绵。海绵城市在适应环境变化和应对雨水带来的自然灾害等方面具有良好的"弹性"，可以通过吸水、蓄水、渗水、需要时将蓄存的水"释放"或加以利用。

（五）主要场馆建筑设计：文化空间演绎

大型城市文化建筑的精神性和市民性，是通过对建筑地域性以及大体量和公共性的文化空间进行演绎来体现的。坐落在大连东港沿海地段的公共场馆建筑群的独特地理位置，使其成为展示大连风采的典型场所。同时，也作为当地居民和游客了解大连文化艺术和科技的聚集地。

设计理念"礁石与海浪"的组合塑造了室外空间的多重形态和属性，通过室内外空间的变化，强化了建筑与周边环境的交互性和融合度。同时，不同角度的体块组合，营造出海浪起伏的建筑群姿态。游廊的主体结构与展馆在风格上保持了一致，由"海浪"翻卷而起的"逐浪游廊"，为展馆提供了与海洋公园景观的自然过渡空间。海洋馆如同巨大的礁石耸立在水面之上，而天文馆则被海浪所环绕，海浪与礁石相互交融，形成了一幅独特的画面。"圆"与"方"的视觉对比产生了空间差异感，为场馆增添了更多的个性化元素。展馆的设计灵感源于海浪的肌理形态，通过多个海浪形态的连廊将各个建筑与自然环境紧密相连。这种设计巧妙地融入了环境，同时充分展示了自然之美，使其成为建筑环境的一部分。结合海洋公园的广阔绿地，建筑群以柔和的动态形式连接了水与陆地，使游客在体验展馆内海洋气息的同时，也可以通过海洋公园与大海进行亲密接触。

在各单体建筑的设计过程中，我们始终以周边环境和建筑场地为出发点，秉承总体规划的设计理念，将各功能体块巧妙地布置在各建筑场地之中。之后，我们借鉴海浪的起伏、自然的肌理，为各功能体块披上了一层华丽的"外衣"。同时，在包裹各功能体块的空间

图 3.1–6 整体规划平面图

内，我们融入了辅助配套功能，使建筑更加实用、便捷。海洋馆、美术馆、文化馆、天文馆、科技馆的布局隐喻着自然演进的时间轴线，游廊分支与 5 个展馆相连，使游客可以在不同场馆之间以另类的游览方式自由通行。游廊中心环绕水系，作为展馆空间与沿海景观的交汇点。游廊的引导性丰富了海洋公园的游览空间，动态感营造出多样的视线关系。参观者在游廊上可以获得良好的景观视点，与公共空间及展馆进行互动。此外，通过连廊将各单体建筑有机地串联起来，不仅强化了各单体建筑之间的联系，同时也加强了各单体建筑与自然景观和海洋公园之间的互动。通过这种方式，我们成功地打造了每个别具特色的单体建筑（图 3.1–6）。

1. 海洋馆、文化美术场馆

海洋馆仿佛巨大的礁石屹立在升起的水面之上，另一侧天文馆则被浪花缠绕，海浪与礁石，相互交融。"圆"和"方"的视觉对比，相互冲突所产生的空间差异感，为场馆赋予了更多个性内涵。海浪掀起的立面形态形成丰富的室内外空间，带给游逛的人们无尽惊喜，为大众带来沉浸式体验，是一场悠闲的徜徉小道和嵌入城市中的超现实旅程。

水族箱结合设计的海洋馆剧院，形成光影丰富、趣味十足的展演空间。建筑形体的交错形成一系列室外灰空间，丰富层次与立体感。海洋馆室内空间营造了两层通高的水箱，丰富展示内容，吸引更多游客观赏。椭圆形态的建筑中设置了一系列室外中庭，一方面满足室内的采光、通风需求，另一方面为艺术品户外展示提供了空间（图 3.1–7）。

（1）概念生成

基于海浪与礁石的设计概念，将展馆功能中大体量空间置于"礁石"之中。"礁石"以自然体态散落布置，相互衔接、碰撞、挤压。使用切割的手法刻画礁石形态，显现形体锐利坚实之感。海浪以环绕礁石的曲线形态出现，通过层叠错落，上下起伏，交织缠

绕等变换，使海浪形象更为生动有力。同时通过灵动穿梭的线条生成环抱礁石的流动空间，多样性的空间场景为观展游客提供了丰富奇幻的空间感受。设置圆形中庭为内部空间增加采光，使空间互相渗透，扩大视野范围，提高观览导视性。礁石体量亦在局部穿越至中庭之中，在室内空间展现坚硬石头的自然力量，与室内的建

图 3.1-7 海洋与文化美术馆设计效果

筑曲线边界形成强烈对比，贯穿海浪与礁石的设计理念，同时丰富观展流线节奏变化，抑扬结合，增加步行趣味。

（2）设计分析

体块生成：场馆区由 4 部分组成，分别是海洋馆、美术馆、文化馆、非物质文化遗产展示中心。4 个主要的功能体块形成了象征着礁石的建筑主体，而文化美术场馆则如漂浮于礁石之上的岛屿。通过形如海浪的步道与海洋馆的主体功能联结在一起，海浪围绕着礁石卷集缠绕，在内部形成了海洋庭院与雕塑花园庭院，并在平台屋顶形成了观海平台，向旁边的天文馆"迸发"（图 3.1-8）。

功能分析：海洋馆与美术馆通高 4 层，附属功能围绕功能主题自由布置，游客服务区、

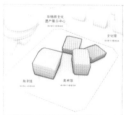

图 3.1-8 形体生成

非物质文化展示中心、文化展馆、剧院等功能布置于一、二层，而办公、餐饮及配套服务设施用房布置在顶层[图3.1-9（a）]。

流线分析：建筑在西侧与南侧分别布置通向海洋馆与美术馆的主入口，南侧广场及主入口主要由游客及行人使用，西侧则为机动车主入口，最大化地实现人车分流。建筑内部通过3个垂直交通核联系在一起，实现各层及各个功能分区的联动[图3.1-9（b）]。

景观分析：建筑景观结合场地，除了两个主入口广场的景观布置外，还在内部形成两个室外景观庭院，分别配置在两大主场馆体量的旁侧，既丰富了空间，也是观览之余的休憩的场地。此外，在文化美术场馆的屋面形成屋顶花园，最大化利用海景视野。

立面材料：立面的主要材质冲孔铝板内衬超白玻璃可实现外立面半透效果。在层间檐部采用阳极氧化铝板包边，礁石体量则采用颜色稍深的深灰色铝板，整体上营造出下方坚实而上方轻盈的丰富立面形象。

（3）数字化建构

①基本形体

在使用模型推敲造型时，首先构建出方形的礁石基础形体，环绕礁石的楼板边界曲线及中庭边界曲线3个形体基础要素，通过功能需求明确方形礁石形体尺寸及布局位置，再通过体量布尔运算进行切割、刻画，从而形成异形多面体。曲线则采用控制点曲线，通过调整控制点进而控制层高、层间关系、整体造型等。曲线上下衔接则形成连接上下层的坡道，曲线围绕礁石一侧则形成观展走廊，曲线向内收缩则形成外部灰空间，成为建筑入口空间等。调整中庭边界曲线位置及大小，控制面积指标及室内

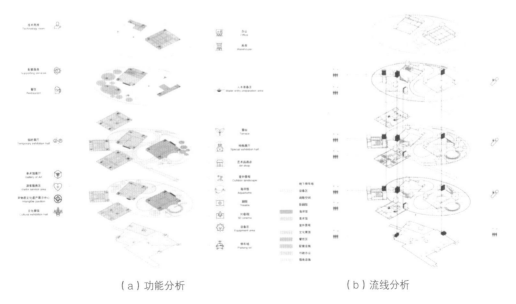

（a）功能分析　　　　　　　　　　　　　　　（b）流线分析

图3.1-9 设计分析

漫游空间尺度，同时连通各层及室内外空间，使各类空间成为一个有机互动的整体系统。在 A 地块海洋馆，美术馆，文化馆、非遗馆部分，海浪造型缠绕礁石，在天文馆部分海浪则升起到礁石之上，在整体上有盘旋上升之势，多样化的体量关系也使整体形象更为生动丰富。

②**表皮创建**

在整体的海浪与礁石概念下，表皮设计延续海浪概念，体现海浪的翻腾起落。外立面整体采用阳极氧化铝板及冲孔铝板，塑造科技与未来感，结合曲线起伏的形体，以带状穿孔金属板刻画如海浪般的线条。线条在顺应形体边界的同时更为倾斜，凸显海浪奔涌向上之感。

步骤 1：表皮的参数化构建可以理解为将曲面进行四边形划分后，对开孔部分进行筛选，由此，在构建之初应先生成 UV 结构线角度适宜的曲面。采用双轨扫掠的方法，控制作为扫掠形状的线段倾角来控制曲面结构线的倾斜程度，并选取上、下层边界轮廓作为扫掠轨道。在曲面的基础上对其进行分割，U 方向数量即为 U 方向分板数。应调整数量以控制单元板 U 方向尺寸（图 3.1-10）。

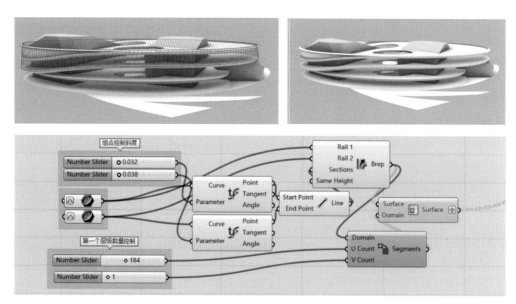

图 3.1-10 步骤 1 建构效果和相应的 Grasshopper 电池组

步骤 2：为使铝板尽可能为方形，表皮的另一划分方向宜与第一个方向垂直，此处应在 U 方向分割后的单元上进行垂直分割。通过在首、末端点向临近线段求最近点的方式明确垂直方向，并重新生成UV方向垂直的平板,在平板上对V方向再次进行分割(图3.1-11)。

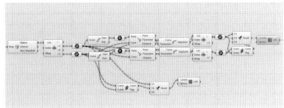

图 3.1-11 步骤 2 建构效果和相应的 Grasshopper 电池组

步骤 3：最后，再对分割后的四边形单元进行随机筛选，进而生成长短不一、位置错落的带状穿孔铝板区域，通过调整 U 与 V 方向的划分数量可以控制单元体尺寸及生成效果（图 3.1-12）。

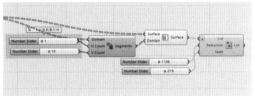

图 3.1-12 步骤 3 建构效果和相应的 Grasshopper 电池组

（4）方案技术图纸

部分方案技术图纸见图 3.1-13。

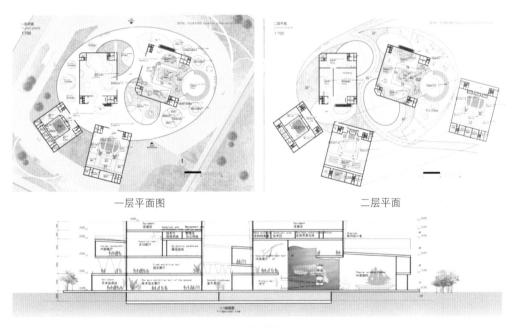

一层平面图   二层平面

建筑剖面

图 3.1-13 方案技术图纸

2. 天文馆

进入天文馆，球体将逐渐进入人们的视野，仿佛正从其他星球逐渐靠近这一新的星球。球体建筑有一半悬浮于地面之上，变化的光斑记录着时间的流逝。天文馆的建筑平面设计为放射状布局，几何形式遵循了天体系统的运动轨迹，提供了形式上的象征价值。海浪在科技馆形成高潮点，在此海浪的动势覆盖整座建筑，礁石的形态不再清晰，更多以内部功能空间概念的形式呈现（图3.1-14）。

海浪由海洋馆部分为起始点，到天文馆部分海浪则升起到"礁石"之上，在整体上有盘旋上升之势，多样化的体量关系也使整体形象更为生动丰富。大的展厅空间一层为"礁石"，对"礁石"形体进行切角处理，犹如海浪冲刷后的自然形态。同时"礁石"自然散布，既模拟出自然状态又形成诸多趣味公共空间，为观展游客带来多层次的奇妙体验。通过柔性的海浪造型可以将分散的"礁石间空间"串联起来，形成完整有机的空间形态。二层部分的海浪造型更为立体，可以展现出海浪的体量与力量感。双层"海浪"错落层叠，则更为凸显海浪形象。部分礁石突出于海浪造型，进而增加"礁石"与"海浪"的互动关系，使造型的设计理念贯穿室内与室外。

（1）概念生成

以海浪击打礁石的概念，海浪形成的有机线条缠绕礁石，形成造型丰富、极具深意

图 3.1-14 天文馆建筑和室内环境空间效果

的城市形象与建筑形态。五大体块分别为天文馆主要展区，其上置入环形体量，寓意被浪花缠绕，礁石与浪花相互交融（图 3.1–15），主要功能为学术交流培训教育、天象厅剧场、支撑保障功能、公共餐饮休闲及天象厅剧场。三层与二层圆环错动增加韵律感，主要功能为支撑保障功能和研学中心。"圆"和"方"的视觉对比，相互冲突所产生的空间差异感，为场馆赋予了更多个性内涵。

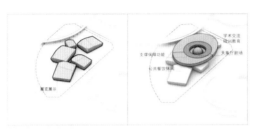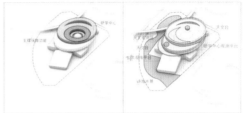

图 3.1–15 形体概念生成

（2）设计分析

功能分析：①地下一层为停车场及设备区，首层为三大展馆、特色展区、临时展厅及宇宙儿童乐园，将大挑空功能用房集中在首层，于首层全部解决展览功能需求，同时设立科普商场及游客服务中心，满足游客服务需求；②二层主要为研学功能，用作剧场、天象厅、培训教育及学术交流，同时设置有餐饮区，满足消费者餐饮需求；③三层为行政办公功能区及研学中心住宿功能，可满足行政办公与观展流线分离的要求，私密性要求较高的研学中心功能也置于该层，结合三层中庭排布房间，可满足研学中心住宿采光需求 [图 3.1–16（a）]。

参观流线：场馆共设置 4 个主要竖向交通流线，于一、二层中庭之中设立大扶梯，满足一、二层公共功能空间的疏散。游客可通过地下一层停车场或首层主入口进入场馆。首层各个场馆环形布置，可从主入口或地下电梯进入首层环形游览，通过自动扶梯至二层，二层扶梯处设有服务区、公共餐饮区、产品零售区、咨询处等，满足游客各项服务需求。二层中央处为天象厅，天象厅贯通一、二层，环球设置环形步道，可在一层沿该步道直接到达二层进入该天象厅。围绕天象厅周围布置相对私密的研学功能空间，实现参观人员和研学人员的分流，研学人员通过布置在研学功能区中的核心筒可到达三层住宿区。

场地流线：沿场地西侧规划路处开设地下机动车出入口，进入场地后可直接进入地下停车场，车辆可环绕建筑一周，于地上布置少许小型车辆停车位及大巴车停车位，满足临时停车需求。西南侧规划路开设主要人行出入口，行人进入场地后可直达场馆，港浦路开设次要人行出入口进入 [图 3.1–16（b）]。

景观分析：主入口设立疏散广场，以公共性、开放性和实用性为主，所以更多的是以简练、概括为主，自然景观使其转变为具有社交属性、自然属性的综合空间，为在城市中生活的人们创造更多美好瞬间和体验，并在实际景观设计策略上缓解城市生态环境的压力。结合场地水资源设计滨水景观，为人们提供了一个舒适、安全、宜人的亲水环境，增进市民之间的人际交流。在满足屋顶荷载的前提下进行屋顶绿化设计，结合天文台丰富的观测环境，体现以人为本的设计理念。

立面材料：首层各场馆外表皮采用阳极氧化铝板和深灰色铝板相结合，深浅相宜，增加场馆科技感，其无与伦比的金属质感、丰富的色彩、良好的可加工性赋予建筑全新的生命力和艺术形态，让建筑物成为特别的艺术品。二、三层采用冲孔铝板及超白玻璃，网状冲孔铝板可透出室内光线，增加场馆的轻盈感，延续海浪与礁石的设计理念，外观独特优雅。不同的光线、不同的环境、不同的时间段、不同的观察角度，都有丰富的视觉效果。

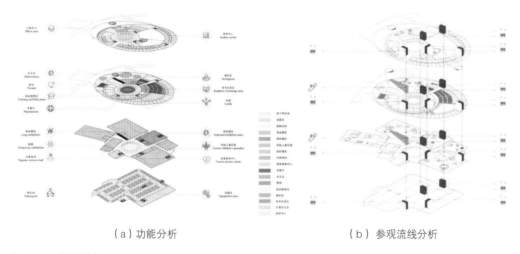

（a）功能分析　　　　　　　　　　　　　　（b）参观流线分析

图 3.1-16 设计分析

（3）数字化建构

天文馆建筑表皮采用倾斜向上的肌理，模拟浪花的走势，建筑整体采用冲孔板作为第二层建筑表皮，视觉上减轻了建筑结构的重量，功能上形成了有效的气候缓冲区。在城市界面，礁石与海浪围合出一系列层次丰富的露台和户外空间，促进社会活动与创新的"异花授粉"。进入天文馆，球体将逐渐进入人们的视野，仿佛正从其他星球逐渐靠近这一新的星球，球体建筑有一半悬浮于地面之上，变化的光斑记录时间的流逝。

①基本形体

在使用模型推敲造型时首先构建出方形的礁石基础形体。环绕礁石的楼板边界曲线，及中庭边界曲线 3 个形体基础要素，通过功能需求明确方形礁石形体尺寸及布局位置，再通过体量布尔运算进行切割刻画从而形成异形多面体。曲线则采用控制点曲线，通过调整控制点进而控制层高、层间关系、整体造型等，曲线上下衔接则形成连接上、下层的坡道，曲线围绕礁石一侧则形成观展走廊，曲线向内收缩则形成外部灰空间，成为建筑入口空间等。调整中庭边界曲线位置及大小，控制面积指标及室内漫游空间尺度，同时连通各层及室内外空间，使各类空间成为一个有机互动的整体系统。在天文馆，部分"海浪"则升起到礁石之上，在整体上有盘旋上升之势，多样化的体量关系也使整体形象更为生动丰富。

②表皮创建

在整体的海浪与礁石概念下，表皮设计延续海浪概念，体现海浪的翻腾起落。外立面整体采用阳极氧化铝板及冲孔铝板，塑造科技与未来感，结合曲线起伏的形体，以带状穿孔金属板刻画如海浪般的线条。线条在顺应形体边界的同时更为倾斜，凸显海浪奔涌向上之感。

步骤1：表皮的参数化构建可以理解为将曲面进行四边形划分后，对开孔部分进行筛选，由此，在构建之初应先生成 UV 结构线角度适宜的曲面。采用双轨扫掠的方法，控制作为扫掠形状的线段倾角来控制曲面结构线的倾斜程度，并选取上、下层边界轮廓作为扫掠轨道。在曲面的基础上对其进行分割，U 方向数量即为 U 方向分板数，应调整数量以控制单元板 U 方向尺寸（图 3.1–17）。

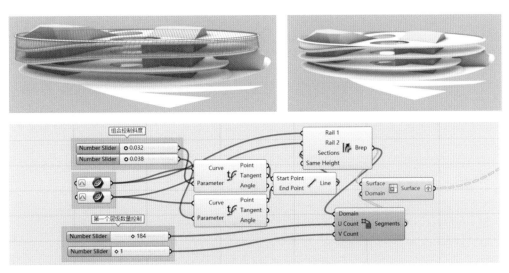

图 3.1–17 步骤 1 建构效果和相应的 Grasshopper 电池组

步骤2：为控制铝板尽可能为方形，表皮的另一划分方向宜与第一个方向垂直，此处应在 U 方向分割后的单元上进行垂直分割。通过首末端点向临近线段求最近点的方式明确垂直方向，并重新生成 UV 方向垂直的平板，在平板上对 V 方向再次进行分割（图 3.1–18）。

步骤3：最后，再对分割后的四边形单元进行随机筛选，进而生成长短不一，位置

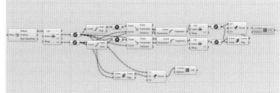

图 3.1-18 步骤 2 建构效果和相应的 Grasshopper 电池组

错落的带状穿孔铝板区域，通过调整 U 与 V 方向的划分数量可以控制单元体尺寸及生成效果（图 3.1-19）。

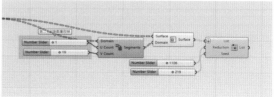

图 3.1-19 步骤 3 建构效果和相应的 Grasshopper 电池组

（4）方案技术图纸

部分方案技术图纸见图 3.1-20。

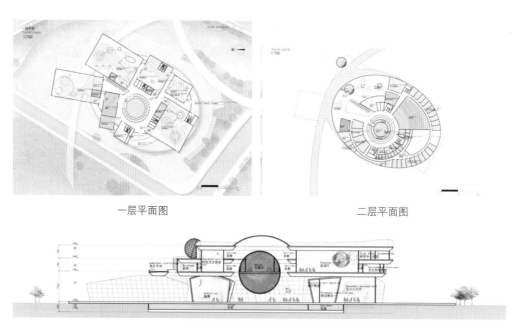

一层平面图　　　　　　　　　　二层平面图

建筑剖面

图 3.1-20　方案技术图纸

3. 科技馆

科技馆的立面仿佛浪花卷起，浪花的动势覆盖整座建筑，形成了更为有机的整体建筑造型。流动的设计语言贯穿建筑的室内外空间及路径，营造出美好的城市风景。丰富的展示空间、互动体验区、儿童乐园，随处是自然教育的场所和趣味性的互动装置。"礁石"与"海浪"形成了形态、属性各异的室外空间，通过室内外空间变化，加强了建筑与周边环境的互动与融合。球幕影院内部空间感受日月星辰变化，游客在这里感受时空的迁移，探索宇宙的奥秘（图3.1-21）。

图 3.1-21 科技馆建筑和室内环境空间效果

（1）概念生成

科技馆项目位于E地块，可为使用者提供科技展览、科技观影、科学交流、配套服务等服务，配以休憩娱乐等延伸功能。场地上5个圆柱形主要功能体块由外侧流动形表皮联系形成整体建筑形象，5个主要功能体块根据使用空间大小，分别置入了展厅、IMAX巨幕影院、动感影院、4D影院、交流实验及球幕影院的功能。此外，通过对屋顶的特殊处理及利用屋面空间形成的若干室外活动及观景平台，使建筑整体更加丰富，空间也更多样（图3.1-22）。

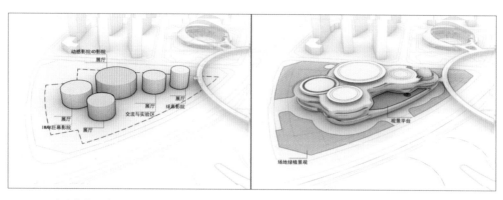

图 3.1–22 建筑体块生成

建筑表皮采用倾斜向上的"海浪"肌理，模拟浪花的走势，建筑整体采用冲孔板作为第二层建筑表皮，视觉上减轻了建筑结构的重量，功能上形成了有效的气候缓冲区。在城市界面，礁石与海浪围合出一系列层次丰富的露台和户外空间，促进社会活动与创新的"异花授粉"。

（2）设计分析

①功能分析

科技馆主要包括展厅区、交流实验区和影院区三大主要部分，其构造独特犹如海边的礁石，经受着海水的冲刷和流淌，最终形成海水与礁石相互拥抱、缠绕的优美形态。展厅区域贯穿三层，其中一层主要设有儿童展览厅、应急安全体验馆、临时展览厅（短期展览）、影院区以及接待和后勤服务保障区。而位于二层至三层的科技研学与普及项目，则以主题常设展厅、科技交流区、科普实验区和影院服务区为主，其中二层的夹层特别增设了中小科学教室，以进一步满足科普实验的需求。三层则集中设立了多功能厅和科技报告厅。此外，公众可以通过竖向交通电梯来到四层，充满科技与未来感的公共餐饮服务区，一边欣赏精彩的科技表演，一边享受美食的滋味［图 3.1–23（a）］。

②流线分析

内部流线： 科技馆首层设置主要功能为儿童展厅、应急安全体验馆、临时展厅、IMAX 巨幕影院以及配套行政办公和服务用房，在大厅中央设置扶梯以满足大量人流运输，中心两侧分别设置两个交通核，其中一个交通核直通地下；在科技馆三层设置科学实验交流区、主题展厅及球幕影院，配套展品库房及其他服务用房设置在外围；多功能厅及餐饮区分别设置在科技馆四、五层。内部空间丰富多样，区域划分清晰明确［图 3.1–23（b）］。

外部流线： E 地块周边港普路、港隆街、东辰街 3 条主要道路为主要车行路线，在场地东侧和南侧开设人车混行出入口，在场地内部设置两个地下停车场出入口，并在地面上安排若干大巴停车位及小型车停车位。

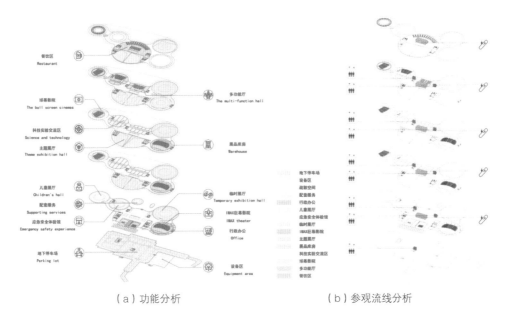

（a）功能分析　　　　　　　　　　　　　（b）参观流线分析

图 3.1-23 设计分析

③景观分析

为提升整体环境并使建筑与场地周边环境更好地融合，在场地入口广场、屋顶及临街置入了相应的生态景观和滨水景观节点。

④立面材料

根据科技馆的建筑风格以及综合考虑场地中建筑群的整体性，在立面材料选择上以金属板为主。在近人尺度上使用雕花铝板，以丰富建筑细节；大面积使用的阳极氧化铝板和浅灰色铝板，通透的部分则使用超白玻璃，以达到建筑与环境更好地融合、增强室内外的空间流动性的效果。

（3）数字化建构

①基本形体

首先，根据建筑物的内部功能确定其大致体量，并根据大致的功能分为几个大区块，将其中若干体块的边缘曲线提取之后运用混接曲线的命令将其平顺地连接，加强相互之间的空间联系，形成以圆柱形为基础的基本体量（图 3.1-24），并在此基本形体上进行手工建模的方案推敲。

②表皮创建

在形成建筑物的基本形体之后，呼应整体的流动性设计语言，在基本形体四周用流动性表皮包裹。首先根据建筑物的分层情况提取结构曲线，并通过绘制草图和手工建模的推敲确定曲线的形状走势，再将已经确定的几条基本曲线通过放样形成曲面，将曲面重建细分之后得到接下来操作的基本曲面。在重建细分曲面的步骤中要注意细分曲面的基本尺寸。将得到的细分曲面通过去除若干选定的基本曲面、移动细分曲面的控制点、桥接、添加和去除锐边

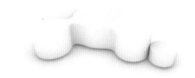

图 3.1-24 建筑的基本体量

图 3.1-25 流动表皮形态

图 3.1-26 模型细化过程

等操作，结合绘制草图不断推敲模型的形态和细节，得到基本的流动性表皮形态（图 3.1-25）。

③模型细化

在得到流动性表皮的基本形态之后，对模型进一步细化。首先加入楼板，形成各层的平台和屋顶，并加入螺旋楼梯等垂直系统。在相应的位置建立玻璃幕墙，并根据实际的玻璃尺寸建立窗框。在此步骤中要尽量保证窗框与流动性表皮的细分曲面之间的缝隙相对应，以确保后期施工图能更顺利地配合。考虑功能和整体造型，在建筑的端部加入一个玻璃穹顶（图 3.1-26）。

④施工阶段

在手工建模的过程中，需始终考虑施工图和后期施工方面的实际情况。如在细分曲面的过程中，对整体建筑形体上细分曲面数量和尺寸的控制都在一个实际施工过程中对应的区间内，使最后出现的材料尺寸和形态都能通过手工建模阶段的方案设想和推敲控制。在创建玻璃幕墙和窗框的过程中尽量确保窗框与表皮交接处缝的对应，以增强手工建模阶段对建筑物细部的控制。

（4）方案技术图纸

部分方案技术图纸见图 3.1-27。

4.城市广场兼游客集散中心

集散中心集旅游服务配套、休闲餐饮娱乐等功能，通过围合的造型设计，形成了城市客厅吸引游客，承载丰富的活动模式。通过游憩绿道串联各地块进行绿色渗透，将更多的城市空间还于生态、开放于市民（图 3.1-28）。城市的空中连廊、海洋公园及建筑群形成统一的形式语言，是与时间、场地和使用者相结合的有机整体，诠释了设计的内涵。

（1）设计分析

①流线分析

集散中心车辆出入口布置在场地西侧东白街和南侧规划路，避开了车流量较为集中的主干路港浦路，降低了道路拥堵风险。车道与车位环绕集散中心城市广场布置，可停泊观展私家小型车与游客大巴车。车辆进入集散中心后逆时针通行，于是提高车辆通行效率。游客从靠近展馆的北侧出入口可进入集散场地，直接到达中央城市广场，并且可从中央环状建筑到达串联展馆的平台，实现人车分流。

②景观分析

集散中心四周布置景观场地，将城市广场与停车区包裹其中，营造生态化的城市环

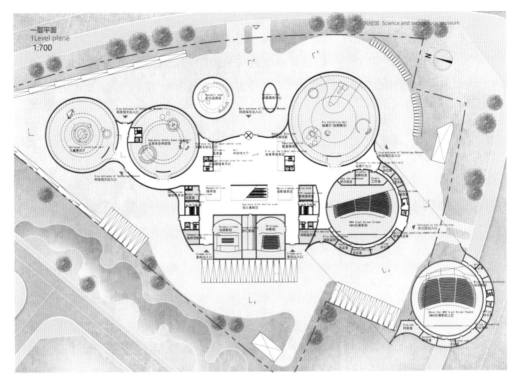

一层平面图

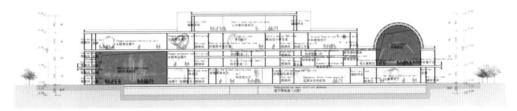

剖面图

图 3.1-27 方案技术图纸

图 3.1-28 城市广场效果

境，并在地块内引入周边地块水系景观，形成景观串联，依靠水系布置丰富的生态景观，引入城市步道等市民体育设施，打造休闲娱乐环境，使公共区域成为服务城市的景观节点。城市广场为地块内的景观绿心，环状层叠的绿植环境，既是市民休闲广场，也是城市生态广场。围绕城市广场布置环形跑道，使公共区域成为绝佳的市民运动场所。

③立面材料

集散中心建筑主体采用阳极氧化铝板作为外饰面，凸显异形形体的科技感与未来感。阳极氧化铝板装饰性强，硬度适中，可轻易弯折成形。经阳极处理的铝板表面硬度高，达宝石级，抗刮性好，表面无油漆覆盖，保留铝板金属色泽，突出金属感。局部采用浅灰色铝板，形成材质的拼搭，增加层次感。在商业立面部分采用超白玻璃，透光率可达91.5%以上，具有晶莹剔透、高档典雅的特性，并增加商业立面的通透性。

（2）数字化建构（图3.1-29）

①基本体量

手工建模的第一步是确定建筑物的基本体量。根据概念方案，集散中心为一个开放性的非线性建筑，因此可以以圆形为基本形态进行发展，将同圆心不同半径的若干圆环根据不同的高度依次放置，进行放样之后对形成的若干曲面进行重建细分，再通过控制其细分面的控制点进行形体推敲，形成建筑开放性的基本体量。

②初步造型

在得到基本的建筑形态之后，对其进行不同程度的深化。首先在内侧形成平台，中心形成围合性空间，呼应主题概念，在表皮凸起部分对若干细分曲面选取并删除，在部分边缘添加锐边，使建筑形态在更加立体和挺拔的同时，避免了非线性的建筑形态和流动的建筑表皮造成的无力感。同时，在进行部分深化的手工模型基础上继续进行细化，此过程以手工建模和手绘草图相配合的方式反复推敲和比较。在内侧平台上添加若干节点，此过程通过控制细分曲面控制点获得，形成若干另一层次的平台；在首层通过桥接的方式深化建筑物首层和上部流动性表皮的联系，并加强建筑物的围合感。至此，建筑物表皮的基本形态几乎完成。

③造型深化

手工建模的最后一步是对建筑物及周边环境的进一步细化。首先，在中心围合的场地内进行跌落处理，使中心形成围合的下沉广场。此过程较为简单，通过提取曲线、偏移曲

图 3.1-29 建构过程

线和挤出操作即可获得。最后，对场地周边及建筑物细节端部进行深化，在内侧平台延伸出的若干平台创建洞口，此过程可通过去除对应细分曲面的方式获得，并在此若干洞口处设置螺旋楼梯和电梯等垂直交通，加强垂直方向的联系。再与中轴线上的圆环通过桥接的方式联系对应的细分曲面，加强中轴线上水平方向的联系。至此，手工建模过程完成。

④施工过程

手工建模过程需融入对施工图和后期施工方面的考虑。如在细分曲面的过程中，对整体建筑形体上细分曲面的数量和尺寸的控制，都应在实际施工过程中对应的区间内，使最后出现的材料尺寸和形态都能通过手工建模阶段的方案设想和推敲控制。

5. 公交枢纽综合体

坐落在东港商务区，基地位置位于山海之间，将与现有的东港生态文化无缝衔接，形成新的城市文化高潮点。设计中提取海浪的起伏自然的线条，创造出拥有流线动感的海洋公园及建筑场地的整体景观，形成自然、开放、有机的整体形象。场地内由若干"礁石"形成具体的功能空间与展区空间，"海浪"则表达为将所有功能空间紧密联系的公共空间与交通空间。复合功能结合现状地铁站，考虑 TOD 模式将地块内交通、空间、建筑进行一体化设计，通过功能复合化设置，营造可达、舒适与连通的公共空间，有力提升了片区整体建设品质（图 3.1-30）。

图 3.1-30 公交枢纽综合体效果

（1）设计分析

①功能分析

F 地块在港浦路内陆一侧，考虑 TOD 模式将地块内交通、空间、建筑进行一体化设计，公交枢纽中心综合体结合现有地铁站的布局，在满足公交枢纽要求的前提下，下部布置商业，上部布置公寓式产品，产品类型充分考虑当前市场需求，实现完善区域配套、缓解项目资金压力的目标。公交枢纽中心综合体通过形体处理，立面仿佛浪花卷起，形成有机的建筑造型，以及沿海界面建筑风格统一、相互密不可分的整体。通过功能复合化设置，营造可达、舒适与联通的公共空间，有力提升区域整体建设品质［图3.1-31（a）］。

②参观流线

建筑首层设置有商场入口大厅、公交车停靠站、201有轨电车停靠站、配套办公区及公寓入户大堂。商场大厅开阔的空间营造现代化的氛围感，大厅设有低区铺，结合咖啡、简餐等快消费的餐饮业态，带动客流通过两侧扶梯走向二层。二至四层采用主流业态布局，围绕4个中厅打造主通道环形动线，所有厅位严格按照简洁的动线排列，尽端设有主力店，引导性强，通过一些节点的景观处理来增加商场的记忆点和可逛性。通过设置IP点位，来引爆商场话题性，为项目吸引流量［图3.1-31（b）］。

③流线分析

公交枢纽中心综合体分为4条流线：人行流线、公交车车行流线、有轨电车车行流线、住宅车行流线。人行出入口位于场地东南角及南侧，开阔的前场区域作为一个优质空间，可吸引大量游客前来体验。公交场站入口分别位于场地南侧和东侧，有效组织了行车路线，更加方便快捷地解决公共交通问题。底层架空的停车场可同时容纳100辆公交车和6辆有轨电车，有效利用空间，形成有机结合。住宅车行流线位于场地四周，可快捷地驶往公寓侧。

④景观分析

景观设计因地制宜是不可或缺的。通过提高绿地率去提升整个园区的品质，屋顶花园的设计为公寓住户提供了休闲、放松、娱乐的品质空间，归家氛围拉满。围绕着两个薄壳形穹顶组织动线，有效控制硬质铺装的面积，通过环形动线和大面积绿植打造森林氧吧，大面积的草坪为游玩、露营、休憩提供了环境。

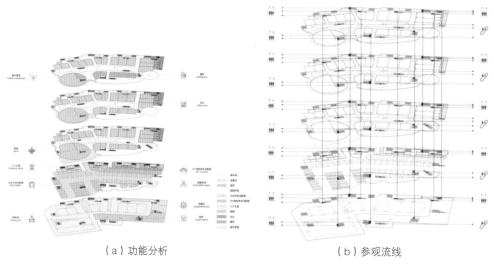

（a）功能分析　　　　　　　　　　　　　（b）参观流线

图3.1-31 设计分析

⑤立面材料

建筑立面采用大面积的阳极氧化铝、深灰色铝单板、浅灰色铝单板材料来实现简洁大气的设计理念，建筑调性由此提升，超白玻璃增加了整体的通透性，流线型的设计、金属在阳光下的质感，让建筑可以呼吸、律动，有效与场地结合。

（2）数字化建构

该建筑体量造型在 Sketch Up 中完成。

在 SketchUp 中输入 L 可以绘制任意直线，在数据栏设置数值，可以绘制指定长度的直线。绘图过程中 SketchUp 会自动显示端点捕捉、中点捕捉、平行点捕捉等文字提示，依据文字提示，单击可确定线的端点，首尾相连的线在同一个平面上封闭，就会生成一个面，当其中一条线被删掉时，相应的面也就不存在了。在 SketchUp 中可以将画好的线段进行分隔，右键即可找到拆分命令分隔直线，分成几段皆可输入，线条上面会出现多个红色的点，随着鼠标的左右移动，红点会有疏密变化，并且会有分成几段的文字提示，这时在数据控制区输入想要的分段数，按 Enter 键即可完成。

在 SketchUp 中没有专门的延长与剪切工具，而当直线与弧线或面形成交叉需要剪切或延伸时，选择相应的线段，右键，在弹出的快捷菜单中选择"剪切至最新近"命令，将对屏幕模型实施剪切。

常用来建模推敲体块的工具是"矩形绘制"，执行如下操作：单击矩形按钮，在屏幕需要确定两点起止处，也可以输入数值来绘制指定大小的矩形；使用推拉工具，将绘制的矩形二维平面拉伸为三维平面，可以输入具体数值精确地去推拉物体，建成的物体可以成组件或者组，组与组之间是不关联的，组件之间是关联的，修改其中一个即可；单击油漆桶按钮即可打开材质画框，材质的选用、编辑均在此画框中完成；单击吸管按钮，系统默认显示色彩，材质立面有 SketchUp 自带的各种类型的材质贴图，包括多种常用材质，可以看到，这些材质以列表和文件包两种形式列出，双击打开即可选中，然后就可以指定材质了。

在建模的时候需要分清主次及先后顺序，先有基础体量模型，再有门窗线脚等构件；先整体后局部，过程中一定要分清组与组件，熟练地运用这些功能，方案没有一遍成，经过反复的推敲再推敲，才能打磨出精彩的作品。为了方便修改模型，建模过程一定要思路清晰，不能在没有建模思路时就着急建模，体量关系确定了，才可以添加细节，找到完美的角度。

（3）方案技术图纸（部分，图 3.1-32）

部分方案技术图纸见图 3.1-32。

6. 海洋公园

设计中提取海浪起伏的自然线条，创造出拥有动感流线的海洋公园及建筑场地的整体景观，形成自然、开放、有机的整体形象。整体规划利用空中景观连廊将各个场馆与

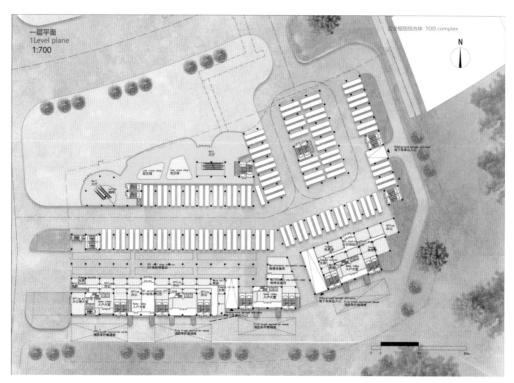

图 3.1-32 一层平面图

海洋公园联系，环形连廊塑造了流动、开放、多样的空间体验，将"漫步"的理念融入环形连廊，空中步道带来了独特的城市体验，通过空间通达、配套共享来提高游客的游览体验与空间的利用效率，从而促进整个区域长远、健康、均衡的发展。"大连市科技文化中心"与海洋公园构筑了东港商务区滨海的城市风景，也将成为周边山海、公园景致画布中的艺术城市（图 3.1-33）。

（1）景观规划设计

海洋象征着进化、更替和发展，包容着各种生命。海洋公园景观规划概念由此延伸，将场地内丰富的自然生态，以聚散和动静结合的明快形式展现给来访者，同时满足消防、人流集散，场地活动等需求。场地绿化利用道路、树木、草坪、水景串联起海洋公园、展馆与海洋，流畅切换三者之间的场景。以场地内水系的向心空间为起源，开阔的草坪场地呼应海浪设计，划分为不同尺度的波动的形状。未来场地使用及运营时可以提供辅助与活动空间，同时可满足场馆的各项主题活动和周边居民的日常活动需求。

海洋公园形似环抱建筑群的朵朵浪花，景观以湿地景观、森林景观方式呈现。减少硬质铺地可增加环境的渗透性，自然景观减少投入及运营成本，给公园带来的投资效益将形成城市价值制高点。景观设计不仅服务于展馆，也承载着人的活动，是一个充满活力、功能复合、尊重生态的景观系统。

图 3.1-33 海洋公园景观空间

毗邻的海洋公园在功能、流线等方面与海浪理念相互呼应，形成海浪为肌理，摩天轮与空中圆环为轴线的整体布局，强化与海的轴向联系，与建筑群隔水相望，形成公众视线的焦点。

（2）海绵城市设计策略

项目背山面海，场地内的生态环境通过景观环境设计构成可持续系统。地下水主要来源为降水，将雨水收集再利用可以减少对传统基础设施的依赖。场地内的水系可以作为场地的标志组织游客流线，也在一定程度上能够对微气候进行调节。

海绵城市有着应对雨水环境变化的能力，雨水降落时将水吸收续存，需要时将续存的水释放。根据景观公园绿地承载功能，设计控制场地内标高变化节奏，同时还设置了植草沟、植乔灌、渗透铺装等一系列绿色海绵设施，借此构成小型雨水收集节点，进一步利用土壤和植物的过滤作用净化雨水，公园内部利用高差变化收集到的雨水通过地形变化、道路雨水井、地面径流等多种方式，集中到场地中心水系，通过水泵设备再输送到周边环绕水系和绿地，做到不同的季节应对不同降雨情况，由此来控制雨水径流、调蓄水量，从而建立起调蓄城市雨洪的弹性海绵。

中央公园景观设计通过对地形、路网、植被、水系以及功能空间的规划和分层，形成了一个完整的海绵系统。每个层级都成为景观中的一环，实现了海绵城市雨洪管理和保水用水的需求，同时打造了良好的景观。

（3）雨水净化系统策略

地表径流中的污染物主要来自降雨对地表的冲刷。此时中央公园承担了雨水净化的任务：将雨水经过人工绿地系统进行生物处理达到雨水净化的效果。雨水净化系统收集、净化和储存雨水，经过净化后的雨水可以补充场地内的地下含水层。由此实现雨水的循环利用，实现对海洋生态系统的污水零排放。

在中央公园景观设计模块中，利用植被、水体增强景观层次。采用规整的方式铺植大连当地常见植被，在铺设植草格的孔隙基础上覆盖新的种植土层及植被，增加了雨水下渗条件。地面雨水通过层层种植池滞留、净化、下渗，超出设计容量的部分雨水通过溢流装置进入地下贮水池，利用装置再次用于植物浇灌、水景等。场地内部雨水由此自行消纳，往复循环，形成收集、过滤、储存和释放为一体的雨水滞留净化系统。同时，场地的自然条件下形成的可视化雨水路径以及趣味循环水景可将雨水净化过程展示给游客，普及雨水生态净化知识，构建设计者与到访者跨时空的互动，打造生态与文化结合的景观雨水花园。

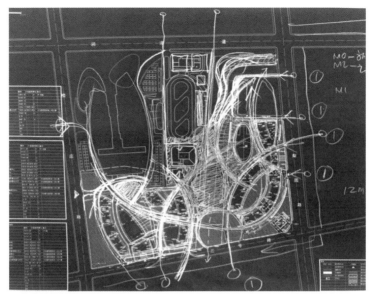

（项目设计初期，通过手绘草图的方式进行初步构思和概念表达）

3.1.2　廊坊·水下大数据研究中心项目

（一）设计愿景

以"未来之船"为主题塑造愿景：1. 前卫：设计希望打造的不仅是一个深潜中心，更是一座将潜水体验、先进的数据收集及智能化办公完美结合的智慧建筑，一座具有设计前瞻性，可以实现功能迭代的现代化水下大数据研究中心；2. 资源保护：希望能够设计一座节能、环保、充分利用区域资源、能够完成可持续生产的绿色建筑；3. 未来主义：打破过去、现在与未来的界限；4. 开放：和谐简洁的线条和轻巧的建筑形态融入场地，进一步实现融入自然环境的愿景。

（二）项目概况

项目基地位于河北省廊坊市，用地面积13072.14平方米，总建筑面积20395平方米。距离北京49.5千米、天津65.8千米、大兴机场27.7千米，车程均在1小时内，地理位置优越，周边交通便利（基地西侧楼庄路直接连接104国道，东侧京沪高速可直达北京）、配套设施齐全（基地周边有学校、居民区、医院等）、景观资源丰富（基地北侧有凤河，西、南两侧有公园绿地）。建筑设计融合地域文脉与自然生态理念，满足了以采集水下各类运动的大数据研究为主的功能空间的灵活性，体现了绿色建筑的可持续发展性，创造了充满未来气息的建筑形象和独特文化气质的高品质共享空间。室内深潜区则以"超时空"为主题，深潜区66米深，水域面积580.80平方米，总水量13200立方米，建成后将成为世界上最深的潜水中心。不同的深潜标高设置了8个"超时空"主题区，并伴有水下观光廊道、潜洞、美人鱼主题体验等项目设施，并通过不同时空元素的交织为深潜初学者和爱好者提供了一次充满冒险和惊喜的潜水体验。

（深潜运动介绍：潜水的原意为进行水下查勘、打捞、修理和水下工程等作业，但随着潜水风靡全球后，潜水逐渐发展成为一项热门主题游，据中国潜水运动协会统计，2010年全年世界范围内体验潜水的游客超过4000万人次，且2006—2010年全球每年参加体验潜水的游客人数年均保持10%以上的增长幅度，而我国大部分潜水运动的发生集中在海南广东地区，内陆地区的潜水点屈指可数，目前国内最深的潜水池后K25潜水中心总占地面积3000平方米，水域面积近300平方米，深度最深处达25米。中国台湾省的"潜立方"建筑面积2600平方米，水深21米；国外项目：韩国"K-26"水深26米，贮水量2600吨；比利时"nemo-33"水深34.5米，贮水量2500吨；意大利"Y-40"水深42米，贮水量4300吨；波兰"Deepspot"水深45.5米，贮水量8000吨；迪拜"Deep Dive Dubai"水深60米，贮水量14000吨。）

（三）设计理念

方案以流动的"未来之船"为主题，借助自然环境与人工系统严谨的有机结合与前沿科学技术的实验应用，不断探索复合型的动感流动空间，在连续的动态空间中发展出自然系统中的流动几何学，实现建筑"未来感"和空间环境语言的持续蜕变。同时，以有机的流线外形和充满力量感的结构通过"未来感"的空间理念和前卫的建筑形式，用流线型的线条划分了不同区域，并在通道、大堂、深潜区用柔而美的流线曲线划分出主要功能空间，使自然光可以自然地流入建筑内部，营造充满前卫艺术境界的精神空间。不同层次、不同元素之间平滑过渡，各方能量汇集于此，不断重塑每个功能空间的特性，让流动性的设计不只可以在建筑外部观看到，在建筑内部也得以延续，同时兼容并蓄地将地域文化和场所精神自然地融会在一起（图3.1-34）。

1. 全生命周期管理理论

全生命周期管理理论（Product Life Mangent，PLM）之于建筑是从材料与构件的开采、生产，到建筑规划的设计、施工及运维与拆除的全过程。它能使绿色建筑的低碳设计有效地落地实施，可持续地减缓与自然生态之间的矛盾。随着低碳建筑内涵逐渐被人们深入理解，低碳设计、技术与绿色节能策略开始融合。在建筑全生命周期中，建筑设计的绿色低碳理念需要在方案设计阶段重点提出，这将直接决定建筑运行使用时能源的消耗量，对后期建筑的碳排放影响很大。因此，在水下大数据研究中心项目初期就要提出相应的绿色建筑低碳策略和创新性的建筑生态空间，以形成系统化的 PLM 绿色低碳可持续性设计。

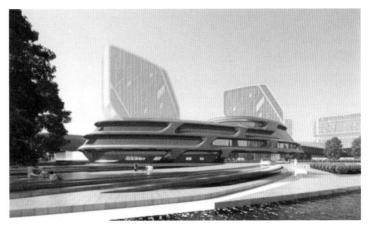

图 3.1-34 建筑方案效果

在全生命周期理念下，绿色建筑设计坚持生态、环保、先进三原则，即能耗最低、资源高效利用、环境影响最小、经济实用和持久寿命。遵守《绿色建筑评价标准》和建筑应用技术标准和规范，我们在考虑节能、节水、建筑材料选择、室内舒适环境需求的前提下，在方案初期从气候分析入手，从生态规划和建筑整体造型着手，提出了一些被动设计策略。如建筑朝向、体形、自然通风、立面设计、遮阳设计等，这虽然没有成本的溢价，但却能在很大程度上减少建筑对主动机械系统的能源依赖。此外，还要针对生态建筑营建设计的 3 个层级——建筑规划与造型（建筑本体层级）、建筑围护结构的形式与物理性能（围护结构层级）、建筑低碳节能构件与设备系统（建筑构件设备层级）的绿色低碳设计提出可持续性的策略。

2. 生态规划设计

方案运用沿河开阔的滨水空间强化建筑的轴向联系，结合建筑自身入口区域打造逐级递进式的景观环境。通过开放广场与人行步桥将场地西侧与河对岸相连，达到人流互通。建筑四周设置开放水面，先锋建筑形象倒映其中，丰富的场地景观环境寓意正在海面航行的游艇乘风破浪，与河岸对面已建成的办公总部形成统一整体，相互呼应、相得益彰。

滨水生态景观营造城市绿谷生态港湾，设计形成多元化渐变式城市绿带，入口场地前形成河道，映照衬托建筑造型并强调建筑的重要性，同时为场地注入活力；以入口喷泉为中心，形成轴线，与京津冀大数据中心形成序列；方案与京津冀大数据中心之间创造出一个流动性较强的公共广场；建筑和京津冀大数据中心立面相对，形成一定的呼应。同时，配合富有韵律和导向性的景观肌理、绿地与硬质铺装交错布置，形成丰富的滨水景观画卷（图 3.1-35）。

3. 绿色建筑设计

项目理念以具有先锋艺术感的"未来之船"为主题，借助自然环境与人工系统严谨的有机结合与前沿科学技术的实验应用，不断探索复合型的动感流动空间，在连续的动态空间中发展出自然系统中的流动几何学，实现建筑"未来感"和空间环境语言的持续蜕变。

图 3.1-35 整体鸟瞰图

"船，启帆远航"象征着乘风破浪的魄力，有着代代相传、勇往直前的寓意。设计融合地域文脉，以有机的流线外形和充满力量感的结构，通过"未来感"的空间理念和前卫的建筑形式用流线型的线条划分了不同区域，并在通道、大堂、深潜区用柔美的曲线划分出主要功能空间，使自然光可以散射进建筑内部，营造充满前卫艺术境界的精神生态空间。建筑体块借鉴游艇的设计，展现了轻快的流线形体，带来自由独特的视觉效果（图 3.1-36）。

建筑内的深潜区深 66 米，在不同的深潜标高处设置了 8 个"超时空"主题区，并伴有水下观光廊道、潜洞、美人鱼的主题体验等项目设施。这对深潜初学者和爱好者来说，是一次充满冒险和惊喜的潜水体验。66 米的深度将打破世界纪录，让寻求刺激和冒险的人可以潜入另一个时空维度，这座深潜池将是世界上最深的，每个人都有机会发现自己潜力的深度，并通过不同时空元素的交织，感受到无与伦比的超时空冒险体验！

图 3.1-36 设计理念造型

（四）绿色低碳建筑设计

在绿建等级的目标下，我们在考虑节能、节水、建筑材料选择、室内舒适环境需求的前提下，在方案初期从气候分析入手、从建筑整体造型着手，提出了一些被动设计策略。如建筑朝向、体形、自然通风、立面设计、遮阳设计等。这虽然几乎是没有成本的溢价，但却能在很大程度上减少建筑对主动机械系统的能源依赖。

该项目设计过程进行了气候分析、采光分析、能耗模型分析等，以提供可行的绿色设计策略建议，如综合运用地源热泵、雨水收集、太阳能板、保温隔热、遮阳、自然采光、自然通风、中水雨水利用、绿化等多种绿色节能措施，最大限度地实现了节能减排，使生态建筑达到最佳绿色健康的效果（图3.1-37）。

1. 构建区域海绵

设计充分利用场地内各空间的景观水体、屋顶花园、透水铺装等元素，构建水循环生态系统，加强对雨水的吸纳、储蓄及缓释作用，有效控制雨水径流，实现自然积存、渗透和净化。设计衔接和引导屋面雨水及道路雨水进入场地的生态系统，同时采取相应的径流污染控制措施，控制雨水净流量。

设计保护原有水文特征，并加强了自然形态的区域河流，保护自然生态排水系统的

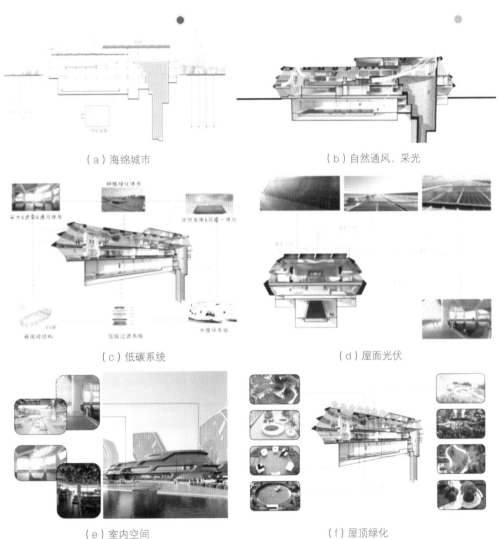

（a）海绵城市　　　　　　　　　　　　　（b）自然通风、采光

（c）低碳系统　　　　　　　　　　　　　（d）屋面光伏

（e）室内空间　　　　　　　　　　　　　（f）屋顶绿化

图3.1-37 绿色设计分析

完整性。在分析了场地内的径流系数后，设计决定在场地内尽量减少硬质铺装，以提高水面率的方式增加绿地、透水铺装、绿色屋顶等。同时，采用具有渗透、调蓄、净化等功能的雨水源头控制和综合利用设施，提高"绿色"基础设施建设的比例，充分发挥建筑、道路、绿地、景观水系等生态系统对雨水的吸纳、蓄渗和缓释作用，有效控制雨水径流，实现自然积存、自然渗透、自然净化。对于场地自然渗透和无法调蓄的超标雨量，采用雨水管道、雨水调蓄池、生物滞留池等设施进行传输、储存和净化。

2. 低碳系统

低碳理念在方案初期可以有效控制后期的碳排放，对于前期的建筑信息整理也尤为重要。方案设立低碳层级系统，在建筑本体、围护结构和建筑构件上综合设计采光、遮阳、通风体系和景观绿化体系、节约能源体系（太阳能、风能一体化）、水循环体系、层级过滤系统和碳吸收结构体系。在低碳建筑设计前期，将建筑信息分为各个细小的部分进行对比模拟（即为模拟因子），并将各模拟因子归类至 3 个不同层级：建筑本体层级、围护结构层级和建筑构件层级。归类后，设定各层级模拟因子的标准值与变量值，通过模拟法，对各部分的变化与所设定的标准进行对比模拟，最后得出变化部分的变量值与标准值的碳排放差值。模拟因子可以进行单一模拟、组合模拟，或对整个方案系统进行模拟。通过模拟不同建筑信息所对应的碳排放影响，将建筑图式语言用技术的手段"翻译"成低碳图式语言和量化标尺。因此，在初期的低碳建筑方案设计中，依据建筑方案形成过程划分的 3 个层级系统为：建筑规划与建筑选型——建筑本体层级；建筑围护结构的形式与物理性能——围护结构层级；建筑各低碳节能构件及设备系统——建筑构件层级。各层级内包括相应代表建筑信息的模拟因子。

3. 加强自然采光、利用自然通风

为使更多的房间获得自然采光、优先利用被动节能技术，应最大限度地增加室内自然光的空间范围，在建筑立面与屋面合适的位置开设侧窗、高窗与天窗，丰富室内光空间的体验感受。同时，在平衡室内热环境的前提下，扩大外立面开窗和透光面的比例。

合理优化建筑功能空间的平面布局，使各功能区域均达到自然通风，把主要房间的开口位置安排在夏季迎风面，避免冬季寒风方向，引入室外新鲜空气来维持良好的室内空气品质及湿热环境。同时，室内温泉泡池区、泳池区与深潜区内的水体与通风系统相结合，可有效改善建筑空间的微气候。在建筑周边设计景观绿化形成树荫，以降低气流进入的温度，达到生态节能的目的。

4. 能源利用

对场地内的可再生、可循环资源——太阳能，采取优先合理的利用。场地内太阳能资源充足，结合建筑整体造型和建筑立面形态，设计考虑在建筑屋顶设置光伏板收集太阳能资源进行利用。

5. 营造绿色空间健康氛围

健康的设计能够使人们充满活力、感受生命的美好，从而降低能源消耗。因此，结合建筑"船"的造型，在建筑二层东侧和西侧营造"甲板"式阳台、在建筑三层设置"船"式上人屋面，鼓励室外、半室外活动，能有效改善身心状态，促进公共交流，也可减少人们对能源的依赖程度。自然的室内环境能够给空间使用者带来愉悦的身心，一层康养温泉泡池区、餐饮区和二层现代托斯卡纳无边温泉泡池区以营造生态绿色的空间指引健康生活，营造使身心健康的舒适环境氛围。

6. 绿色低碳建筑生产

建筑全生命周期碳排放具体包括建材生产、建筑施工及其内部运行等环节，而生产和运行阶段是消耗能源和产生碳排放的主要阶段，中国建筑节能协会公布的数据显示，建筑材料约占建筑全过程碳排放总量的28.3%。整座建筑的结构设计以模数化、标准化、集成化为原则，做到最大程度的设计统一，降低开模成本、材料损耗，以及建筑垃圾的产生。建材生产即以低耗低碳为原则是绿色建筑的"自我修养"。构件生产过程采用移动式布料、数控钢筋加工设备、楼式搅拌站、砂石分离、压滤机等生产设备，实现建材生产的低碳排放。

（五）创新型建筑大跨共享空间

自然采光、开放空间、能效优化的合理化设计是其面向全生命周期绿色建筑设计的要素。项目中的共享开放空间是使用人员开展与深潜大数据采集有关功能活动的重要场所，其空间营建的低碳创新性目标在建筑结构设计方面也尤为重要。方案精细化设计在结构荷载合理的情况下，着眼于梁配筋、梁柱配比、梁柱支撑结构的合理合法合规及造型美观的设计方面，将公共建筑的大跨空间在实用的角度上增加整体空间的净高度和空间使用率，更有设计感的梁柱结合，可满足不断增加的公共空间使用需求，并为建筑疏散通道预留空间。建筑内部空间大厅顶部使用"X"形交叉斜向支撑结构，在减小材料工程用量的同时能够给建筑室内创造丰富的光影效果；大厅内部使用"H"形结构支撑一体式梁柱结构，丰富建筑内部空间形式（图3.1-38、图3.1-39）。

梁柱一体化结构包括梯形梁柱支撑一体化单体和组合装配、H形梁柱支撑一体化单体和组合装配，以及X形梁单体和组合装配，由此可将建筑空间自然划分为建筑大跨功能空间和外围疏散通道的预留空间。其中，梁柱一体化可按照装配式建筑模块化设计要求进行组合式拼装，各单元式构件尺寸标准、统一，梁柱尺寸比例及配筋符合钢筋混凝土梁柱结构设计方法及国家规范，同时满足装配式工业建造的模块化设计要求，符合建筑绿色低碳设计的原则。

综上所述，在建筑工程越来越多、建筑设计发展越来越快速的态势下，建筑工程设

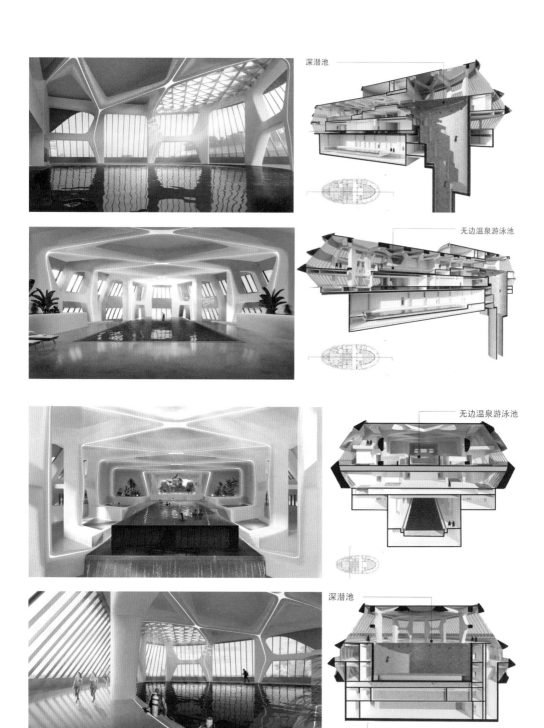

图 3.1-38 建筑空间效果

计人员必须与时俱进，加强建筑的低碳环保及绿色节能设计。只有遵循低碳环保理念，才能为社会居民创建低碳健康的生活环境。因此，在进行建筑设计时，建筑师要将低碳设计理念贯彻到底，积极运用低碳技术和方法推进建筑设计工作。

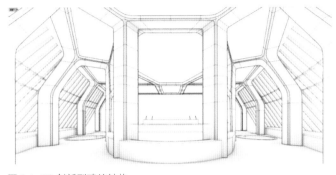

图 3.1-39 创新型建筑结构

面向全生命周期的绿色建筑设计，水下大数据研究中心项目中是从建筑的生态规划出发，融合场地文化特质，并在切实考虑建筑工程的实际情况后，才选择了对应且合理的设计方案。通过对建筑造型（建筑本体层级）、建筑围护结构的形式与物理性能（围护结构层级）、建筑低碳节能构件与设备系统（建筑构件设备层级）的可持续性建筑层级系统的营建提出有效的绿色低碳设计策略并营造建筑内具有创新性的生态共享空间，使建筑空间的自然采光、开放空间、能效优化更为舒适、合理，最大化地满足绿色空间、低碳节能的目标。

（六）参数化建构

方案构思来源于"船"的基本形态，将自然环境与科学技术应用有机结合，探索复合型流动空间。方案以半椭球为基本体量进行延伸，由此基本形态形成向上收分的造型，再与内部功能相结合形成切割形体的若干线条，并参考基本体量的线条走势，通过草图和手工建模不断推敲、发展，对建筑物造型进行不断优化（图 3.1-40）。由方案概念到

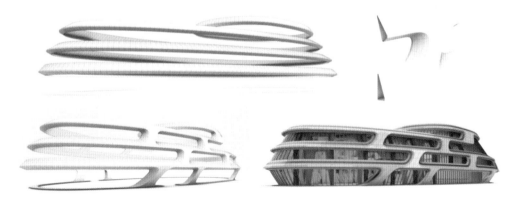

图 3.1-40 参数化建构过程

优化设计阶段的参数化建构步骤如下。

（1）重建基准曲线

在确定建筑物基本体量的线条走势后，提取建筑物外表面的 4 条结构线条作为确定建筑物外壳基本骨架的基准线条。在设计和手工建模的阶段充分考虑后期施工和材料性质，在提取建筑物外壳基本骨架的基准线条后，首先将 4 条基准曲线重建，以保证每一条基准曲线上的结构点点数一致，并在调整基准曲线结构点点数的同时，确定铝板分缝的位置，保证后期施工阶段每一块铝板的尺寸和面积都在一定的阈值内，以最大程度地减少铝板的种类。前期方案阶段手工建模和后期现场施工联动的思维能最大限度地削减成本，减少方案和施工图的配合难度。

（2）偏移及细分扫掠

通过手工建模及草图阶段的反复推敲对比，确定每一条基本骨架的断面形式，为了实现基本骨架的断面，将重新建构的基准曲线进行 6 次偏移，形成断面轮廓，这也为下一步的外壳骨架深化建模打好基础。

此时，4 条基本骨架上的 24 条基准曲线上的结构点点数和相对位置关系是一致的，通过对基本骨架的断面轮廓进行细分扫掠便可以让上述 24 条基准曲线上的结构点一一对应，由此便可以形成建筑物外壳的 4 条基本骨架。

（3）外壳骨架深化建模——桥接

在得到建筑物外壳的 4 条基本骨架后，通过手工建模和草图的推敲对比，对外壳骨架进一步深化建模。此过程运用桥接的方法，在上、下层基本骨架之间形成流动的联系。

通过此种方式桥接而成的上、下层之间的联系会形成圆滑的曲面，并不能实现对建筑物外部构件细节的设想，因此在桥接的部分通过添加锐边的方式使建筑物建模更加接近对构件细节的设想。最后通过对桥接曲面的结构线的重建并调整其控制点使桥接曲面的侧面可以以更加流畅圆滑的方式得到进一步细化，富有更多细节。

（4）加入灯带

建筑物外壳骨架建构的最后一步是在凹陷的部分相应位置加入灯带。此步骤逻辑相对比较简单。在相应的位置加入循环边缘后对曲面抽离即可形成灯带，随后赋予相应材质即可。至此，建筑物外壳骨架建构基本完成。

（5）幕墙及窗框的建构

在生成建筑物外壳骨架后，提取相应位置的曲线，通过放样及剪切的操作生成建筑物的幕墙系统。再根据铝板的分缝尺寸建立窗框。

（6）内部结构建模

内部结构的手工建模最首要的是先要确定其结构形式，再针对基础的结构骨架进行深化及细部设计建模。

在确定基础的结构形式后，为了实现现代化科技感的内部设计造型，首先将内部的结构造型进行细分，再在相应位置进行桥接操作，建立联系，以达到内部造型设计的基本构想。在建模过程中可能会发现，在对基本结构体系进行细分、桥接的操作后，部分边缘不甚理想，此时再进行去除锐边的操作，形成相对平滑的边缘，达到预期的室内设计效果。

最后，在不断优化方案的过程中充分考虑对后期施工过程指导性的体现主要在于在手工建模过程中对基本曲线的重建、对铝板的分缝、对幕墙的分格 3 个方面。三者结合相互联动，需首先确定铝板分缝和幕墙分格的数值区间，才能使手工建模阶段的成果充分指导施工，并减少铝板和幕墙的种类。确定铝板分缝和幕墙分格的数值区间可指导基本曲线的重建以及基本曲线控制点的数量。除此之外，在方案优化中加入灯带的过程以及结构建模中桥接和去除锐边的过程都是通过手工建模的不断推敲，反复比较得来的结果，目的就是在施工阶段能得到更精确的结果，充分还原设计构思。

（七）方案技术图纸

部分方案技术图纸见图 3.1–41。

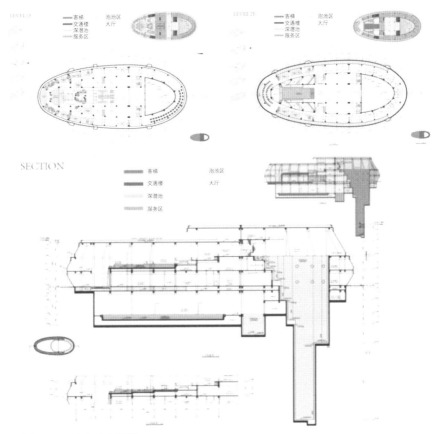

图 3.1–41 方案技术图纸

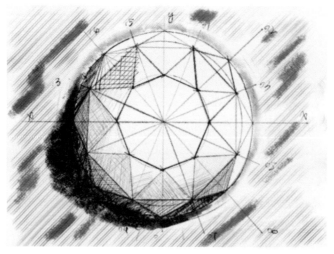

（项目设计初期，通过手绘草图的方式进行初步构思和概念表达）

3.1.3 重庆·西南大数据创新应用中心项目

（一）设计愿景

项目位于对审美兼收并蓄的重庆，设计赋予了建筑永恒不变的纪念意义，设计愿景包括：1.突破传统，通过创造一个具有凝聚力的水下大数据研究中心，描绘未知的未来方向；2.体验，为不同能力、年龄、兴趣的使用者创造与水交流的机会，通过振奋人心的旅程来提升游客体验；3.光影，为参观、探索的来访者提供身体感受与情感连接；4.研究开发，创建数据开发相关空间和获取数据相关建筑构造，即建筑成为想象和启迪的一部分。

（二）项目概况

项目位于重庆市九龙坡陶家经济区，占地146亩，是九龙坡的核心区域，也是先进的制造业基地，还是新兴的高新技术产业基地。规划要建设大数据双创应用中心、展示中心、产业园区、相关配套等，重点吸引全球知名网络类、云计算、物联网、电子商务、咨询类等企业入驻，为中国西部（重庆）科学城的建设引进大量人才。本项目地块紧邻铜陶北路，东接长江生态绿带，北临陶家都市工业园。九龙坡陶家板块是九龙坡规划的八大功能板块之中面积最大的板块，是九龙西城的"心脏"，肩负着"聚集人气、带活商气"的重任，板块正处于发展阶段，产业格局正初步成型，迎来前所未有的发展机遇。

项目总建筑面积 16589 平方米，地上 2 层，地下 3 层，地上建筑面积 3175 平方米。首层设有入口大堂接待，以及超大面积的深潜池观察窗和深潜探洞观察窗，可以与深潜池内潜水者互动。地上二层是深潜池的入水准备区，水深 33 米，水域面积 439 平方米，总水量 5197 立方米，水池深度分为 5 个等级：1.2 米、5 米、10 米、18 米以及 33 米，每个水深的主题内容各不相同，潜水体验者可以根据自身情况进行选择，逐一探险。地下共 3 层，地下总建筑面积为 13414 平方米，地下一层设有 18 米深潜观察窗，以及配套餐厅和 SPA 按摩房；地下二层分别设有男、女更衣淋浴区、50 米泳池、泡池区以及一个河道冲浪池；地下三层为设备管廊区。

（三）建筑规划设计

1. 总体规划布局

本项目分为两个地块，A 地块为国际信息港，B 地块为大数据创新应用中心。本次项目 B 地块大数据创新应用中心位于 A 地块西侧，东侧为铜陶北路，南侧为规划路。B 地块拟建快速反应中心、生产中心。在平面上，整体布局融入以人为本，以与自然贴合的理念来考虑整个地块的布局划分：从山体由北至南延伸出建筑两大主体，中间由连廊衔接，连廊一层架空与园区入口花园广场形成园区主轴线，视线通透敞亮并满足消防车通行的要求。

浅水面上场地的景观规划结合了水系与自然的环境设计，"钻石"矗立在广场区中心，平静的倒影好似建筑在漂浮，丰富了空间层次，同时柔化了建筑边界，让原有的建筑更深地融入公园环境。水域吸引过往人流，使钻石建筑成为该区域真正的中心，一个受欢迎的地标。建筑周围还布置了各类耐受当地气候的植被，使环境充满自然气息。同时自然植被也提供了一定的私密性，有效分隔了深潜中心与园区内的快反中心。

2. 建筑设计

建筑创作中具象的设计手法往往导致单一地强调建筑外观所具有的标志性的价值而缺乏建筑学价值，被认为名不副实。但随着建筑设计的市场化，抽象化的建筑为世俗化的解读提供了更多机会，可以更好地融合大众审美，其符号和象征性更容易得到业主的青睐和认同。因此，设计受业主对整体规划偏好的影响，B 地块采用了繁体的"萬"（万）字作为具象的平面规划表达（图 3.1-42）。在中国文化中，"萬"字寓意万能或万事万物美好、吉利，吉祥又有内涵。"萬"字也间接代表了重庆的地域文化与生活方式：即西南人民的麻将文化。设计对这一概念作了一定程度的抽象化处理，及适当的简化。将深潜池建筑作为"萬"字的中心部分，其他部分则以景观元素来表达，在展现象征性的同时，不会因为具象化的设计带来建筑材料、建造实施的浪费。

（1）设计理念

B-3 深潜工艺水池项目将钻石的切割形态表现于建筑形态之上，寓意着坚毅、永恒

图 3.1-42 项目鸟瞰图

不变。钻石的造型与传统的建筑不同，建筑表皮的每一面都与垂直象限呈一定角度，这使项目绘制平面图纸产生了较大的难度。传统的平面绘图工具很难在平面、立面及剖面图纸中，准确计算出外表皮材料的尺寸。在建筑设计与其他各专业协同工作时，也由于平面表达的受限，使协同工作也更加困难。

建筑在设计过程和找形时采用了精准的参数化计算和模型表达，严格遵守了几何逻辑，项目在图纸生成时，利用模型将所有表皮展开，生成了折纸展开的效果，让倾斜的立面得到准确的平面化表达，提供了施工时材料切割的依据。

（2）"可呼吸式"建筑立面设计

B-3 深潜工艺水池采用双层表皮体系，项目外表皮为金属复合铝板，内表皮为双层的金属铝单板，内衬为保温岩棉和防水隔汽层。外表皮设计灵感来源于钻石及其切割工艺，钻石经过经典的切割打磨之后可形成 58 个刻面，能够反射大部分光线（图 3.1-43）。外表皮根据钻石形态局部开洞，在夏天不仅可当作遮阳设备，也可以通风除湿。在冬季，双层表皮中间的空气腔中较高的温度会使窗附近的温度升高，从而提高舒适度，实现节能低碳的设计策略。外表皮顶部开洞率大于 50%，可将双层表皮中的空气腔视为室外，把排烟通风的百叶设置于内表皮，可最大化地减小百叶对造型的影响，呈现出更完美的钻石形态（图 3.1-44）。

3. 设计分析
（1）功能分析

九龙坡区西彭组团 L 分区 L5-02/02 地块为大数据创新应用中心，以培育数据创新为主导，主要运用云计算、大数据、人工智能、物联网、5G 等技术，实现产业生态系统化、基础设施网络化、功能服务精准化和运营发展智能化的智慧园区。功能分区为：B-1 快速反应中心（规划员工宿舍、员工餐厅、生活配套区、办公区、地下车库、设备用房等）；B-2 生产中心（规划生产用房、设备用房、地下车库），以及 B-3 的深潜工艺水池（图3.1-45）。

（2）交通分析

项目东侧和西侧各设一个车行入口，机动车通过 2 个地下车库出入口直接进入地下停车场，建筑外环路设地上停车位，主要人流从园区入口花园进入，实现人车分流，方

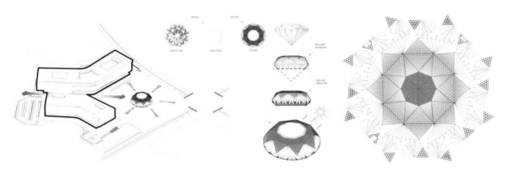

图 3.1-43 建筑立面肌理生成与表皮几何逻辑设计

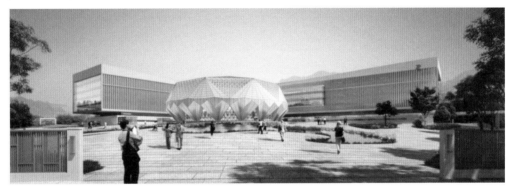

图 3.1-44 建筑立面效果

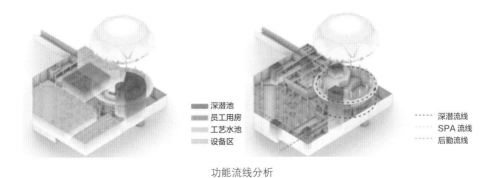

功能流线分析

图 3.1-45 设计分析

便园区内部人员使用。

（3）消防分析

该地块拟建快速反应中心、生产中心。在平面上，整体布局融入以人为本、与自然贴合的理念来考虑布局的划分：从山体由北至南延伸出建筑两大主体，中间由连廊衔接，连廊一层架空与园区入口花园广场形成园区主轴线，视线通透敞亮并满足消防车通行的要求。本项目 B-1 快速反应中心为一类高层公共建筑，B-2 生产中心为高层丙类厂房，沿建筑周边长度的 1/4 且不小于一个长边长度的底边连续布置消防车登高操作场地，且有消防道路环绕。道路宽度大于 4 米，满足消防车救援需求。单体建筑均设置有消防救援窗，且净高度和净宽度均大于 1 米，下沿距离室内地面不宜大于 1.2 米，间距不宜大于 20 米，且每个防火分区不少于 2 个。

（4）景观分析

浅水面上场地的景观规划结合了水系与自然环境设计，"钻石"矗立在广场区中心，平静的倒影好似建筑在漂浮，丰富了空间层次，还柔化了建筑边界，让原有的建筑更深地融入公园环境。水域吸引过往人流，使钻石建筑成为该区域真正的中心，一个受欢迎的地标。建筑周围还布置了各类耐受当地气候的植被，使环境充满自然气息。同时自然植被也提供了一定的私密性，有效地分隔了深潜中心与园区内的快反中心。

4. 室内设计

由于建筑造型的复杂性和深潜池的特殊性，建筑内部结构较为复杂，具体表现在内部空间出现的大量结构柱。室内设计结合了业主向往的托斯卡纳风格（图 3.1-46），用简朴、优雅的拱形洞口，弱化了内部结构柱，借此让水面空间呈现魔幻而神秘的色彩。建筑与大自然有机结合，奶白色象牙般的石材与水面形成纯净的光影效果，把如水般清澈贯穿每一处细节。由此，建筑外表的"坚硬"与空间内部的"柔和"形成手法上的转折，营造了建筑内与外的空间张力。

（四）绿色建筑策略

在绿建等级的目标下，在方案设计初期，我们便将节能、节水、建筑材料选择、室

图 3.1-46 室内设计效果

内舒适环境的需求考虑在内，并从气候分析入手、从建筑整体造型着手，提出了一些被动设计策略，如建筑朝向、体形、自然通风、立面设计、遮阳设计等，并在设计中综合运用地源热泵、雨水收集、太阳能板、保温隔热、遮阳、自然采光、自然通风、中水雨水利用、绿化等多种绿色节能措施，最大限度地实现节能减排，使生态建筑达到最佳的绿色健康建筑的效果（图3.1-47）。

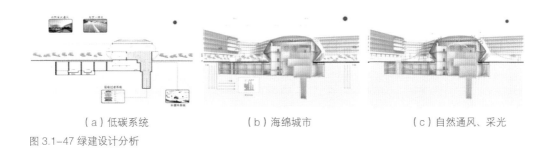

（a）低碳系统　　　　　　（b）海绵城市　　　　　（c）自然通风、采光

图3.1-47 绿建设计分析

1. 构建区域海绵

设计充分利用场地内各空间的景观水体、屋顶花园、透水铺装等元素，构建水循环生态系统，加强对雨水的吸纳、储蓄及缓释作用，有效控制雨水径流，实现自然积存、渗透和净化。设计衔接和引导屋面雨水及道路雨水进入场地的生态系统，同时采取相应的径流污染控制措施，控制雨水净流量。

设计保护原有水文特征，并加强了自然形态的区域河流，保护自然生态排水系统完整性。在分析了场地内的径流系数后，设计决定在场地内尽量减少硬质铺装，以提高水面率的方式，增加绿地、透水铺装、绿色屋顶等。同时，采用具有渗透、调蓄、净化等功能的雨水源头控制和综合利用设施，提高"绿色"基础设施建设的比例，充分发挥建筑、道路、绿地、景观水系等生态系统对雨水的吸纳、蓄渗和缓释作用，有效控制雨水径流，实现自然积存、自然渗透、自然净化。对于场地自然渗透和无法调蓄的超标雨量，采用雨水管道、雨水调蓄池、生物滞留池等设施进行传输、储存和净化。

2. 加强自然采光、利用自然通风

为使更多的房间获得自然采光、优先利用被动节能技术，设计最大限度地增加了室内自然光的空间范围，在建筑立面与屋面合适的位置开设侧窗、高窗与天窗，丰富室内光空间的体验感受。同时，在平衡室内热环境的前提下，扩大外立面开窗和透光面的比例。

合理优化建筑功能空间的平面布局，使各功能区域均达到自然通风，把主要房间的开口位置安排在夏季迎风面，避免冬季寒风方向，引入室外新鲜空气来维持良好的室内空气品质及湿热环境。同时，室内温泉泡池区、泳池区与深潜区内的水体与通风系统相

结合，可有效改善建筑空间的微气候。在建筑周边设计景观绿化形成树荫，以降低气流进入的温度，达到生态节能的目的。

3. 能源利用

对场地内的可再生、可循环资源——太阳能，采取优先合理的利用。场地内太阳能资源充足，结合建筑整体造型和建筑立面形态，设计考虑在建筑屋顶设置光伏板收集太阳能资源进行利用。

4. 绿色低碳建筑系统

建筑全生命周期碳排放具体包括建材生产、建筑施工及其内部运行等环节，而生产和运行阶段是消耗能源和产生碳排放的主要阶段，中国建筑节能协会公布的数据显示，建筑材料约占建筑全过程碳排放总量的28.3%。前期低碳方案设立低碳层级系统，在建筑本体、围护结构和建筑构件上综合设计采光、遮阳、通风体系和景观绿化体系、节约能源体系（太阳能、风能一体化）、水循环体系、层级过滤系统和碳吸收结构体系。在初期的低碳建筑方案设计中，依据建筑方案形成过程划分的3个层级系统为：建筑规划与建筑选型——建筑本体层级；建筑围护结构的形式与物理性能——围护结构层级；建筑各低碳节能构件及设备系统——建筑构件层级。整座建筑的结构设计以模数化、标准化、集成化为设计原则，做到最大程度的设计统一，降低开模成本、材料损耗，以及建筑垃圾的产生。建材生产即以低耗低碳为原则是绿色建筑的"自我修养"。构件生产过程采用移动式布料、数控钢筋加工设备、楼式搅拌站、砂石分离、压滤机等生产设备，实现建材生产的低排放。

（五）数字化建构

1. 概念方案

该项目造型灵感取自钻石，圆形钻石又是所有形状钻石中最受欢迎和易于识别的，错综复杂的刻面和对称的形状，令人难以置信的耀眼。该设计确定"钻石"为16边中心对称结构，局部细节的刻画又将16份继续等分，从竖向关系来看，分为斜率不同的3段，即在建模进行形体设计时采用不同标高的圆形来控制形体，再对圆形曲线进行等分，通过连接等分点形成线段组成钻石的各个切面，最终组合生成多边形形体。

2. 方案细化

（1）基本形体构建（图3.1-48）

首先明确建筑物的层数、功能等相关信息并确定建筑物的大致轮廓，在明确一层外圈柱网位置后，基于此圆形对整体进行定位，通过偏移、移动等方式，设定层高及外墙与柱子的位置关系，同时观察形体比例、调整建筑整体形态比例，确定建筑的基本形态。

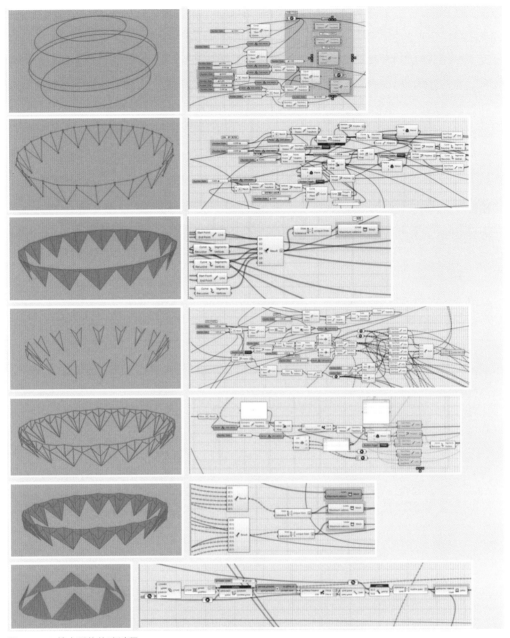

图 3.1-48 基本形体构建过程

　　基于竖向的层次拆分，选取生成一层外墙的上、下圆形控制线，对曲线进行等分，由等分点进行编织排序，连接为多段线，构成多边形的外轮廓。通过外轮廓线进行 weaverbird 运算生成面。

　　基于同样的方法生成一层其余折面，在生成过程中主要用到了部分排序、筛选等基础技巧，由于类型数量较多，输入的控制形体的参数较多，应在编写过程中留意数据的管理与组织，便于后期修改形体以及相关数据的多次调用。

由此生成一层"钻石外壳"的多层次转折的造型结构，并通过 weaverbird 建立折面。此处应留意重复的线，应将其清理为单一线段再进行成面运算。

上半部分的面可理解为将一个三角面拆分为转折的 8 个小三角面，它们拥有共同的顶点。由此不难将其理解为上层曲线的等分点与下层曲线等分点的连线，下层等分数量为上层的 8 倍，并留意等分点的数据分组与对应，最后再用相同方式生成面。

（2）表皮细节建构（图 3.1-49）

外立面开窗形式是渐变的三角形，由此对大三角面进行三角化分格，并在分格过程中注意单元尺寸，在划分后进行基于单元体中心 Z 值的中心缩放，以形成上边开窗大、下边开窗小的渐变效果，同时引入曲线函数控制映射来控制缩放的整体效果。

由此，每个上一层的三角划分都应当与其下层进行对应，使边界完整拼接，同时运用相同的处理方式开洞处理，整体考虑其造型开洞变化与下部造型，为下部大上部小，尺寸也应与下层开洞呼应。下部造型通过开三角形小孔洞形成光斑，丰富立面细节，其开孔逻辑与开窗洞逻辑一致，均为三角形划分后再进行中心缩放。一层窗框部分为呼应

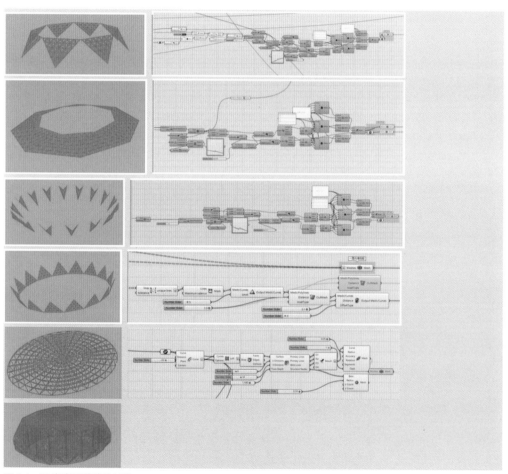

图 3.1-49 表皮细节建构过程

形体，也采用三角形划分，并运用网格工具生成窗框。网架为中心放射形结构，基于单元尺度划分。由此生成完整"钻石形体"，由各部分折面组合而来。

在整体编写过程中需要对数据做好整理工作，因为会在不同形体位置反复调用同一组线段，同时形体调整是不可避免的，应当减少输入端数据，使造型可联动更改。

3. 施工图阶段

参数化建筑设计将建筑设计作为一个整体、复杂的系统，系统中存在众多的内部和外部因素，需要分析内在和外在因素之间的联系，并通过研究制定出数字化图解后，才能依据计算机技术来模拟出建筑形态。此过程对施工过程的指导意义重大，在参数化设计中，很多影响设计的因素都是随着其余因素的变化而变化的，根据设计的模型来推导和演绎出最终施工过程中所需的材料、数量等，都会有一个相对精确的结果。如此，参数化建模阶段通过数据的输入以及后续推导过程中的设计因素变更，都会带来输出端的变化，由此便可以在设计建模阶段就对施工图有较好的把握。

（六）方案技术图纸

部分方案技术图纸见图 3.1–50。

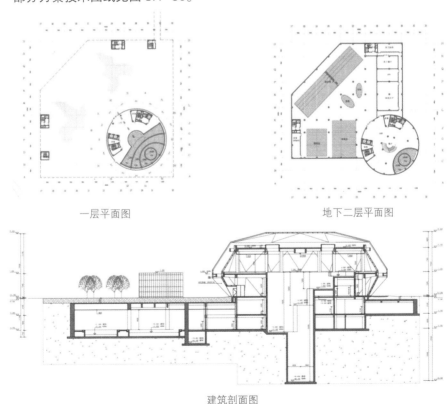

一层平面图　　　　　　　　　　　地下二层平面图

建筑剖面图

图 3.1–50 方案技术图纸

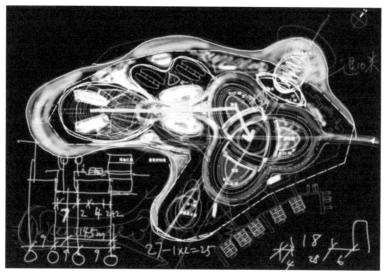

（项目设计初期，通过手绘草图的方式进行初步构思和概念表达）

3.1.4　海南·海花岛 A、B 地块城市设计项目

（一）设计愿景

　　设计以应对当地的微气候、规划城市生活为目标，有如下设计愿景：1. 商业空间部分注重"和而不同"，既能和谐融入整个建筑群，又凭借独特的造型成为有凝聚力的中心，使海岛 A 地块成为聚集人文和休闲设施的全新城市公共空间；2. 办公部分以人为本，即在城市嘈杂纷扰的环境中，打造与自然接触尺度亲密的生活空间。景观规划多层面参考了周边的自然风貌，并将这些风貌引入场地中心，为海岛 B 地块创造了舒适且可达性强的空间网络。

（二）项目概况

　　项目所在的海南省儋州市海花岛，位于海南省西北部沿海，儋州市是海南省辖地级市，海花岛位于儋州市滨海新区第四组团，地处海南西部，在排浦港与洋浦港之间的洋浦湾区域。南起排浦镇，北至白马井镇，距离海岸约 600 米，总跨度约 6.8 千米，用地规划范围总面积为 7.824 平方千米。海花岛是一座人工岛，由 3 座独立的离岸式岛屿组成。其中一号岛主导功能为旅游度假、商业会展、酒店会议、娱乐休闲、餐饮和海洋运动休闲，为国际级的大型综合旅游服务区，二号岛和三号岛主导功能为居住。

基地地处海洋之中，与海南主岛隔海相望，未来的发展在视线与空间上都与自然背景相关联，无论从海洋还是陆地望向项目基地，其都在保持自然环境与建筑的平衡的同时，更新了海花岛的天际线，成为新的地标。海花岛建筑功能种类丰富，涵盖国际会议会展中心、各种国际品牌及主题酒店、童话世界、雪山水上王国、海洋乐园、珍奇特色植物园、植物奇珍馆、五国温泉城、婚礼庄园、影视基地、恒大嘉凯影城、博物馆、歌剧院、音乐厅、娱乐中心、国际购物中心、风情商业街、风情饮食街、茗茶酒吧街、运动健身中心及游艇俱乐部等 28 大业态。本项目居于 2 号岛西北角尽端，开发范围包括 A、B 两个地块。其中 A 地块建设面积 97.30 亩，B 地块建设面积 127.45 亩。

基于此，A 地块定位为区域商业娱乐中心，B 地块则作为高端企业办公园区。建筑设计主张以最高效合理的方式利用建筑地块，由此，设计结合区域功能定位的差异性，将 A 地块定位为依托沙滩音乐节、深潜运动、商业娱乐等产业布局，而打造的一个充满活力动能的浪漫之岛；B 地块则被定位为高端企业的办公及企业总部基地，突出游艇产业优势，使其成为一个生态宜居的办公首选地。

（三）规划策略——城市双修

"城市双修"是对城市物质硬环境和人文软质环境的修补，强调城市的"内外兼修"。不同于传统城市的改造方式，该项目注重城市功能和生态环境的改善与塑造，以及历史文化的传承。生态更新和绿色建筑营造的过程也是城市共建共享的过程，可以发挥城市触媒效应正面积极的作用，通过这样的方式城市资源的效益可以得到最大化，城市在发展中能够步入生态宜居、和谐共融的状态。同时，在特定空间范围进行新旧事物的修补和补充，然后在经过有时效性的规划之后，通过触媒点产生相关的触媒反应，来解决该城镇的发展建设问题，从而形成具有特色的现代化城市。因此，海花岛 A、B 地块在城市有机更新、绿色建筑营造的基础上，突出了城市滨海特色功能的多样性与活力。

其中，海花岛中 A 地块的规划基于产业定位，三大产业板块形成两条空间主轴，建筑符合轴向对位关系。一条由商业到沙滩音乐场地；一条由商业到酒店。轴向关系控制了 A 地块的建筑布局，也交代了轴向的节点，形成中心景观轴线。水上运动中心顺应轴向关系布置，景观亦顺应而置。B 地块则以轴中心对称放射式布局商业、产业园办公和 SOHO，以 SOHO 和商业围合的水景观广场映衬海滨特色风情，在产业园办公中以广阔的滨海景观视角，增添"独角兽企业"的活力。

（1）连接滨水运动，滨海游艇运动

分散、突出的滨海运动将与一个世界级的海滨网络联系起来。随着社区和游客被海岸线和世界级的步行空间吸引，一个真正的运动滨水区将成为海南的骄傲。此外，通过结合最先进的游艇技术和配套附属设施，将进一步加强岛屿与大海之间的连接。

（2）绿化滨水区

新开发的岛屿为绿化关键战线提供了机会。通过岛屿周围的分散绿化和绿化带，A、B地块成为海花岛森林滨水绿地。这种创新和自然的解决方案将改变今天的阳光炙烤的非人道开放空间和海滨，转而变成绿色、拥有自然的阴影、通风和冷却的休憩空间，为游客提供更好的体验。

（3）丰富产业形态

办公设施位于B岛沿海端中心，产业园分布了形态和体积多变的办公建筑，为业主提供更加丰富的选择。

（4）最大化可持续发展

为作为可持续发展的一部分，项目设计综合平衡了艺术和文化目标，为当前和后续发展最大化经济、社会和环境利益提供可能。从经济角度讲，主要利益与旅游业有关。通过合理分散海花岛周围的艺术和文化设施，润泽集团已经能够更广泛地传播经济利益。此外，A、B地块的多功能开发将为海南城市设计和可持续发展设定新的国际标准。

（四）生态城市更新

1. 规划理念

项目规划以"慧达汇城、魅力滨海、生态绿城、阳光运动"为愿景，设计塑形象、营生态、激活力、强文化的发展路径，项目规划为"一轴、一心、一环、三点多片区"的功能布局。同时，以"生态、经济"互融的绿色格局引导海花岛A、B地块的经济发展，合理处理生态与经济建设间的矛盾，求同存异，更新城市生态环境、提升经济面貌，做到城市经济发展最大化。设计秉持城市的可持续发展，在原有城市资源生态系统承载力的基础上，降低单位产量的能耗和物耗，探寻生态产业发展的良性运转模式，充分利用海洋优势产业，推动"一物多用""循环利用"的节能环保绿色产业的发展进程，改变传统生产和消费模式，多利用、少排放。

规划设计深入研究海绵城市的生态理念，从多个维度立体化落实这一目标，多重手段将整个项目构建成一块生态有机的城市海绵。

①可持续发展战略：除可持续发展的策略在建筑和周围自然环境中的一般应用外，我们还将进一步探索它们在整体设计中的潜在应用；

②可循环材料和适应未来：使用再生材料和当地材料，利用循环设计、健康和福利、蓝色和绿色基础设施确保未来的可回收性；

③能源使用及全生命周期：弹性、模块化和可拆卸设计；

④水资源管理及土地优化利用：应用海绵城市策略，促进原生生态系统，亲生物性；

⑤场所营造：有认同感的目的地，自定义空间以促进社交互动，增强数字体验式的

资源共享；

⑥土地优化利用及灵活性：延长活动时间的智能站点策略，应对不同项目的空间可变性。

海绵城市在适应环境变化和应对雨水带来的自然灾害等方面具有良好的"弹性"，通过吸水、蓄水、渗水，在需要时将蓄存的水"释放"或加以利用。规划对场地整体按现实自然情况，在尽量减少改变自然地形及原有平整场地的情况下，布置功能分区及其对应竖向标高，保证场地建设与使用的合理性、经济性，以降低工程成本、加快建设进度。同时设计地形和坡度以适合污水、雨水的排水组织和要求。

2.规划布局

海花岛 A、B 地块以"一轴、一心、一环、三点多片区"的规划布局，一轴是城市发展主轴线；一心是一个城市核心区，A 地块为大型商业，B 地块为 SOHO 商业和产业园办公；一环是环岛城市景观轴线，贯穿滨海娱乐产业、沙滩音乐、运动游艇功能地块；三点是，3 个重要的城市节点，有城市生态客厅、城市商业中心、高端办公中心；多片区是以康养、精英、青年、中老年不同客群为主的多个城市居住片区，从而组成更丰富的城市天际线。

规划设计结合区域功能定位的差异性，A 地块为依托沙滩音乐节、水上运动、商业娱乐等产业布局，力求打造的一个充满活力动能的浪漫之岛；B 地块主要打造高端企业办公，并突出游艇产业优势，作为一个生态宜居的办公首选地。规划形成两条轴向对位关系，一条由商业到沙滩音乐场地；一条由商业到酒店。轴向关系控制了 A 地块的建筑布局，也交代了轴向的节点，形成中心景观轴线。水上运动中心顺应轴向关系布置，景观亦顺应而置（图 3.1–51）。

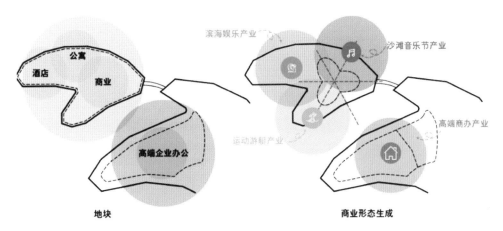

图 3.1–51 规划结构

3. 城市设计分析

构建生态化的海花岛 A、B 地块，需在原有地块基础上进行更新，同时提出相应的建筑—自然的经济生态战略，形成一个物质能量高效利用、生态良性循环、经济社会稳定发展的自然—建筑—文化—经济复合的生态系统，最终才能实现城市经济社会的健康协调发展，平衡自然与经济社会之间的关系，从而达成国家"双碳"目标。

（1）更新优化设计

在现有地块城市建筑及其功能的基础上，在营造用地强度、功能、海岸线优化更新及特殊空间场所的基础上，梳理编织城市文脉，予一方乡愁，多维度提升城市生态国际形象。

①用地强度提升——建筑高度提升，建筑面积增大：酒店增加裙房面积，疏解经营压力公寓分别由原来 150 米、100 米，增加到 180 米 和 150 米，增加了建筑使用面积。

②功能升级：依托海岸音乐节、深潜运动、商业服务配套达到产业集聚整合的目的，导入更多人流。功能分区独立，流线互通。由于 A 地块位于岛屿尽端，对于停车空间提出了较高要求，为了满足相应的地下停车配套，在 A 地块区域的酒店区、公寓区及商业区地下停车空间分区独立，到达后，来访者可以通过竖向交通到达各个区域，功能分区互不干扰。

③优化海岸线，设立沙滩音乐节。岛屿内道路与海平面有着 8 米的高差，沙滩音乐节的舞台很难与沙滩进行衔接，因此设计调整了岸线形态、增加了看台区域，以及通往沙滩区域的室外楼梯。

④注重各产业功能区之间景观生态设计与海洋文化的呼应，提供多元化的亲水体验，修补城市文脉肌理，打造城市特色名片。

⑤注重营造生态建筑特殊空间场所，提升整理建筑视觉形象。

（2）功能与流线分析

功能分区独立，互不干扰：A 地块的酒店区、公寓区及商业区地下停车空间分区独立，到达后到访者可通过竖向交通到达各个区域，功能分区互不干扰。每栋建筑均设置了风格独特的独立入口广场，强化了建筑的独特性（图 3.1-52）。

①流线贯通，互相串联：流线上通过中心圆环的联系，彼此贯通，通过商业区疏解酒店的地下停车压力，为整个岛屿提供了充足的停车空间。每栋建筑都具有一个相互远离的地址，以避免彼此间的功能干扰。

②人车分流与步行系统：地面层采用了人车分流，通过屋顶平台解决公寓的入户问题，一层则为岛屿提供了足够的停车空间，形成了通风的阳光停车场。二层则成为空中花园，也作为公寓区的入户大堂和配套，同时通过空中步行系统可到达其他分区。平台沿海布置，最大化利用景观优势，实行人车分流。

③步行交通：地块、广场空间及屋面平台大部分为行人保留。建筑群提供了具有高休闲品质的户外空间。庭院和柱廊吸引人们前来购物或休闲。

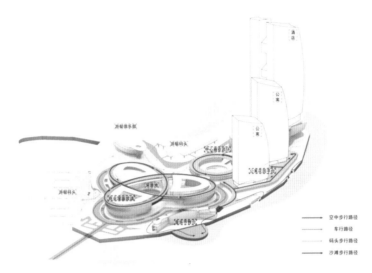

图 3.1-52 城市设计分析

④落客区：每栋建筑都具有一个相互远离的地址，以避免彼此间的功能干扰。沿地块西北侧和东南侧分别设置了通往用地的车道。商业区和酒店的入口分别设置。

⑤地下停车：停车场位于地下一层和部分地面空间，3 个地下车库出入口分别布置在各建筑之间，步行用户可通过下沉花园便捷地抵达停车场，再由此前往设置于建筑间的广场，直接进入建筑的裙楼或公园。

⑥消防通道：建筑各个侧面均可架设云梯。各个广场在需进行营救时均可便捷地到达。消防环岛布置，地块 4 边设有足够的消防登高场地。地下一层设有消防报警系统和通往消防电梯的通道。

（五）"海上涟漪"绿色建筑

海花岛 A、B 地块内的建筑均响应国家"双碳"目标设计绿色建筑，概念以最高效且合理的方式利用建筑地块。由 3 栋中高层建筑构成的建筑组群独一无二的造型令人叹为观止。平面简洁动感，随视角的不同而呈现多样化的形态。丰富多彩的自由空间与简洁、高效的功能组织，构成了该建筑群的基本特色。这些建筑如同海上盛放的涟漪，完美地呼应了项目场地特征。

1. 设计分析

A 地块业态规划有娱乐休闲、旅游度假、海滩音乐节、深潜海上运动。基于现有业态划分与功能需求，分为商业、酒店、公寓、运动四大板块。

一条延续岛内与外界联系主干道的轴线作为整个地块规划布局的核心，并指向公寓与音乐节舞台形成两条次向轴线，3 条轴线呈现 120° 的极轴分布，主轴线联系地块主入口与商业并经过中心圆环指向酒店,次轴线一条经由商业,首尾连接音乐节与运动中心,另一条经由商业,首尾连接公寓与船坞。

　　建筑依据轴向关系进行朝向对位,3 条轴线也将商业原本的巨大体量划分开来,形成类似三叶草状的建筑体量,并将深浅中心置为三叶草的核心,实现商业与运动业态上的互动。同时为了将海景充分引入建筑,设计对酒店及公寓体量进一步优化,酒店分置为两部分,一部分作为酒店,另一部分作为公寓式酒店,以降低酒店运营压力。

　　最后进一步优化建筑造型,酒店及公寓均化直为曲,形成风帆的意象,酒店两个体量之间置入空中平台进行联系,并引入垂直绿化,在裙房与主楼连接处形成底层架空,充分利用裙房屋面。公寓部分首层设置地上停车,上设屋面,平台成为解决公寓入户的归家大堂,与景观结合形成屋面花园并连接其他空中走道。商业的三叶草体量造型通过形似莫比乌斯环的环状空中漫步走道联系在一起,增加了商业部分的内部联系与趣味性。中间的环状商业,也成为地下空间、地面空间与空中平台的竖向枢纽,将 3 套流线系统统一起来(图 3.1-53)。

　　在绿建等级的目标下,我们积极创造生态空间、增大建筑观海面、设置生态建筑朝向,以此增加建筑的自然通风与采光,并结合立面和屋面形成光伏一体化的能源利用方式。将节能、节水、建筑材料选择、室内舒适环境的需求考虑在内,在方案初期便从气候分析入手、从建筑整体造型着手,提出了一些被动设计策略,如建筑朝向、体形、自然通风、立面设计、遮阳设计等,使其在很大程度上减少对主动机械系统的能源依赖。同时,将生态空间广场营造为城市生态客厅,汇聚人流、丰富空间体验、与滨海魅力(图 3.1-54)。

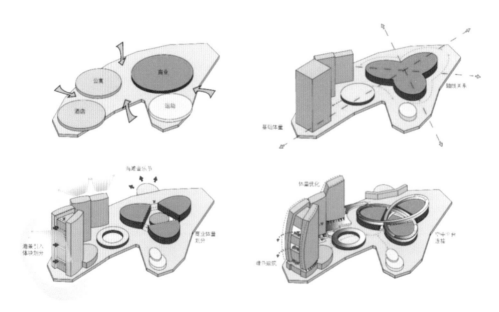

图 3.1-53 建筑形体生成

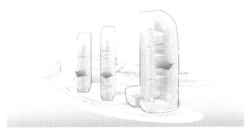

（a）最大化观海面

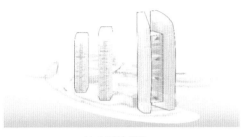

（b）形体划分

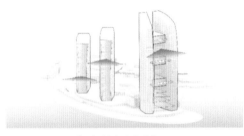

（c）创造公共空间

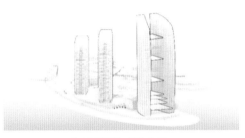

（d）界面与特殊空间

（e）空间整体串联

图 3.1-54 设计分析

（1）建筑的沿海界面的最大化利用，使建筑尽可能地朝向海面；

（2）体量划分，增加面海垂直庭院，增强体量昭示性，最大化沿海公共空间；

（3）酒店分区管理，形成双塔，共享配套增加公共区域联系，充分利用海景资源与最佳景观面；

（4）酒店增加裙房、空中别墅与屋顶无边际泳池，创造空中花园平台与室外观海平台，形成全景观海；

（5）莫比乌斯环的建筑形式语汇将整个 A 地块串通。

2. 建筑低碳策略

建筑在设计之初便考虑了多种绿色建筑技术的应用。整体体现在以下几个方面：第一，对建筑景观一体化服务社会属性的提升及对其开放性的强调；第二，整体能源策略的思考，针对传统夏热冬暖地区设计策略的提升；第三，绿色建筑技术的相关应用。

首先，结合建筑—景观一体的设计思路，对 A 地块内进行人车分流，创建步行系统，将景观体系布置成完全对公众开放的公园式景观体系，通过空中平台与步行廊道的设置，创造可游、可憩、可观、可玩的空中漫道步行系统，甚至结合景观种植了水稻等农作物，拓展了公园式景观的内涵。也更加便捷地连接了建筑各个功能分区内部的设施，服务大众。

其次，结合能源策略的调整，即取消局部开放的室外、半室外区域空调系统，只在局部封闭的室内区域采用空调系统，极大地消减了空调使用总量，同时也提供了自然开放的区域，既服务了市民，又保障了办公等功能相对的私密，还利用了自然资源，减少了人工能源的消耗。在非空调区充分利用被动式建筑节能技术，充分挖掘夏热冬暖传统建筑的特点，利用遮阳、通风等手段，调节室内环境。如其中所有开放区域，如中庭、平台等都利用建筑自遮阳、自然采光和自然通风作为调节手段，而没有采用空调系统干预。另一种策略则是在空调区域内利用精心设计的遮阳系统和平台—庭院系统改善自然采光和通风，同时地下一层考虑利用覆土等重型防护措施，提高能源使用效率，降低能耗。多区域的覆土措施，既充分利用了海南植被生长快且好的有利条件，也降低了能耗。建筑的核心区和各个覆土区均有天光系统，保证充足的自然光，同时考虑自然通风的路径，在过渡季结合遮阳系统，减少空调系统的使用。

最后，绿色建筑技术的应用方面有如下体现：第一，充分考虑清洁能源的利用，如太阳能利用采用主动式与被动式相结合，通过太阳能板系统吸收太阳辐射，进行供暖和发电，也可以减少电力或燃气的使用，被动式太阳能系统则通过窗户的太阳光照射和热吸收表面对房间进行加热，窗户吸收能量和热量，能够降低寒冷天气时段房间的加热需求；第二，建筑立面设计上充分考虑通风及遮阳，设置绿化遮阳，构造独特遮阳体系；第三，考虑空中平台与垂直绿化，建筑扮演了城市中的森林与农场，当露台上的植物超出了花池的边界，它可以被重新种植到城市各处的公园内，通过这种方式，建筑完成了从公园到建筑，再从建筑回到公园的绿色循环，自然元素延续至每间居住空间的私人领域；第四，在建筑体量处理上，设置底层架空的空中平台、屋面漫步走道等，在建筑的不同功能区设置立体的复合系统，以最大限度地利用天然采光和自然通风，并在遮阳的配合下进行适度的气候调节；第五，使用生物可降解的建筑材料，生物可降解材料易分解、无有毒物质释放，有助于降低对环境的负面影响；第六，整体规划充分考虑海绵城市理念，最大限度地实现雨水与城市区域的积存、渗透和净化，促进雨水资源的利用和生态保护，如商业部分铺设砾石，砾石的透水性、多孔性等生态优势与理想国绵延的雨水花园相应，既与外街规整人工的铺装形成对比，又有更具温度的手工气息。

最后，海花岛A地块绿色建筑设计对策总体是充分利用自然可再生能源，通过对建筑朝向、体量进行处理，结合遮阳系统、平台—庭院系统，以及天光系统，最大限度地将自然光和通风引入建筑，减少碳排放与能源消耗（图3.1-55）。

图 3.1-55 建筑低碳策略

3. 景观生态空间

在生态建筑空间设计方面，重点营造城市广场、滨海空间、商业中心和高端企业产业园，项目设计过程进行了气候分析、采光分析、能耗模型分析等以提供可行的绿色设计建议，综合运用地源热泵，雨水收集，太阳能板、保温隔热、遮阳、自然采光、自然通风、中水雨水利用、绿化等多种绿色节能措施，最大限度地实现节能减排，使建筑成为最佳绿色健康建筑（图3.1-56）。

（1）景观设计和入口广场：围绕建筑设置的入口广场，形成了每栋建筑不同的入口区域。广场的尺度与需求和功能相配，并将节点设置为景观节点，地铺将采用高品质材料。

（2）空中平台与垂直绿化：空中平台增加了酒店及公寓的公共配套空间，可更好地观赏海景。垂直绿化则作为超高层每一楼层的分区，提供了休闲休憩的绿色空间。

（3）集中商业与圆环商业：集中商业与圆环商业打造良好的商业氛围，与其他产业融合，为支撑其他业态提供强有力的支撑。

（4）海边音乐节：海边音乐节对带动A地块整体商业氛围，以及有目的性地导入人流起到重要作用，也与支撑商业业态的日常运营有着密切联动。

（5）屋面平台与步行廊道：屋面平台与步行廊道解决了停车数量不足以及公寓入户

图 3.1-56 A、B 地块绿色城市空间节点

的问题，实现了人车分流。商业通过地下步行廊道进行连接，步行便可通达各个功能分区。

（6）阳光停车：屋面平台下方设置停车空间，具有屋面的停车场别具优势，通过设置采光井与垂直交通，既实现了建筑节能又增加了趣味性。

（7）全天候码头：防波堤与两岛之间形成了内岛，沿商业与广场界面铺设的码头，拥有全天候 24 小时不间断的运营潜力。

（8）高端企业办公：B 地块作为企业办公区，力求打造高端企业办公场地、游艇配套。提供企业独栋别墅与高端写字楼，全方位满足企业办公高端需求。

在城市"双碳"目标下，基于"城市双修"理念、遵循城市生态可持续发展原则，海花岛 A、B 地块的城市更新设计因地制宜地在空间多维度触媒点进行绿色营造，稳固城市生态结构发展、拓展城市文脉，从而促进城市环境品质的提升，修复海岛自然生态系统。同时，运用绿色建筑设计及低碳技术方法，能够有效弥补城市发展过程中的不足，提升海岛城市绿色建筑空间的环境品质，延续城市历史文脉和社会连续性，塑造城市活力。由此，城市生态更新以可持续、自生长的方式，筑造滨海城市人居共同体，焕新城市生活方式，体现海洋城市生生不息的激情与活力。

（六）参数化建构

1. 表皮设计构思

本项目位于海南省儋州市滨海新区的海花岛——一座离岸式岛屿。方案地块则位于岛屿的一端，三面环海，拥有良好海洋景观。项目打造高端海景酒店、公寓、多元商业、前沿数据科技产业园、顶级游艇俱乐部、知名音乐节等业态，集科研、住宿、商业办公、休闲娱乐等于一体，将成为海花岛内乃至省内的休闲胜地、海上明珠。

设计理念为"风帆"，3 栋超高层建筑以风帆的形象在滨海沿线依次排列，并从岛端逐级升高，形成扬帆远航之势，同时为住宿者提供最佳的全画幅海景。科研中心为"三叶草"形态，体现绿色、科技、未来的设计理念。商业则以裙房的形式布局在地块的一、二层，为游客打造沉浸式漫游场景，以高品质游览体验吸引四海游客。音乐节场地面向大海并将观众区延伸至海面，打造与海天融为一体的特色海洋音乐节。

应用参数化的方式设计 3 栋超高层的建筑表皮，描绘海浪纹理，体现整体园区设计理念中的海洋元素。其表达方式为连续起伏的交错线条，可体现波浪的韵律之美。科研中心及酒店裙房则以渐变打孔海浪的表达方式，展现海浪的退晕之美。部分裙房表皮采用局部起伏波浪的处理，使海浪元素贯穿园区。

2. 造型解读

酒店公寓表皮肌理由层间的幕墙曲面铝板装饰构件组成，通过房间开间尺寸确定与对应波浪纹理的周期关系，合理控制波浪的出挑距离，防止因过大的出挑带来较高的造价，单层波浪的两端宜过渡至平稳，与边界易于衔接。因此，参数化设计将使用"内差点曲线"来对造型进行生成与控制。

裙房表皮的渐变打孔可通过冲孔铝板实现，应在尺度上合理控制孔洞密度、大小，以及墙面开孔范围。由此在参数化设计上宜用点或线干扰的方式生成表皮（图 3.1-57）。

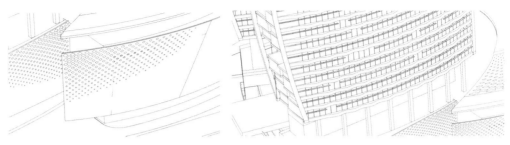

图 3.1-57 建筑局部造型

3. 造型构建

将立面按层高关系提取线，并通过等差数列的方式排列，隔一层为一组，为形成交错的波浪关系作铺垫。在层间线的基础上对每条线进行分点偏移，偏移量为造型出挑距离，分点数量控制波浪长度，同时摘取首末位的几组点不进行偏移，控制边界平缓过渡，最后将其按顺序进行编制，使用内插点曲线生成波浪造型线条。最后，通过挤出的方式形成和控制幕墙造型的位置与宽度。

在层间加入长短不一的断续横线条幕墙造型，以随机删除局部线段的方式生成，丰富层间造型层次，增加建筑立面细节，提高精致感。在裙房的局部也采用相似的波浪肌理。在以上的编写基础上通过控制分层线的长度和位置控制造型位置。

为生成裙房表面的菱形孔洞，先将曲面进行菱形划分，通过每个单元的中心点 y 值对每个单元菱形进行映射缩放，在划分与缩放过程中应注意每个单元铝板的尺寸不能过大，同时使用比较面积大小的方法筛选、过滤掉较小孔洞（图 3.1-58）。

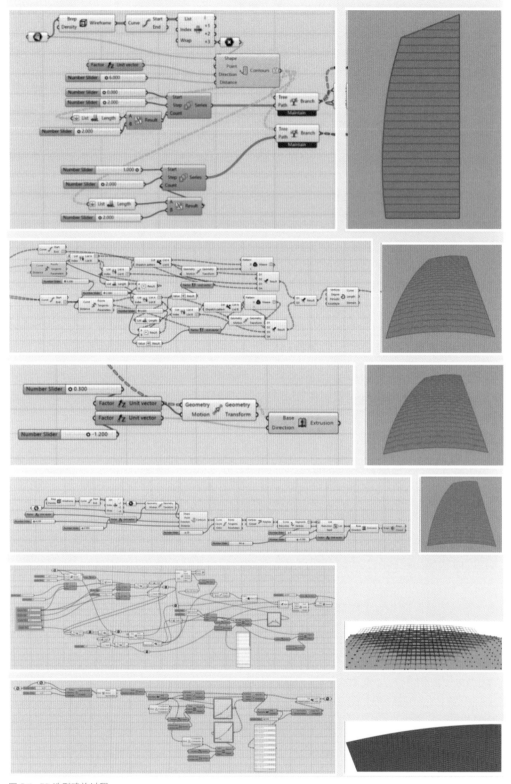

图 3.1-58 造型建构过程

（七）方案技术图纸

部分方案技术图纸见图 3.1–59。

1. 酒店 [图 3.1–59（a）]

1 酒店大堂
2 前台
3 商务书吧
4 酒廊
5 餐厅
6 公寓区大堂
7 商业
8 配套

酒店首层平面

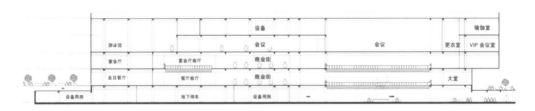

酒店剖面图

图 3.1–59（a）　方案技术图纸

2. 商业 [图 3.1-59 (b)]

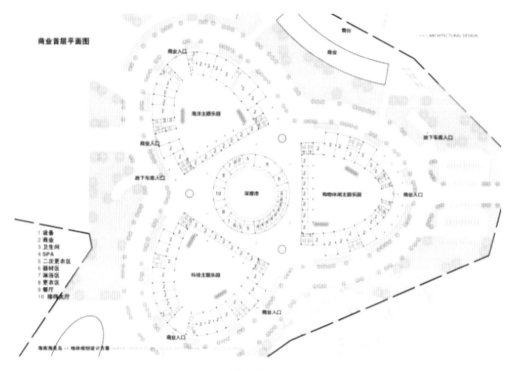

商业首层平面

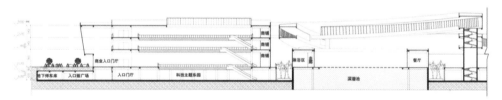

商业剖面图

图 3.1-59 (b) 方案技术图纸

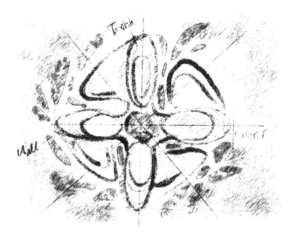

（项目设计初期，通过手绘草图的方式进行初步构思和概念表达）

3.1.5 海南·叶蓉金滩驿站设计项目

（一）设计愿景

"玉兰花开·海风徐来"，叶蓉海滩基本处于原生态的状态，纤尘不染，当地的草木文化以白玉兰为主，花形雅致高洁、美丽大方；在海防林的护佑下，这里阳光温和、波浪平缓，海水会随着阳光的照射不断变化，五彩斑斓，美丽无比；海面徐徐的清风，轻抚面颊，惬意宜人。玉兰花瓣雅致高洁的花形隐于灵动的建筑曲线中，轻柔如云朵，变幻如天空。到访者可沿着起伏的线条，行走在场地及屋面之上，一览滨海迷人风景；在这里人们可以休憩、娱乐，放空、看海，还可以举行中型的户外露营和音乐节的演出，为儋州乃至海南带来更深层次的人文色彩。

建筑是以地域文化为根基、具有文化延续性之生命力的设计，叶蓉金滩驿站将成为一个独具魅力的文化休闲商业综合体，其功能包含商场、酒店、休闲娱乐中心、智慧数据展厅、文旅露营、地下停车等，可提供轻松的游览路径、美好的休憩环境及场地内的露营构筑物，共同围绕驿站建筑独特的造型和功能布局，引出了该方案的设计愿景：

（1）生态文化性——将自然生态引入驿站，融景于建筑，呈现驿站在叶蓉金滩环境中的独特性，同时也是设计对生态节能策略的一次尝试；

（2）故事性——沿海栈道把水源以"故事"形态引入，绿地、下沉广场、屋顶坡道将故事、文化艺术从室内向更广阔的室外空间延伸、交互、共生，支撑起周边的生态系统；

（3）场所情景化——创造能够服务于所有人的绿色共享空间，智慧沉浸式的文化商业体验能够产生美妙的互动。

（二）项目概况

叶蓉金滩驿站位于海南省儋州市，是环岛旅游公路驿站中的重要节点之一。项目为文化商业类休闲综合体，用地面积132066.33平方米，总建筑面积160725.19平方米，其中地上建筑面积54174.20平方米（含加油站761.57平方米）、地下建筑面积106550.99平方米，设计致力于打造海南"珍珠项链"滨海驿站上以智慧旅游服务和无人驾驶体验为主题的重要的"珍珠"项目。

（三）建筑设计

1."玉兰花开"建筑方案创作

建筑创作以"玉兰花"花形为基本概念，将玉兰花具有的独特的抽象性和符号性融入建筑语言，把整个建筑形体视作绽放的花朵，利用连续的弧线形成有张力的平面形态，并以此在北侧、西侧、南侧、东侧划分出4块景观区。通过简约的建筑体型融入叶蓉金滩自然环境，服务于游客、周边居民，带来景观、建筑、艺术、饮食和文化上的享受。

驿站的建筑主体由4枚流畅的花瓣围绕内部中庭组成：一座新仓购，一座展示中心，一座酒店和一座配套设施。中央广场与这些建筑的相对位置产生了强烈的空间聚集体验，多样化的独特节点使空间变得具象化。花瓣围合中心形成的中央广场能容纳广泛的功能，从宴会和商业场合到小型演出、时装秀和音乐会；零售区和餐饮区之间的公共通道位于一个开放的微下沉庭院，引导游客至地下层，更具商业吸引力（图3.1-60）。

图 3.1-60 鸟瞰图

这是一个复合旅游枢纽和滨海步道驿站功能的城市绿色共享空间，人们可在其中休憩、娱乐。富有生机的建筑组合能进一步与周围环境建立强有力的联结，使整体具有地标感。建筑功能体量被分开布置，各具特点，且从各方面与周边环境相连，为到访者营造了一种引人入胜的城市氛围，为场地注入活力。建筑对外宽阔的视野和通向外部的平台设计，在充分利用项目独特地理位置的同时，将周边景观引入建筑空间。每栋建筑对外又围合广场空间，使内部空间可以延伸到室外，一体成型的白色建筑像是多维的时空隧道，连接了城市与海岸、现实与想象。

2."海风徐来"建筑文化空间

风从海面徐徐吹来，建筑的功能体量被分散布置、独具特色。从各方位与周边环境相连，为到访者营造了一种引人入胜的城市氛围，同时与市政的不同部分相连，为场地注入生机与活力。

驿站建筑由白色混凝土一体浇筑成形、内外合一，形成多个半室外空间和平台（图3.1-61）。这是一个复合旅游枢纽和滨海步道驿站功能的公共空间，微微卷曲的混凝土墙体既是有机形态的建筑结构，也是连接不同空间的纽带，建筑立面、楼板、屋面浑然一体。一体成型的白色建筑像是多维的时空隧道，连接了城市与海岸、椰林与玉兰花、现实与想象，此情此景人们能在其中露营休憩、随音乐律动、阅读养生、放空思绪、椰林观海。

3.建筑与环境地域性分析

人文环境是无形的，建筑本身与人文环境在多方面存在潜在的相互影响，随之形成可持续发展的共生系统。对建筑创作的场域精神、空间协调、建筑体量与环境、流线和功能进行设计分析，以呈现地域性建筑的文化空间，其于外有城市公共环境的共享性、于内有综合商业功能空间的协调性（图3.1-62）。

图 3.1-61 建筑局部设计效果

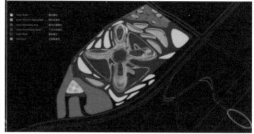

（a）建筑基底　　　　　　　　　　　　　　　　（b）空间绿化规划分析

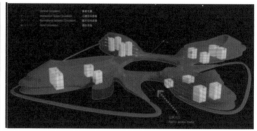

（c）场地规划和建筑流线分析

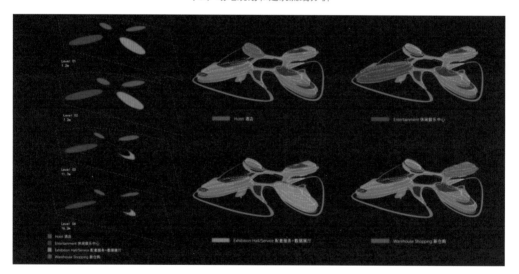

（d）建筑体块功能分析

图 3.1-62 设计分析

（1）场域精神与环境

　　建筑用地北侧临近的城市道路是人流的主要来源，道路北侧紧邻松林，栈道从松林内部延伸向大海，在尊重环境的基础上延续场所精神，和周边环境形成一种共生关系。同时，利用变化与动感的建筑形式结合建筑场地内路径承载各项活动，组织复杂的流线，激活人与人之间的互动，促进人与环境的对话。游客经过城市道路进入驿站，清晰的人车分流动线，将露营、参观、住宿等部分清晰分流，在场地内加入下沉空间增加行为活动的随机性；休闲娱乐空间与酒店之间的屋面阶梯和建筑本身的内部流线相对独立，到访者完全可以走出建筑，移步至屋面的共享空间，在一个完全开阔的平台上活动休憩，远眺海景栈道，将远处绝妙的自然景观尽收眼底。

（2）空间协调与流线

建筑整体布局为 4 个建筑体块，在一、二层通过演绎广场外环廊流线联系在一起。室内场景作为 4 个"主题曲"，向心式的布局围合出中心广场室外演艺空间。建筑内的流线围绕中心展开呈环形布局，通过环廊流线上可有"模块串联式"的体验。人们从不同主题的建筑空间中出来，穿过走廊来到演绎广场，整个过程不断增加空间中意料之外的相遇，并在演绎广场达到高潮，许多人聚集于此，相互交流。清晰的室内流线与开阔的景观视野使分区功能一目了然，同时模糊了室内外空间的界限。

（3）建筑体量与功能

四处体量不一的建筑综合体主要用作为海南度假游客提供配套服务，并配以休憩、娱乐等延伸功能，主要功能为：配套服务及科技展厅、休闲娱乐中心、酒店、新仓购，以及中心环绕演绎广场。建筑东侧为加油站，西南侧为太阳能板构筑物群形成的车房营地。

（四）参数化建构

数字建构延续"玉兰花"的设计理念，建筑曲线自然流畅，其立面以玻璃幕墙形成连续窗带，将平面上的错动以连续形态的手法统一起来。整体建筑形态在这种错动与统一、扰动与连续和非连续性中达到平衡。场地内水景以建筑为背景，由建筑的流线型曲线逐渐演变而来，与建筑的流线连接、相互呼应。西侧绿地设置房车营地，多条蜿蜒的步道将营地内的绿地空间串联起来，与建筑形体相呼应，为人们提供更多休息放松的场所，同时也将植物作为背景，在绿地内塑造幽静清新的休闲空间。

建构设计运用 BIM 平台连接方案草图进行建构，专注于花形在建筑形体中的雅致塑造和推敲。同时，在对建筑材料——混凝土和玻璃幕墙的选择和创作设计的不断优化中，逐步增强并细化非线性建筑造型的体积感和力量感，最终形成整体的建筑表皮形态，将玉兰花的灵性融入建筑。场地内规划的静水景以建筑为背景，由花形的曲线演绎与建筑的连接、呼应。西侧绿地设置房车营地，多条蜿蜒的步道将营地内的绿地空间串联，为人们提供更多美好的城市文化共享场所。

1. 基本形体

首先根据方案的基本主题概念确定场地中 4 座建筑的基本形体。由 4 个半椭球为基本体量进行发展，由此基本形态形成向上收分的造型，再与内部功能相结合形成切割形体的若干线条，并以基本体量的线条走势通过草图和手工建模不断推敲和发展，对建筑物造型进行不断优化。在确定建筑物的基本形体之后，根据概念方案中场所的围合性，在 4 个基本体量之间建立一个联系的二层平台，使 4 个基本体量之间相互连通（ 图 3.1–63 ）。

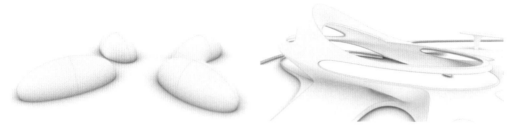

图 3.1-63 基本形体建构过程

2. 建筑立面表皮

在根据草图并通过手工建模的不断推敲优化后，在得出的基本整体形态上进行表皮的建模优化。这一步骤主要运用 rhino 中的细分命令和桥接命令。

首先第一步是在每一座建筑的基本形体上进行细化，根据建筑的功能确定建筑的层数和高度，由此确定表皮的尺寸。以其中一座建筑为例，切割其表皮上部，得到基本线条，后对其进行重建细分，在此过程中要对细分面数进行统一控制，以确保后续步骤顺利进行。

随后运用桥接命令连接出表皮上部的基本形态，在此基本形态的基础上通过对细分面及其控制点的控制不断推敲得到最优形态。在边缘处添加锐边，使形态更加立体，增强非线性形态的体积感和力量感（图 3.1-64）。

其余 3 座建筑运用相似的方式进行推敲优化，最终形成整体的建筑表皮形态。

图 3.1-64 立面表皮建构过程

3. 玻璃幕墙

在得到建筑的基本形体后，建立玻璃幕墙。在相应出现玻璃幕墙的位置提取上下细分曲面边缘，放样形成幕墙平面，根据玻璃的大小分出窗框。至此，可以得到一个较为完整的手工模型。接下来对场地进行细化即可（图 3.1-65）。

4. 建构设计

在手工建模配合草图的推敲过程中，融入了对于后期施工的考虑。其一就是在对表皮体

图 3.1-65 玻璃幕墙建构过程

量进行曲面重建细分的过程中，对于建筑群整体的细分曲面面数和结构点数进行统一控制，目的是在未来施工图深化和施工过程中，混凝土的数量和尺寸都能在方案的控制下。另外就是在细化手工模型的过程中对一些细部（如窗框对应混凝土板的位置尽量在接缝处）进行调整，使建筑从整体到细部都得到良好的控制。

（五）方案技术图纸

部分方案技术图纸见图 3.1-66。

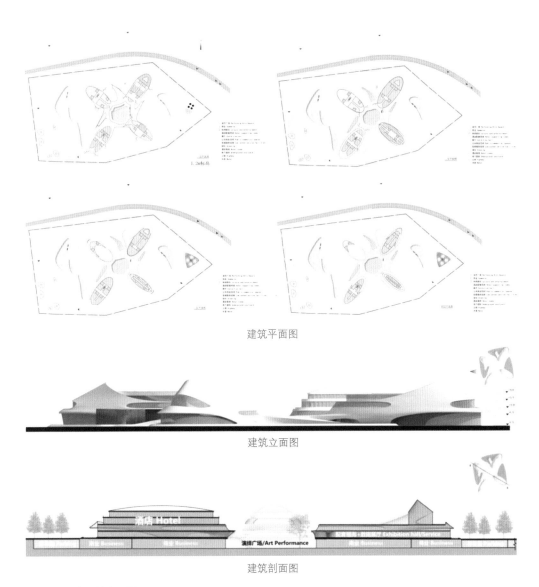

建筑平面图

建筑立面图

建筑剖面图

图 3.1-66 方案技术图纸

3.2　数字化建筑 BIM 设计实践

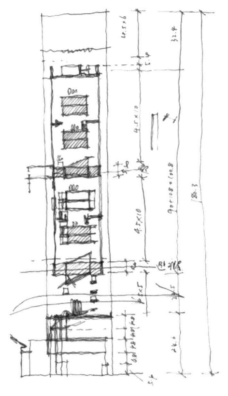

（项目设计初期，通过手绘草图的方式进行初步构思和概念表达）

3.2.1　沈阳·中建东北院总部大厦项目

项目动画

（一）设计愿景

　　充分融合了历史积淀与文化传承的建筑，可将古今文脉有机地衔接在一起。我们汲取城市的文化生态为灵感，将创新思想融入设计，展现独特而多元化的魅力。建筑方案巧妙地融入历史、文化、生态和创新等元素，使其更贴近现代人的生活需求和审美观念，彰显鲜明的时代气息和现实意义。同时，建筑呈现出对历史的敬仰和对未来的憧憬，让人感受到一种超越时空的永恒魅力。

　　中国建筑东北设计研究院有限公司（简称中建东北院）系国家大型综合建筑勘察设计单位，始建于 1952 年，是政府为适应新中国经济建设而组建的六大地区建筑设计院之一，隶属世界 500 强企业中国建筑集团有限公司。中建东北院发展至今已有 70 年历史,中建东北院总部大厦项目是公司在新形势下,为适应市场发展需求、提高企业竞争力,进行转型升级过程中的重点工程。总部大厦以注重建筑与城市之间的关系、关注地块历史文脉与沿革、满足功能空间使用的灵活性、体现绿色建筑与可持续发展性、创造独特的建筑形象并展现项目的文化特色为设计理念。设计过程中,公司集内部设计资源优势,在规划与建筑方案、景观环境、室内装修、建筑幕墙、夜景亮化设计等方面充分发挥企业自身技术优势,尤其在施工图设计过程中采用三维协同设计,运用 BIM 技术提高设计与服务质量。

(二)项目概况

中建东北院总部大厦新建项目位于东北院原址地块范围内。经过多方努力,本地块于 2019 年 5 月由华润(沈阳)地产有限公司竞拍获得开发权。地块内保留西侧沿方形广场现状办公楼和北侧 2 栋职工宿舍楼,新建 1 栋超高层写字楼(东北院总部大厦),以及 4 栋高层住宅楼。为尊重和保护历史建筑,对现状老办公楼进行修缮和改造,在功能与空间上与新建东北院总部大厦相连通,同时在立面设计上,充分考虑与老办公楼的呼应及协调(图 3.2-1)。

新建办公楼总建筑面积 77329.5 平方米,地上 29 层,地下 3 层,地上屋面结构顶标高 129.9 米,十层和二十层为避难层。地上办公区域(除一层大堂外)被两个避难层分为低区、中区、高区 3 个区域。其中低区和高区(共 17 层)为东北院回购区域,中区(共 9 层)为华润产权区域。办公楼投影范围内地下室为办公楼服务的设备用房。本项目住宅区地下三层和局部地下一层作为办公楼专用停车场,车辆日常进出通过办公楼北侧地下车库坡道通行。

图 3.2-1 中建东北院总部大厦鸟瞰夜景

（三）建筑师负责制的 EPC 模式策略

本项目是设计单位（中建东北院）承接的设计总包，项目全过程采用建筑师负责制。我们是以担任设计总负责人的注册建筑师为主导的设计团队，依托设计团队为实施主体，依据合同约定，开展设计及施工管理，提供符合建设单位使用要求和社会公共利益的建筑产品和服务的一种工作模式。建筑师团队包含建筑、结构、机电、幕墙、景观、装饰等专业设计人员，参与项目管理、造价咨询、物资采购等各项工作。

建筑师的工作贯穿项目全过程，完成了勘察、规划设计、策划咨询、工程设计、招标采购、施工管理等工作内容，同时具有审核、确认、同意、签证、验收等权利。建筑师对项目建设全过程及建筑产品的总体质量和品质进行全程监督。建筑师负责制与 BIM 技术在建筑全生命期应用的理念相近，都是由一个主体单位（人或模型）完成建筑生命期内各阶段建筑技术的实现与控制。同时，建筑师在设计总包中充分发挥中建东北院的综合设计优势，完成方案总体、初步设计、施工图技术设计和施工现场设计服务。综合协调把控幕墙、装饰、景观、照明等专项设计，审核承包商完成的施工图深化设计。建筑师负责的施工图技术设计重点解决建筑使用功能、品质价值与投资控制。承包商负责的施工图深化设计重点解决设计施工一体化，准确控制施工节点大样详图，促进建筑精细化。

（四）规划与建筑方案设计

1. 设计原则
（1）设计应注重规划，以及建筑与城市之间的关系
规划设计重点考虑新老办公楼之间的城市空间关系，原有办公楼建造于 20 世纪 50 年代，是一栋中西合璧的建筑，平面为西方古典传统建筑的五段式布局，与西侧的方形广场形成中轴对称的空间关系，设计上将新办公楼沿中轴布置在老办公楼的东侧以形成这一空间的延续。

（2）设计应关注该地块的历史文脉与沿革
为了进一步寻求新老楼之间的内在关系，新楼采用三段式平面布局，每段面宽与老楼形成对位关系，使设计具有了逻辑性和必然性。两楼之间留有一定的距离，一是考虑避免新办公楼的基础开挖对老楼的影响；二是两栋建筑体量悬殊且风格差异较大，中间需留有一定的空间作为过渡。设计上将新老办公楼作为一个整体考虑，在建设新楼的同时对老楼进行适度的改造，赋予其新的使用功能。为了加大与东侧高层住宅之间的距离，新办公楼在满足使用要求和美观的前提下尽量压缩南北两个方向的面宽，以期减弱建筑的空间压迫感。

（3）设计应满足各功能的使用要求
建筑设计的首要任务是为使用者创造良好的办公环境。因此满足建筑功能需求是建

筑设计最基本的要求。在建筑设计阶段，需要根据项目的基本特点选用合理的结构形式，创造高效、舒适的办公空间。

（4）设计应体现绿色建筑与可持续发展性

绿色建筑遵循可持续发展原则，新建办公楼体现绿色平衡理念，通过科学的整体设计，集成绿化配置、自然通风、自然采光、低能耗围护结构、太阳能利用、中水利用、绿色建材和智能控制等高新技术，充分展示人文与建筑、环境及科技的和谐统一。新建办公楼具有选址规划绿色合理、资源利用高效循环、综合措施有效节能、建筑环境健康舒适、废物排放减量无害、建筑功能灵活适宜等特点。

（5）设计应创造独特的建筑形象并体现项目的文化特质

建筑是企业形象的物质载体，又是企业形象建设中的重要内容，与企业形象有密不可分的关系。企业文化是现代企业发展的灵魂，对企业有着重要的作用。因此，新建办公楼的设计通过新老建筑的结合、建筑立面风格的表现、内部空间的装饰，体现中建东北院的文化底蕴与传承。

2. 场地规划设计

（1）城市空间分析

项目位于沈阳核心商务区，沈阳金廊西侧，东邻南湖公园，北临鲁迅公园，处于南五马路与光荣街交通汇集处，未来地铁3号线在项目南侧有地铁口。新建超高层写字楼（东北院总部大厦）与4栋新建高层住宅楼及北侧职工宿舍楼形成围合式院落空间，保证住宅组团与写字楼空间相对独立。在交通流线组织上，办公楼与住宅组团设置独立的车行出入口，在地下停车空间使用上也相互分离。

方案规划设计阶段采用了倾斜摄影技术对周边场地进行还原，从城市空间的角度分析建筑布局及建筑天际线的变化。从不同地块的角度分析项目建成后可能对周边环境的影响。

（2）场地设计物理分析

本项目毗邻南五马路，位于城市主干道建设大路旁。由于建设大路为双向12车道，车流量较大，因此交通噪声的影响成为关注重点。为了更好地预估噪声声级并提供有效的降噪措施，通过模拟分析可以直观地评估环境噪声的影响，并为新办公楼的建设和老办公楼的改造提供必要的构造措施。此外，为了确保新建办公楼不会对周边区域住宅建筑形成采光遮挡，我们还将进行日照分析计算。通过科学计算和分析，我们可以确定新建办公楼对周边住宅建筑的影响，从而采取相应的措施，保障周边环境的日照权益。

因此，本项目的实施将综合考虑交通噪声的影响和日照权益，以确保在建设新办公楼和改造老办公楼的过程中采取必要措施，降低环境噪声的影响，并避免对周边住宅建筑形成采光遮挡。而物理环境模拟分析结果，也可辅助规划方案设计。例如，通过冬季室外风模拟分析，可以得出办公楼周边适宜户外行走的结论；而对于高层建筑北侧区域，由于风力较大，建筑幕墙必须采取气密性措施，以减少冷风渗透（图3.2-2）。

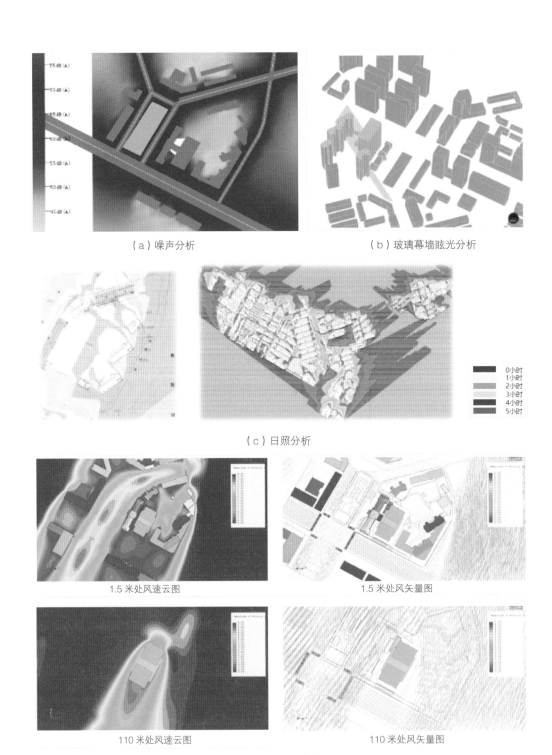

（a）噪声分析　　　　　　　　　　（b）玻璃幕墙眩光分析

	0小时
	1小时
	2小时
	3小时
	4小时
	5小时

（c）日照分析

1.5米处风速云图　　　　　　　　　　1.5米处风矢量图

110米处风速云图　　　　　　　　　　110米处风矢量图

（d）风环境分析

图 3.2-2 场地物理分析

（3）总平面设计

在总平面规划设计中，我们将新建办公楼与新建瑞府住宅区、老办公楼和原有家属楼进行全面整合，通过合理的布局，形成了一个围合的院落空间。具体来说，新建办公楼位于老办公楼东侧，并与其在功能和体量设计上进行统一考虑，以达到和谐统一的效果。同时，新建的4栋瑞府住宅楼及沿街商业网点与原有家属楼相互配合，构成了一个独立的住宅组团院落。这样的规划设计有助于提升整体环境的品质，同时满足各类功能需求（图3.2-3）。

该场地四周均临城市干道，西南角为规划的地铁站，交通便利。根据规划要求，场地沿文化路一侧不能设置车行出入口。因此，在场地西侧的光荣街和东侧的河滨西路各设置了一个车行出入口以方便出行。同时，场地沿文化路一侧将成为新办公楼的主要人行出入口，办公楼临街留有一定的室外空间，便于人流的集散。

住宅小区的人行主入口设在场地北侧新建高层住宅的首层，为了方便小区与办公楼之间的联系，在小区的西侧另设置了一个人行出入口，该出入口同时兼消防车出入口。根据需求，场地内设有3个地库出入口，办公楼北侧的出入口为办公楼专用出入口，临河滨西路的出入口为住宅专用出入口，位于公寓东北侧的出入口为办公楼和住宅小区的合用出入口。此外，结合车行流线已形成环形消防车道。同时，新建办公楼东侧广场兼消防登高救援场地（图3.2-3）。

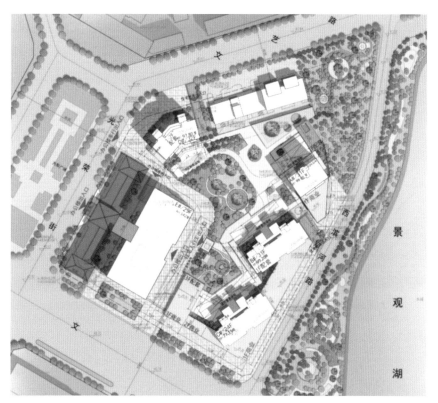

图3.2-3 总平面图

（4）景观规划设计

场地的景观规划设计是本项目的核心构成部分，其设计理念旨在打造一个绿色生态、高品质的健康办公与居住环境空间，呈现出清新自然、开放疏朗的风格特色。通过现代化的设计手法，结合道路、草坪和廊架等景观元素进行空间序列的组合，呈现自然清新、开放疏朗的特色风格。这样的设计旨在实现开阔视野、深远景色、宜人绿色的意境。

写字楼与住宅组团是两个相互独立的空间，这一点也需要在景观设计上得到充分体现。即在景观设计上，我们需要充分考虑写字楼沿街广场的开放性和西侧历史建筑与方形广场的呼应关系，并将写字楼东侧与住宅之间的公共场地作为公共活动场所和交往空间。由此，景观设计也需要充分考虑功能的多样性，以满足不同人群的需求。为了实现这一目标，我们采用的措施有：首先，充分利用自然元素，如草坪、花卉和树木等，来营造宜人环境；其次，采用简约而不简单的景观设计手法，以实现视觉上的清新和舒适感；最后，注重功能的多样性，以确保公共空间既可以用于休闲娱乐，也可以用于商务交流和社交活动。这样，设计便能为实现以透见大、以景见深、以绿见美的意境作出重要贡献。

虚拟漫游技术在设计形式从平面到立体再到动画空间转变的过程中，为用户提供了直观的动态感受和参与空间环境的机会。通过 BIM 模型来创建景观漫游虚拟场景，设计师可以从不同的动态角度分析景观场景的变化，从而在小空间内创造出多样而统一的景观环境。景观虚拟漫游技术使设计师能够更加清晰地向甲方展示整个方案的构思和各个视角的效果。而对于甲方或地方政府或房地产公司，他们可以利用虚拟漫游动画来吸引潜在的投资商和业主。通过观摩整个建筑及景观的三维模拟场景，业主可以切身感受未来的环境，从而提高对项目品质的信心（图 3.2-4）。

图 3.2-4 虚拟景观漫游

3. 建筑设计
（1）建筑立面设计

为了进一步探索新老建筑之间的内在关联，设计采用了三段式平面布局，每个断面的宽度与老建筑形成相应的对位关系，使得设计更具逻辑性和必然性。为了扩大与东侧高层住宅之间的距离，新办公楼在满足使用要求和保持美观的前提下，尽量缩小南北两个方向的宽度，以减轻与东侧住宅之间的压迫感，并减少对北侧住宅的日照遮挡。

经过多轮方案的仔细比较和权衡，我们在建筑体量及立面设计方面，注重空间的合理利用和优化，力求实现新老建筑的和谐共存，同时展现现代办公楼的时尚和科技感。我们致力于打造一个充满活力和创意的内部空间，让员工在多样化的办公环境中感受到人性化和可持续发展，并注重环保和节能。此外，建筑的外部造型独特且具有鲜明的个性，满足现代人对美学和艺术的共同追求。

经过与华润地产公司进行经济成本等方面的综合调控，以及和平区规划局和市长会的调整意见，我们最终确定了建筑设计的实施方案。具体内容如下（图 3.2-5）：

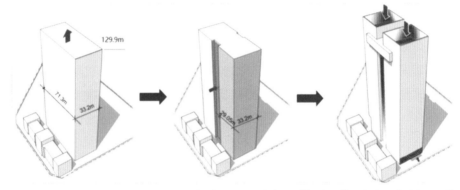

（a）方案生成：体量挤压——中部向内推进，形成双塔体量，横向与老楼三段式形成呼应——增加塔冠造型，主入口细部处理与老楼进行呼应

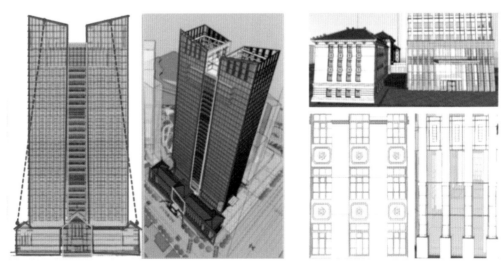

（b）建筑造型的呼应和历史文化元素的传承

图 3.2-5 建筑设计分析

①写字楼立面设计采用尊重基地西侧历史建筑的设计策略，以呼应企业历史文化；

②通过沿南侧主路创造一个公共广场，为地标塔楼创造强烈的场所感；

③通过独特的塔冠设计，创造塔楼引人注目的天际线；

④建筑体量从功能出发，注重新老建筑的结合与互融；新建办公楼与原有办公楼均采用三段式体量，在体量上相协调；新办公楼中间纵向内凹形成双塔体量，减弱新办公楼长轴方向对老办公楼的压迫感；顶冠倾斜角度与坡屋顶相对应，产生互补几何效果；

⑤新办公楼立面材质采用浅灰色铝板，与原有建筑在色彩上相协调，同时在底部通过石材拼花处理与原办公楼相呼应。

地块内中建东北院的老办公楼是历史保护建筑，具有重要的历史价值和文化意义。因此，对其进行必要的立面修缮和加固改造至关重要。为了确保修缮和改造的顺利进行，我们采用了最先进的建筑信息模型（BIM）技术，对老办公楼进行了三维激光扫描和重建。

三维激光扫描技术是一种基于激光测距原理的高科技测量技术。通过大量收集被测物体表面密集点的三维坐标、反射率和纹理等信息，该技术可以快速重建目标对象的三维模型以及各种图件数据。这种技术为老办公楼的修复和改造设计提供了重要的技术保障，使设计人员能够更加准确地了解老办公楼的现状和存在的问题，从而制定更加科学合理的修缮方案。此外，三维激光扫描技术还提高了后期施工建造的精确度。通过使用重建的三维模型和各种图件数据，施工团队可以更加准确地理解设计师的意图和要求，从而更加精确地执行施工任务。这种精确度的提高可以确保修缮和改造的质量和效果，使得新办公楼能够与老办公楼无缝衔接，共同投入使用。因此，三维激光扫描技术的应用为地块内中建东北院的老办公楼的修复和改造设计提供了重要的技术保障。这不仅有助于保护历史文化遗产，也为未来的建筑设计和施工提供了更加可靠的技术支持（图3.2-6）。

图3.2-6 点云扫描建模

（2）建筑功能分析

新办公楼首层大堂在南侧和东侧设有两个主要的人行出入口，便于人员进出。办公楼北侧则是办公区地下车库出入口，方便车辆进出。新区共设有3组电梯，每组包含4部电梯，分别服务于办公楼的低、中、高区。此外，大堂东侧中间位置还设有2部车库穿梭梯，提供更加便捷的交通。经过加固改造后，老办公楼将作为院史馆和职能办公室使用，并在首层通过连廊与新办公楼相连通，实现了新老建筑的完美衔接。

新办公楼的地下室部分包含3层，主要用途为设备用房。而地上部分在垂直方向上被避难层划分为低区、中区、高区3个办公区域。首层为公共大堂，二层为员工餐厅，三层则为多功能厅和会议室，四层及以上的空间为综合办公区。

（3）室内环境空间设计

中建东北院总部大厦首层大堂的精装设计，在整体上采用了灰色大理石墙面和深色铝板格栅吊顶的搭配方案，这种方案旨在展现一种低调而高雅的氛围。其精装设计方案通过合理的色彩搭配、材质选择和装饰构件的运用，成功地营造出一种稳重、理性而官方的商务氛围。同时，为了提亮空间并增添装饰效果，设计巧妙地利用金色调的吧台和吊灯等装饰构件。这些精致的装饰构件不仅在视觉上起到了点缀作用，还使整个大堂空间显得更加高贵典雅，同时也增添了一丝现代感。

建筑室内环境空间在特色区域的装修设计上，为员工提供了一个宽敞、舒适、充满艺术氛围的综合共享空间。这个空间不仅可供员工交流、休憩和阅读，更通过精心设计营造出一个激发创新思维和促进团队协作的理想环境。在综合共享空间中，人际互动与图书文化的熏陶被充分融合。这个空间不仅是一个物理上的交流场所，更是一个促进员工共同成长与进步的精神家园。人际互动的增加，使得员工之间的交流更加频繁，从而促进了知识和信息的传播，有利于员工和团队的成长。同时，图书文化的熏陶也在这个空间中得到了充分体现，阅读区的设计与布置都充满了书香气息，鼓励员工在忙碌的工作之余，通过阅读丰富自己的知识和心灵。同时，走廊作为建筑内部的交通空间，是连接各个功能区域的重要纽带。在这个空间中，人际互动和休憩功能得到了充分的发挥。通过局部空间的扩大设计，走廊不再仅仅是单一的通道，而成为一个充满活力的社交场所。员工可以在这里短暂休憩，与同事进行面对面的交流，也可以在精心设计的阅读区域享受片刻宁静。这样的设计不仅增强了员工之间的交流与互动，也提高了他们的工作效率和满意度（图3.2-7）。

在室内设计过程中，建立精细化室内BIM模型有助于设计师进行深入分析和推敲。由于室内设计工作需要细致入微，涵盖室内所有结构和相关内容，因此设计图纸往往烦琐复杂，容易导致设计者的理念不够清晰，给装修过程带来诸多困难，影响施工质量，甚至可能导致最终施工结果不尽如人意。但借助BIM技术，可以将室内各个细节结构情况直观展现出来，及时发现并解决可能出现的困难和不足，做好提前准备工作，降低施

图 3.2-7 室内公共交流空间

工难度，促进工程施工的顺利进行。通过采用 BIM 技术，室内设计能够清晰展示设计情况，更便于与施工人员沟通交流，进行技术交底工作，明确表达设计理念，使施工方对设计图纸的理解更加透彻。

与此同时，BIM 技术在与业主沟通方面，相较于传统设计，能更直观地展示室内设计的最终效果。通过 BIM 技术的运用，我们能够完成室内各个结构和角度布局效果的展示，让客户清晰地看到设计效果并及时进行改进和优化，以更好地满足他们的需求。此外，BIM 技术还能清晰地展示室内设计的变化和材料的改变，让客户准确地了解不同设计效果，方便他们进行选择。这不仅解决了许多不必要的成本浪费问题，避免了在施工过程中因不满意而改变施工策略所造成的损失，还能随时根据需要更新设计效果，极大地减少了操作过程中不必要的麻烦。

（4）建筑幕墙设计

经过多轮方案比选，为了确保建筑幕墙的外观和功能达到最佳效果，建筑师经过多轮方案比选，对幕墙的构件尺寸、材质、色彩等方面进行了细致的推敲和选择。最终选定了铝板和玻璃幕墙作为建筑立面的主体材料，同时首层局部采用了干挂石材幕墙，以增加建筑的整体质感和稳定性。同时，塔冠幕墙的设计不仅考虑了建筑的美观性，还充分考虑了实用性和功能性。通过综合分析，建筑师巧妙地将屋顶冷却塔的通风效果、幕墙夜景亮化背板的设计形式以及塔冠对幕墙擦窗机的影响等因素融入设计，使得塔冠幕墙既美观，又具备实用功能。此外，在选定幕墙材料后，为了确保材质和色彩的真实效果与预期相符，设计师还对局部构件进行了 1∶1 的实体打样。这样一来，就可以在自然环境下观察和分析幕墙的实际效果，及时发现和修正可能存在的问题，确保最终呈现

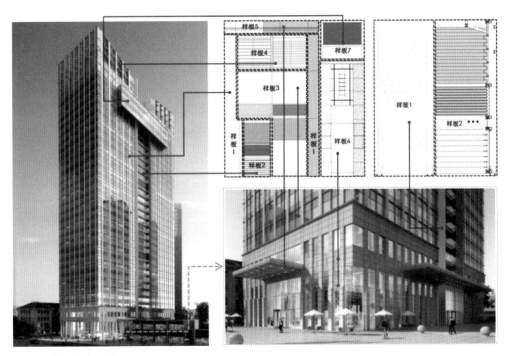

图 3.2-8 幕墙设计分析

出的幕墙能够达到最佳的效果（图 3.2-8）。

上述的分析与对比模拟是在项目整体 BIM 模型的基础上进行的辅助设计，这一过程不仅考虑了建筑的整体结构，还充分考虑了幕墙的外观。通过精确的参数建模，建筑师能够以更高的精度模拟出幕墙的实际效果，从而更好地评估设计方案的质量和效果。在这个基础上，设计工作得以进行，每一个板块都按照实际幕墙的板块进行分格，这使得每个板块都能够精准地对应实际的建筑结构。这种分格设计的方式不仅保证了设计的精度，同时也保证了每个板块在加工过程中的准确性和流畅性。最后，从三维模型中拆分出每一个板块，直接生成了加工图。这些加工图不仅详细地标注了每个板块的形状、尺寸和材质等详细信息，而且能够指导加工过程，确保每一个板块都能够按照建筑师的期望进行加工和安装。

通过这种方式，我们能够确保幕墙安装完成面能够流畅地表达出期望的效果。这种流畅性不仅体现在外观上，更体现在其功能性和实用性上。比如，建筑师可以评估幕墙的通风和采光效果，以及在不同天气条件下的性能表现等。这些因素都是评估一个设计方案是否优秀的重要标准。

（5）建筑亮化设计

夜晚，位于城市主干道一侧的新建办公楼与周边建筑共同构成了一道亮丽的风景线。在灯光设计方面，我们注重在与周围灯光环境融合的同时，展现鲜明特色。通过统一色温、裙楼重点照明等手法，新建办公楼与历史建筑的灯光相互融合、呼应。整体建筑以强调纵向线条为主，因此灯光表达也采用了纵向设计语言。特别是以新建办公楼的塔冠作为区域最高点，通过泛光照明的形式，在夜晚形成了独特的风景（图3.2-9）。

（五）三维协同设计（BIM 正向设计）

中建东北院总部大厦施工图全专业采用三维协同精细化设计，设计之初制定了本项目的 BIM 技术标准、BIM 实施方案和 BIM 导则。据此提出了 BIM 应用计划及成果交付标准，并精细化把控正向设计流程及模型质量。设计前期各专业制定各自项目样板，整理族库为提高后续设计效率做好准备工作。

图 3.2-9 建筑亮化设计

全专业通过 BIM 模型进行提资配合，可以更好地理解建筑空间的复杂性和多变性，从而减少设计中的错、漏、碰、缺等问题。此外，从模型导出的施工图可以相互联动，提高后续优化调整的效率，大量减少了专业内及专业间的对图时间，避免了因专业不一致而造成的变更，实现了"设计一体化"。这种一体化设计模式可以更好地协调各专业之间的合作，提高设计效率和质量，为项目的成功实施打下坚实基础。

在设计过程中，通过将二维图纸与三维模型相结合，加强了建筑师与业主之间的沟通和交流，使业主能够更好地了解建筑师的意图。例如，在地下车库坡道的设计中，通过三维模型的剖切，可以从多个角度观察坡道与结构梁柱及机电管线之间的关系，以确保坡道的净高和净宽要求得到满足。同时，还可以对坡道在地下各层交接处的空间尺度进行复核。这种结合二维图纸与三维模型的设计方法，能够提高设计的准确性和精细化程度，从而更好地满足业主需求。

1. 建筑数字化设计

在建筑设计阶段，我们运用 BIM 模型来实现各专业之间的协同作业。通过旋转和缩放 BIM 模型，我们可以全方位地观察项目并快速准确地获取项目信息，从而使得项目参与者在进行工作时能更直观、更便捷地进行沟通和协调。BIM 模型不仅展现了建筑模型的外观效果，还反映了建筑项目实施的内部过程、模型的内部空间以及相互关系。这极大地丰富了模型的内部信息，使其更加接近真实情况。

在设计过程中，通过 BIM 软件使二维图纸与三维模型结合（图 3.2-10），加强了各专业之间的交流与沟通，使各方能够更好地理解建筑师的意图。例如，在地下车库坡道设计中，通过模型的多维度剖切，从不同角度观察坡道与结构梁柱及机电管线的关系，确保坡道的净高和净宽要求，并复核坡道在地下各层交接处的空间尺度。这种方法有助于提高设计的精确性和可实施性。

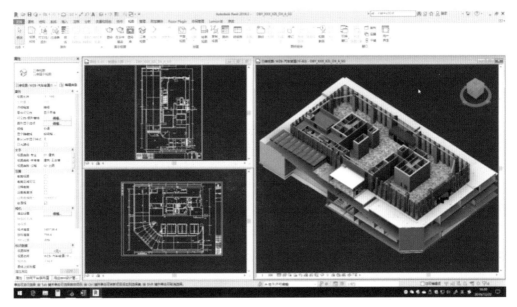

图 3.2-10 BIM 二维图纸与三维模型的结合设计

同时，我们利用 BIM 模型的空间可视化漫游特点，对结构构件和机电管线对建筑重点空间的影响进行分析（图 3.2-11）。通过各专业间的协同配合和综合优化，达到建筑师理想的设计要求，并防止在后期施工建造过程中出现修改变更的情况。

此外，本工程采用基于 BIM 模型的 Pathfinder 软件进行局部重点空间的疏散模拟分析。Pathfinder 是一款以人物为基础的模拟器，通过设定每个模拟人物的各项参数（如人员数量、行走速度以及离出口的距离），以实现各自独特的逃生路径和时间模拟。该软件可模拟灾难条件下人员的疏散路径并探索不同区域人员所需的疏散时间。

考虑到本工程 8 层和 9 层之间的台阶式共享空间具有丰富的建筑空间，人员疏散情况较为复杂。为确保疏散效率，我们通过疏散模拟分析校验，发现此两层疏散需用时 2 分钟，满足设计要求（图 3.2-12）。

2. 结构专业数字化技术应用

本工程项目包含地下 3 层和地上 29 层，屋面结构高度为 129.9 米，建筑高度为 142 米。首层层高为 9.9 米，标准层层高为 4.2 米，避难层层高为 4.8 米。室外地坪标高为 - 0.1 米，

图 3.2-11 BIM 模型的空间可视化漫游

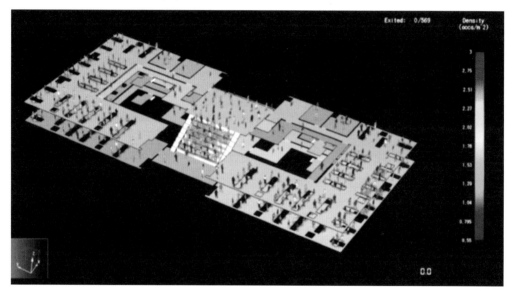

图 3.2-12 消防疏散模拟分析

正负零绝对标高为 41.5 米。项目平面尺寸为 32.3 米 ×70.4 米，长宽比为 2.18，高宽比为 4.02。双核心筒之间的间距为 14.3 米，每个核心筒的平面尺寸为 11.9 米 ×14.7 米，高宽比为 10.92。外框架柱的间距为 10.5 米和 12.6 米，楼面梁的跨度为 8.4 米和 12 米。标准层和屋面的典型楼板厚度为 120 毫米和 130 毫米，首层典型楼板厚度为 180 毫米。根据本建筑的总高度、抗震设防烈度以及建筑用途等情况，本工程采用钢筋混凝土框架—核心筒结构体系作为地上竖向承重及抗侧力结构体系。楼盖结构体系采用现浇混凝土楼板，基础形式为平板式筏形基础，局部抗浮设置采用抗拔桩。

（1）多样化方案比选

与建筑方案类似，结构设计在方案阶段也需要进行多方案比选（图 3.2-13），从而确定受力合理、经济高效的结构体系和主要构件截面。数字化技术可以快速实现多模型建立、通用数据传递复用、用钢量等经济指标的快速统计、结构模型直观可见等目标。

（2）工程关键技术问题

①大悬挑（6.85米）和大跨（净跨11.9米、14.2米）混凝土结构设计。受成本制约，在可承受范围内全部构件采用混凝土构件，且构件截面高度受到净高约束，需要关注构件的挠度、裂缝以及竖向振动舒适度问题。

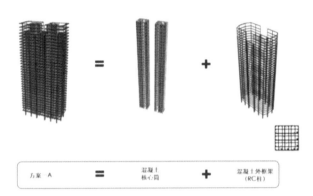

A：混凝土结构外框架 + 混凝土核心筒 + 混凝土梁板体系进行结构分析

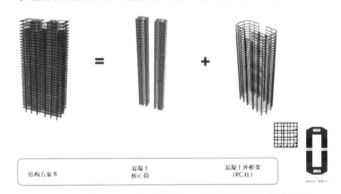

B：混凝土结构外框架 + 混凝土核心筒 + 混凝土梁板体系厚板体系

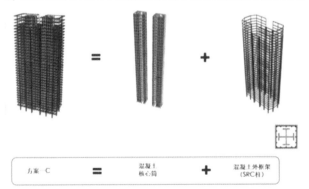

C：型钢混凝土柱（SRC柱）+ 混凝土核心筒 + 混凝土梁板体系

图 3.2–13 结构体系的多方案比选

②为满足双核心筒变形协调性，需要加强双核心筒之间的大跨梁和楼板，通过计算分析，实现变形协调目标。

③本工程为接近A级高度限值的一般不规则建筑，存在局部扭转不规则、楼板不连续等不规则项。为保证结构安全、设计经济合理，对底部加强区等关键部位进行了性能化设计。

（3）参数化设计

结构设计需要进行大量的分析比选，不断调整构件截面和组合，实现最优结构方案。通过参数化方法，可以查找并批量修改构件截面。利用 Dynamo 自主研发插件给不同高度的梁赋予不同颜色，以便设备专业进行管综排布。同时，利用颜色过滤器区分不同标高的楼板，直接观察复杂标高下的结构关系，找到结构最低重点配合管线综合（图3.2-14）。

（a）Dynamo 程序

（b）梁高修改　　　　　　（c）地上结构平面图

图 3.2-14 结构参数化设计

（4）可视化专业协同

梁高以不同颜色直观表达是利用颜色过滤器区分不同标高的楼板，直接观察复杂标高下的结构关系。在核心筒设计中，连梁（部分双连梁）截面和标高、洞口位置、剪力墙截面变化标高等，容易出现错、漏、碰、缺。通过 BIM 技术直观可视化地表达这些内容，提高了设计精度和准确性，使专业内和专业间的配合更加顺畅高效（图 3.2-15）。

（5）快速化模型转换

与其他专业不同，结构分析通常采用三维有限元分析软件，需要建立三维结构模型，并输入结构构件定位、尺寸、连接方式、恒活荷载等参数。而结构专业在与其他专业进行协同设计时，又需要在 Revit 等协同设计平台上建立准确表达结构构件定位和尺寸的三维模型。应用 BIM 技术，可以实现协同模型和结构分析模型的转换，一模多用，大大提高了工作效率。利用探索者结构软件插件，将结构计算模型直接导入 Revit，保证模型的有效传递和准确性。数字化技术大大提高了结构分析效率，计算结果以数字化成果展现（图 3.2-16）。

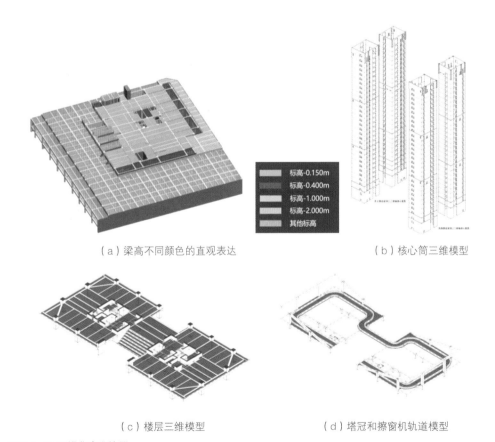

（a）梁高不同颜色的直观表达　　　　　　（b）核心筒三维模型

（c）楼层三维模型　　　　　　（d）塔冠和擦窗机轨道模型

图 3.2-15 可视化专业协同

图 3.2-16 模型转换接口

（6）数字化结构分析

基于 BIM 模型进行抗震性能化设计，实现安全与经济平衡的个性化定制，确保结构在地震作用下的稳定性（X 向推覆性能状态和 Y 向推覆性能状态）（图 3.2-17）。

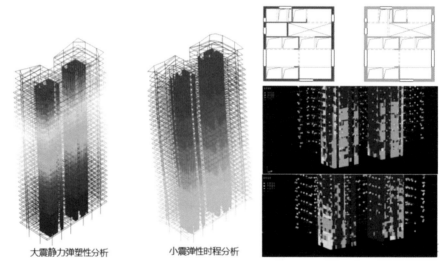

大震静力弹塑性分析　　　小震弹性时程分析

（a）大震静力弹塑性分析

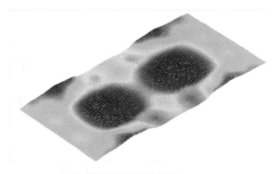

（b）筏板三维沉降趋势图

图 3.2-17 数字化结构分析

（7）自动化配筋出图

结构梁、板、柱、墙、节点等构件的配筋图，是结构设计的重要组成部分，也是工作量最大的部分。结构构件的配筋设计，是基于结构分析得到的结构内力分布，遵循一定的设计原则，保证结构安全、受力合理、构造可靠、施工方便。基于BIM的数字化分析模型中，包含了配筋设计所需要的内力和配筋信息，通过合理设置绘图参数和选筋参数，可以自动生成配筋图，并且规避了不满足规范要求的风险，事半功倍（图3.2-18）。

3. 机电专业数字化技术应用

三维协同设计可实现在设计过程中各个专业的紧密配合，为管线综合创造了优良的条件。本项目结合BIM正向设计的流程，按照工作计划及时间节点要求，分阶段、抓重点地进行管线综合工作。充分利用BIM设计的可视化优势，输出模型、图片、视频等成果进行展示，提高了沟通效率。

图 3.2-18 构件属性、平法表达和三维实体钢筋信息联动

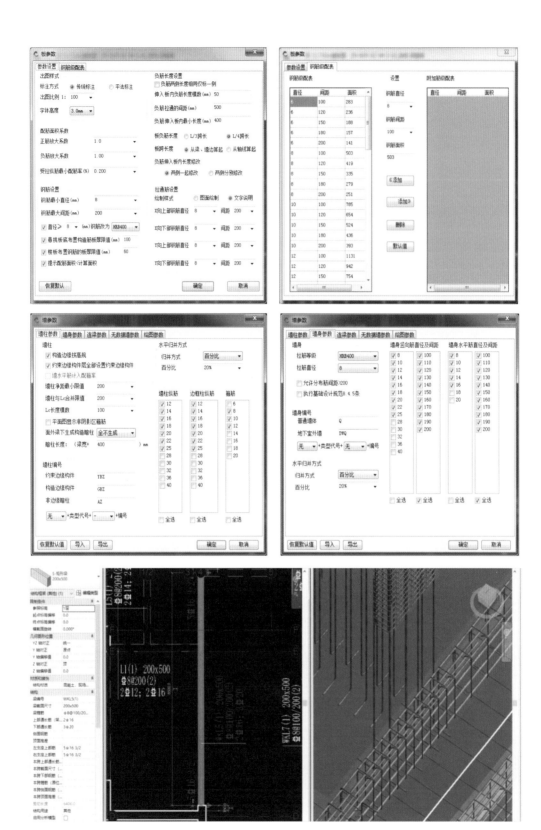

图 3.2-18 构件属性、平法表达和三维实体钢筋信息联动（续）

在机电专业的 Revit 模型中，根据管线综合的具体内容设定不同的视图类型，例如机电综合平面图、三维图、管综剖面图、净高分析图、土建预留条件图、管综校审图等，并作出对应的视图样板，方便操作及管理。

本项目的管线综合工作，采取了如下配合模式（图 3.2-19）：

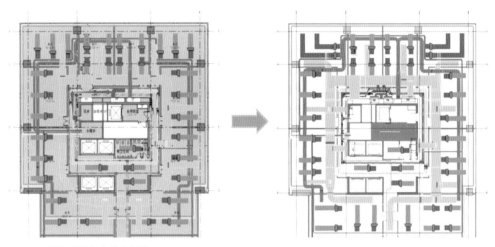

图 3.2-19 暖通风管方案优化过程

①机电管线的设计方案采用优化管线路由及调整风管宽高比的方式；

②如果净高还是不满足要求，协调结构专业调整梁的设计，通过调整梁的布置、改成变截面梁的形式等方法实现与风管线的密切配合；

③建筑专业配合改变房间布局、调整隔墙及门洞位置、做夹层转换等，有助于机电管线方案的实现；

④在管线极其密集的区域保证空间使用净高，管线安装及后期检修面临严峻考验，在设计过程中，协调甲方、施工方、运维管理方进行综合研判，才能给出切实可行的实施方案。

在高标准交付及成本限额的要求下，经过多轮的管线综合及净高分析，以及多次对各专业的设计方案进行优化调整，最终形成专业间紧密配合的精细化设计模型。

项目管理过程制定了一系列项目管理流程及质量管控标准，对图模质量进行审核，梳理并修正设计中出现的"错、漏、碰、缺"问题，为实现精细化设计的高质量交付提供了保障。整个设计过程累计优化多处设计，解决了管线碰撞并输出管道综合剖面及净高分析图纸，辅助了施工方的建造实施。

在施工图深化阶段，机电各专业间及本专业内部根据初步设计成果，细化设计方案，建立详细管线模型，遇路由变更及时进行管道综合调整，确保主要通道、空间内管线模型方案合理，预留足够交叉翻弯空间。

BIM 正向设计的实施，将施工阶段、运行管理阶段可能出现的问题"前置化"，在设计阶段，对可能存在的问题进行充分预判，及时研讨解决方案，极大地提升了设计质量，为设计模型到施工阶段的传递，做好了充分的准备。

完善的机电管线设计方案，可以提升建筑空间的利用，优化使用空间净高，重难点部位的三维模型为施工单位提供了有效参考，及时优化施工组织，对人员、材料、设备等作出合理规划，创造了经济效益和社会效益（图 3.2-20）。

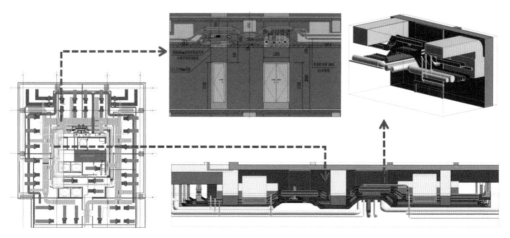

图 3.2-20 BIM 模型重点部位展示

机电专业通过机房深化设计，优化设备排布及管线路由，充分利用有效空间，减小机房面积，提高办公区域的使用率。通过三维机房可视化，可直观地分析管线之间及管线与结构是否存在碰撞，设备管线间是否有检修空间等问题。

在设计屋顶冷却塔时，冷却塔位置的选择首先考虑了建筑使用的舒适性，即减小冷却塔噪声对下层办公空间的影响，此外冷却塔的位置还要保证进出风的顺畅，使制冷系统高效节能运行，目前采取的措施是将冷却塔出风口高度提高，以利于出风散热。因此将冷却塔设置在屋面设备用房之上。此外，还要考虑冷却塔与擦窗机之间的关系是否存在管线碰撞的问题，因此通过建立精细化 BIM 模型，分析设备、结构、幕墙之间的关系，保证设计充分的合理性（图 3.2-21）。

4. 数字化出图

本项目各专业施工图出图均由三维模型直接导出二维图纸，二维图纸中配注三维空间轴侧图，辅助二维图纸的浏览及审核。在后期的审图及相关修改时，专业间的图纸相互联动，例如建筑平面在调整后，建筑剖面和立面图纸会对应平面自动修改，相关专业的建筑底图也同时会修改，避免了专业间图纸不交圈的问题。此外，三维模型辅助二维图纸也是一种全新的出图方式，为公司三维协同设计出图制定了相关标准。

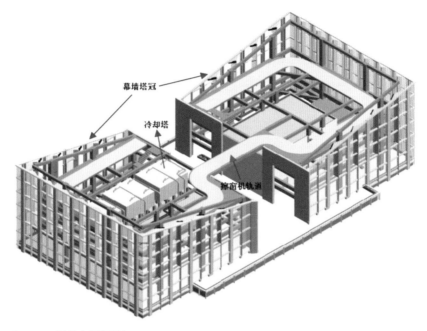

幕墙塔冠

冷却塔

擦窗机轨道

图 3.2-21 屋顶冷却塔设计

5. 三维数字化交底

设计交底阶段采用三维漫游的方式进行汇报交流，让业主与施工单位更直观地了解各个设计细节，也让华润销售团队可以更准确地制定营销策略。

后期现场施工过程中，依据设计阶段管综深化模型，指导机电管线的施工安装。BIM 模型技术交底有效提高了工作效率及交底内容的直观性和准确度，施工班组也能很快理解设计方案和施工方案，保证了施工目标的顺利实现（图 3.2-22）。

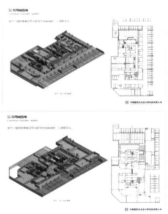

图 3.2-22 三维数字化交底

（六）结语

综上所述，中建东北院总部大厦项目运用数字化技术进行精细化设计，旨在提升设计品质与服务水平。数字化设计的实施促使大部分问题在设计阶段得以解决，从而减少了施工阶段的问题。此外，项目关键节点的三维模型为施工单位提供了有效参考，避免了因复杂区域协调不及时而引发的施工纠纷。数字化设计提高了管理效率，使项目决策者能尽早了解项目难点，并及时优化施工和设计。通过 BIM 综合管理平台，项目各项问题得以梳理，并对项目的设计、采购、施工进行合理规划，确保项目的实施高效推进。

在全国性的 BIM 竞赛中，该项目荣获龙图杯第十届全国 BIM 大赛设计组三等奖。这一荣誉是对项目团队辛勤努力的肯定，同时也彰显了他们在 BIM 技术应用方面的专业能力和创新精神。该成绩的取得，离不开团队成员的齐心协力和持续探索。

此外，中建东北院总部大厦项目不仅是一座普通的办公楼，它承载着几代人的奋斗情感，代表着中建东北院坚定的决心和雄心壮志。这座大厦是展示公司设计实力的最佳名片，建筑师们的用心打造，如同建造属于自己的家园。他们的巧思和匠心，让这座建筑不仅具有独特的审美价值，更成为中建东北院的新标志。在设计中，公司集结了内部的设计资源优势，建筑师们精心雕琢每一个细节。他们追求卓越，不断挑战自我，让这座建筑成为一个完美融合了功能与艺术的杰作。我们深信，在公司各专业的不懈努力和紧密配合下，中建东北院总部大厦项目将为中建东北院的高速发展注入新活力，成为新起点。这座大厦作为中建东北院的高速发展的新起点，将成为东北地区的一颗璀璨明珠，为中建东北院的辉煌未来添上浓墨重彩的一笔。

（七）方案技术图纸

部分方案技术图纸见图 3.2–23。

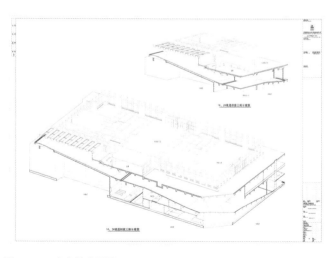

图 3.2–23　方案技术图纸

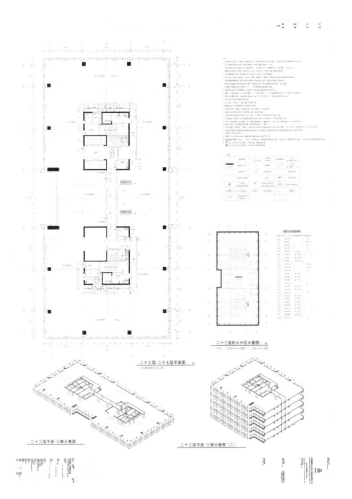

图 3.2-23 方案技术图纸（续）

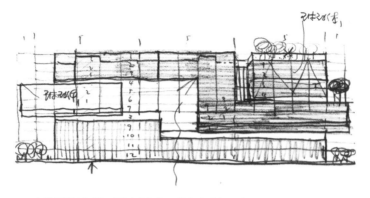

（项目设计初期，通过手绘草图的方式进行初步构思和概念表达）

3.2.2　上海·润友科技长三角（临港）总部项目

（一）设计愿景

　　建筑的美学魅力源自体块的灵活穿插，在高度受限的场地内，设计利用横向生长的力量巧妙地延展体块，使整个建筑造型充满动感和力量。通过精简的折叠和上升设计，我们摒弃了多余的装饰，让建筑的形式更加纯粹，传递出一种极简而又震撼的美学。项目中屋顶花园的设计将消除地块与城市之间的隔阂，让绿色自然与现代建筑相互融合。在这个宁静的空间中，城市喧嚣被绿意盎然所取代，为人们带来一种前所未有的舒适感和宁静体验；空中花园则是一个邀请人们走向室外、沐浴阳光的场所。它鼓励人们在忙碌的生活中放慢脚步，驻足停留，感受大自然的宁静与和谐。空中花园的设计不仅丰富了城市空间的层次感，更为人们提供了一个在繁忙都市中感受大自然、享受宁静的理想场所。

　　润友科技长三角（临港）总部项目结合上海自贸试验区的建设定位，将综合打造成一个大数据创新应用中心，将通过对运动大数据的检测及深潜、游泳的水中运动，为人们提供休闲运动场所，并带动水上运动的发展。同时，项目将开发成为润泽企业品牌具有高价值和里程碑式的科研办公建筑综合体。

（二）项目概况

　　润友科技总部项目位于上海市临港区一环带总部湾开发片区内的海港大道与环湖南二路交叉口，南临公园，北侧不远处即为滴水湖。项目占地面积 12047.80 平方米，总建筑面积 56236 平方米，设计建筑高度 49.6 米。它是润友品牌在长三角地区具有高价值和里程碑式的综合用途的标志性项目，是集总部研发办公、运动大数据研发、教育科普展示基地及配套功能为一体的混合功能建筑。设计追求与企业气质一致的现代而独特的建筑风格，建筑的形体推演来自体块的穿插，在高度限制的场地上，设计用横向生长的姿态延展体块，强调场地上的横向力量。外表面采用穿孔率40%的单元式铝板幕墙系统覆盖外墙表面，局部采用玻璃幕墙构成"漂浮的玻璃盒子"（图3.2-24）。

图 3.2-24 润友科技长三角（临港）总部项目效果

（三）建筑设计

1. 建筑概念

建筑以简洁的现代风格进行设计，方案造型注重展现建筑的横向力量，其推演逻辑源自建筑体块的穿插。在高度受限的场地上，设计运用横向生长的力量来延展体块。通过折叠上升的体块，摒弃多余的装饰，以纯粹的形式凸显建筑所赋予人们的精神力量。

在建筑的首层设计中，通透的气泡窗和拱形橱窗是对沿街行人亲切的邀约，穿过具有仪式感的门，进入光线普照的建筑空间，大面积的橱窗最大化了公园与滴水湖景致。建筑立面设计是以透明的气泡窗为灵感，展现出一种轻盈通透的形象。这种设计能够启发人们对未知世界的探索欲望，它象征着一场飞向未来世界的非凡之旅，让人们置身于如同宇航员在太空中一样的情境，沉浸在无垠的宇宙空间中，进行更深层次的思考和体验。建筑的转角处呈现出立面的活力，即用裸眼3D艺术装置和技术混合，来创造一种革命性的空间娱乐方式。同时，建筑的体块造型运用了立面通透的办公盒子，在错落的楼板中营造光线与尺度充盈的中庭，打造灵动、高品质的办公空间。此外，屋顶的空中花园打破了地块与城市、人类与自然之间的界限。它不仅是一个室外空间，更是一个吸引人们驻足和体验美好的场所，可以更好地体验和互动。这里的外摆餐饮区域和艺术装置集合，为人们提供了一个交流互动的空中城市花园，拉近了人与自然的关系。

2. 多方案比较

（1）"空中之城"设计方案

"空中之城"这个抽象概念的核心价值在于构建一个宁静的绿洲。它在高度发达城市的上空，提供了一个逃离日常喧嚣的避风港，它也是这座拥挤城市中的一个独特的绿色岛屿。公共坡道的设计还进一步增强了人们与建筑之间以及建筑与环境之间的互动关系。这座具有特征的立面坡道承载着多样化的绿色植被与户外活动，成为连接建筑与公园之间的桥梁。通过过街天桥的延伸，坡道向外部世界拓展，为市民提供了一个方便通行的通道。盘旋上升的坡道设计延伸至屋顶，形成一个别致的屋顶花园阳棚，为市民提供了宜人的休息场所。坡道进入室内后，通过巧妙的转折和变化，形成丰富多变的空间。流线型的设计与异形结构相结合，营造出奇妙而独特的体验感。同时，坡道与建筑表皮之间的光影

图 3.2-25 "空中之城"方案效果

效果也为市民带来了别具一格的视觉享受（图 3.2-25）。

（2）"无限美好"设计方案

通过巧妙处理的建筑空间造型，整体展现了数据银河的独特寓意。这座建筑的设计可谓独具匠心，每一个细节都经过精心雕琢，使建筑更加完美地表达了数据银河的寓意。根据建筑平面的精心布置，第五立面形成了寓意深远的"connect"（连接）形状，仿佛在向人们展示着企业未来发展的无限可能性和美好前景。

建筑造型"connect"的设计不仅寓意深远，而且充满了现代感和科技感。它仿佛在向人们传达着企业不断连接、不断创新的理念，同时也预示着企业未来的发展将更加紧密地与时代相连，与世界相连。建筑形体经过折线的设计处理，使建筑的景观效益最大化。建筑的首层平台，旨在增加基地办公区的内部绿色生态环境；首层城市功能的辅助配套使项目在兼顾自身功能需要的同时更好地为城市提供服务。建筑整体通过收分，形成与城市公园相呼应的退台空间，以营造特色办公环境。建筑顶部连通 A 座和 B 座，形成一个共享交流空间，为企业提供智慧通廊。建筑形体的布置旨在连接用地南北的出入口，进而形成广场空间。此外，设计还充分考虑了建筑绿色低碳和可持续性发展，采用绿色建筑材料和节能技术，使建筑不仅美观实用而且与自然环境相协调（图 3.2-26）。

图 3.2-26 "无限美好"方案效果

"交流"的中庭空间：中庭空间作为室内的一个"广场"，为办公空间注入丰富的活力与交互的可能性。这个中庭将承担起组织室内交通的重要角色，同时光线从中穿过，视线得以畅通，营造极具仪式感的总部办公空间。

"天光"的共享空间：借助中庭的均匀分布，日光得以渗透至室内。随着日落后星辰的演变，人们能感受到光的游走与变化在建筑内部空间的呈现，由此感知建筑外部环境的变化。

（四）建筑师负责制的 EPC 模式策略

本项目是由设计单位承接的工程总承包项目，采用建筑师负责制 +EPC 模式。我们以担任设计总负责人的注册建筑师为主导的设计团队，依托设计团队为实施主体，根据合同约定，开展设计和施工管理，提供符合建设单位使用要求和社会公共利益的建筑产品和服务。建筑师团队包括建筑、结构、机电、景观、装饰等专业设计人员，参与项目管理、造价咨询、物资采购等各项工作。

建筑师的工作贯穿项目全过程，完成了勘察、规划设计、策划咨询、工程设计、招标采购、施工管理等工作内容，同时具有审核、确认、同意、签证、验收等权利。建筑师对项目建设全过程及建筑产品的总体质量和品质进行全程监督。建筑师负责制与 BIM 技术在建筑全生命周期应用的理念相近，都是由一个主体单位（人或模型）完成建筑至生命周期内各阶段建筑技术的实现与控制。所以，本项目采用 BIM 正向设计的形式，开启本项目全生命期的旅程。

（五）低碳建筑设计策略

本项目拟建绿建二星建筑，将打造在建筑的规划设计、施工、运营等全生命周期内，在关注能源和环境的前提下，以建筑室内健康性和舒适性为核心，促进人和自然的和谐发展的建筑。建筑总平面的规划布置、建筑平面和立面设计均回应了自然通风和冬季日照。屋顶及半空中花园覆盖的绿化通过植物的蒸腾作用和屋顶绿地的蒸发作用增加空气湿度，降低环境温度，抵消建筑的热岛效应。建筑立面采用的双层冲孔板表皮系统，也提供了一个高效节能的"热缓冲"外壳。中庭为办公空间引入充足采光能够减少人工照明的使用。另外，设计过程中减少能源、资源、材料的需求，将被动式设计融入建筑设计，尽可能利用可再生能源改善围护结构的热工性能，以创造相对可控且舒适的室内环境，减少能量损失。

在绿建二星等级的目标下，我们将节能、节水、建筑材料选择、室内舒适环境的需求，在方案初期从气候分析入手、从建筑整体造型着手提出一些被动设计策略，如建筑朝向、体形、自然通风、立面设计、遮阳设计等，这在很大程度上能减少建筑对主动机械系统的能源依赖。因此，在项目设计过程中作了气候分析、采光分析、能耗模型分析等来提供可行的绿色设计策略建议，综合运用地源热泵、雨水收集，以及太阳能板、保温隔热、遮阳、自然采光、自然通风、中水雨水利用、绿化等多种绿色节能策略，最大限度地实现了节能减排，使生态建筑达到最佳绿色健康建筑的标准（图3.2-27）。

1. 构建区域海绵

设计充分利用场地内各空间的景观水体、屋顶花园、透水铺装等元素，构建水循环

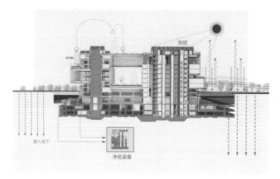

（a）海绵城市　　　　　　　　　　　　　　　（b）低碳系统

（c）自然采光、通风

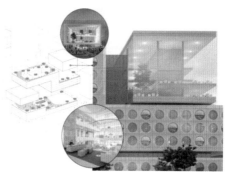

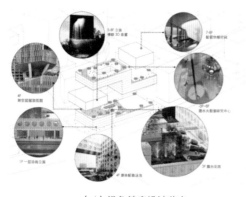

（d）绿色健康设计节点　　　　　　　　　　　（e）屋顶花园

图3.2-27 绿色建筑设计分析

生态系统，加强对雨水的吸纳、储蓄及缓释作用，有效控制雨水径流，实现自然积存、渗透和净化。设计衔接和引导屋面雨水及道路雨水进入场地的生态系统，同时采取相应的径流污染控制措施，控制雨水净流量。

2. 低碳系统

方案设立低碳层级系统，在建筑本体、围护结构和建筑构件上综合设计采光、遮阳、通风体系和景观绿化体系、节约能源体系（太阳能、风能一体化）、水循环体系、层级过滤系统和碳吸收结构体系。依据建筑方案的形成过程分为3个层级系统，即建筑规划与建筑选型——建筑本体层级；建筑围护结构的形式与物理性能——围护结构层级；建筑各低碳节能构件及设备系统——建筑构件层级。在低碳建筑的前期设计中，将建筑信息分为各个细小的部分进行对比模拟，各层级内包括相应的模拟因子代表建筑信息。

3. 加强自然采光、利用自然通风

为使更多的房间获得自然采光、优先利用被动节能技术，设计最大限度地增加室内与室外自然光接触的空间范围，在建筑立面与屋面合适的位置开设侧窗、高窗与天窗，丰富室内光空间的体验感受。同时，在平衡室内热环境的前提下，扩大外立面开窗和透光面的比例。

设计合理优化设计建筑功能空间的平面布局，使各功能区域达到自然通风的均好性，把主要房间的开口位置安排在夏季迎风面，避免朝向冬季寒风方向，引入室外新鲜空气来维持良好的室内空气品质及湿热环境。同时，在室内办公区设置绿色景观节点与通风系统相结合，有效改善建筑空间的微气候。在建筑周边设计景观绿化形成树荫，以降低气流进入的温度，达到生态节能的目的。

4. 能源利用

设计对场地内太阳能这个可再生、可循环资源，采取优先合理的利用。场地内太阳能资源充足，结合建筑整体造型和建筑立面形态，设计考虑在建筑屋顶设置光伏板收集太阳能资源进行利用。

5. 营造绿色空间健康氛围

健康的设计能够使人们充满活力、感受生命的美好，从而降低能源的消耗。因此，设计营造生态绿色的空间为健康生活行为的指引，并以营造身心健康的舒适绿色环境为空间理念，结合建筑体块造型和室内办公空间，在建筑第三层中部营造了露台花园、四层中部设置了室外连廊，以鼓励办公人员的室外、半室外活动，以期能有效改善员工身心健康状态，促进公共交流、有效降低人们对能源的依赖。

6. 绿色低碳建筑生产

建筑全生命周期碳排放具体包括建材生产、建筑施工及其内部运行等环节，而生产和运行阶段是消耗能源和产生碳排放的主要阶段，中国建筑节能协会公布的数据显示，建筑材料占建筑全过程碳排放总量的28.3%。整座建筑的结构设计以模数化、标准化、

集成化为原则，做到最大程度的设计统一，降低开模成本、材料损耗以及建筑垃圾的产生。建材生产即以低耗低碳为原则，构件在生产过程中采用了移动式布料、数控钢筋加工设备、楼式搅拌站、砂石分离、压滤机等生产设备，从而实现建材生产过程的低排放。

（六）三维协同设计（BIM 正向设计）

项目设计伊始，为规范协调本项目 BIM 正向设计过程，团队通过 3D 建模推敲方案时间和形体分析、确立设计方向，按照 BIM 正向设计流程制定了本项目的《BIM 实施方案》。其中详细规定了 BIM 实施人员架构与人力资源配置、软硬件配置、文档架构、BIM 应用计划、BIM 模型拆分与整合架构、协同提资模式、项目样板要求、各阶段模型设计与交付要求、设计管理制度及数据安全保障制度等（图 3.2-28）。这不仅在项目初期节约了大量的时间成本、沟通成本并降低表达的难度，还能将建筑设计的概念方案完整而全面地展示给业主。

图 3.2-28 本项目的《BIM 实施方案》

1.BIM 正向设计

在方案设计、初步设计阶段及施工图设计阶段均采用数字化设计手段，后期进行综合模型及管网综合模型整合，最终交付二维图纸、BIM 模型及相应 BIM 应用。按照 BIM 设计流程，因本项目从方案阶段就开始使用 BIM 技术进行设计，设计过程中需要进行频繁的大规模调整，Revit 模型的精度控制对于项目进度来说就显得很重要。经过在项目中的实践，Revit 在方案阶段基本参数应最先锁定（如层高、外形轮廓等）。内部功能的调整可以使用三维 + 二维同步进行，即由 Revit 进行空间控制，AutoCAD 进行平面功能区域控制。Revit 建模过程中要充分发挥"参控族"的作用，设置参数时一定要充分考虑到构件在设计过程中可能会出现的控制需求。

深潜池及空中泳池，设备管线较多且需要多专业配合。由于立面体块穿插变化，平面空间变化较多，需要综合评估机电管线，保证空间使用高度。地上采用钢结构—混凝土混合结构体系，钢结构连接节点对幕墙安装有一定限制，需要通过三维设计进行优化，保证原始立面效果。由于采用 EPC 模式，在方案阶段就需要较为准确的建筑成本把控。

由于采用了 BIM 正向设计，项目土建工程量可以从模型直接获取。这样大大加强了建筑师对总体造价的把控。尤其是受到地理条件影响，深潜池下方为了避开溶洞地质，进行了多轮方案调整（图 3.2-29）。建筑的优化设计利用 Dynamo 编程制作小插件，从快速设计的 BIM 模型上提取特定构件相对准确的工程量，这样就大大提高了调整方案的可实施性。

图 3.2-29 BIM 优化后的效果

在方案调整稳定后，机电专业进行了干管的管线综合，明确了施工图阶段各专业管道的总体布置原则。随着设计的深入，施工图设计阶段会进行若干轮管线综合，最终达到模型交付精度要求。同时，在方案调整过程中 BIM 模型可实时与渲染软件同步，在各种方案调整过程中可以随时把控最终效果。施工图设计阶段为保证立面效果，对局部穿孔铝板幕墙在 Revit 中进行了放样。为了确定北侧城市道路供暖管井位置，保证场地管道路由的合理性，设计还对场地进行了管线综合。在方案阶段利用 BIM 模型研究确定深潜池的支护方案。结合景观方案利用 BIM 模型编辑形成了漫游模拟动画（图 3.2-30）。

2. 物理模拟分析

为营造生态可持续性、健康性、舒适性的建筑空间环境，针对项目的绿色生命周期设计，团队在方案阶段利用 BIM 模型进行了多项建筑性能化分析与优化。在各阶段 BIM 应用实施策划中，设计在方案及初步设计阶段进行了行车路线模拟、深潜池支护方案、裸眼 3D 模拟、室外风环境模拟、室外噪声模拟分析、室内采光分析、日照分析、构件隔声分析，以及漫游动画；在施工图设计阶段，设计进行了结构超限论证、局部管线综合、建筑节能分析、场地外网 BIM 设计、BIM 精细化节点设计、幕墙安装节点模拟、模型工程量提取、Revit 施工图出图，以及审图过程三维沟通。

上海规划部门对地上建筑的沿街立面有贴线率要求，使建筑周边场地机动车行车空间

（a）BIM 设计模型

（b）设计过程中导出土建特定构件工程量提取

（c）幕墙放样模型

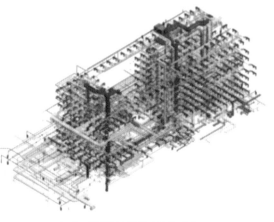

（d）暖通设计模型（管综后）

（e）穿孔幕墙模型放样

（f）基坑支护分析

（g）三维漫游动画

图 3.2-30 BIM 正向设计过程

过于狭小。为保证地面大型车辆可进入北侧场地，初步设计阶段利用专用软件模拟行车轨迹，调整了地下车库出口坡道位置。同时，利用模拟软件对场地内大型车辆的行车路线进行模拟，以确认场地内硬行车路线的可行性，辅助本项目进行整体交通设计及交通评价。由于建筑体量较大，室外风环境模拟分析时在南侧城市道路范围内会形成一定区域的无风区，但并未出现涡流区。经过模拟，99% 以上的外窗室内外表面的风压差不大于 0.5Pa，风压对开窗通风无影响。初步设计阶段还利用 BIM 模型进行了室外噪声模拟、室内采光分析、日照分析、构件隔声分析等模拟分析，均满足绿色建筑相关要求（图 3.2-31）。

（1）室外风环境模拟

项目按照绿建二星标准设计。室外风环境评价依据上海市《绿色建筑评价标准》

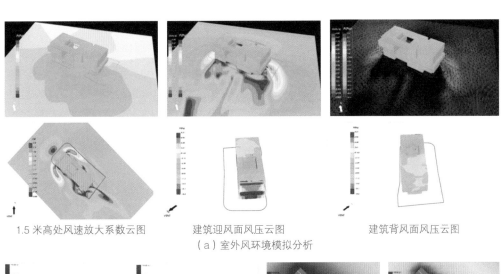

1.5 米高处风速放大系数云图　　　建筑迎风面风压云图　　　　　建筑背风面风压云图

（a）室外风环境模拟分析

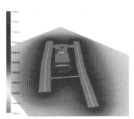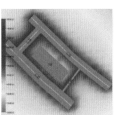

场地 1.5m 高度处声压级
分布图（昼间、夜间）

场地噪声分布俯瞰图
（昼间、夜间）

（b）室外噪声模拟分析

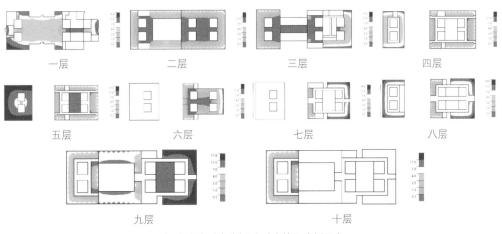

一层　　　　　　二层　　　　　　三层　　　　　　四层

五层　　　　　　六层　　　　　　七层　　　　　　八层

九层　　　　　　　　　　十层

（c）室内采光分析（采光效果分析图）

（d）大型车辆路径可行性分析　　（e）日照分析　　　（f）背景噪声模拟分析　　（g）构件隔声模拟分析

图 3.2-31 绿建 BIM 模拟分析

DG/TJ 08-2090-2020 中有关室外风环境的条目要求：场地内风环境有利于室外行走、活动舒适和建筑的自然通风规则进行模拟分析。通过风速达标分析，得出建筑周围没有风速超限区域，可以采用该建筑布局；建筑迎风面和背风面的风压分析得出建筑满足"除迎风第一排建筑外，建筑迎风面与背风面表面风压差不超过 5Pa"的要求。

①冬季典型风速和风向条件下，建筑物周围人行区距地面高 1.5 米处风速低于 5 米 / 秒，户外休息区、儿童娱乐区风速小于 2 米 / 秒，且室外风速放大系数小于 2；除迎风第一排建筑外，建筑迎风面与背风面表面风压差不超过 5Pa。

②过渡季、夏季典型风速和风向条件下，场地内活动区不出现涡旋或无风区；50% 以上可开启外窗室内外表面的风压差大于 0.5Pa。

（2）室外噪声模拟分析

考虑到本项目建成后周边噪声环境情况的复杂性，本报告需要使用软件分别模拟计算昼间和夜间噪声值，包括项目场地的平面噪声分布、噪声敏感建筑的沿建筑物底轮廓线 1.5 米高度处（昼间、夜间）和噪声敏感建筑立面噪声分布（昼间、夜间），并依据《声环境功能区划分技术规范》GB/T15190-2014，判断场地内环境噪声模拟结果满足《声环境质量标准》GB3096-2008 和上海市《绿色建筑评价标准》DG/TJ 08-2090-2020 的相关规定。

（3）室内采光效果分析

自然光营造的光环境以经济、自然、宜人、不可替代等特性为人们所习惯和喜爱。各种光源的视觉试验结果表明，在同样照度条件下，自然光的可辨认性优于人造光。自然光不仅有利于照明节能，而且有利于增加室内外的自然信息交流，改善空间卫生环境，调节空间使用者心情。根据不同功能房间所需的不同照明系数，进行合理的窗户及玻璃幕墙布局，以获得理想的照明效果，从而提高人们使用自然光的舒适度，以此减少了人造光源的使用时间，降低建筑物的能耗。模拟根据上海市《绿色建筑评价标准》DG/TJ 08-2090-2020 的 5.2.8 条对公共建筑主要功能房间的采光系数达标面积比例提出的要求，本项目对建筑室内空间天然采光达标面积为 76%（表 3.2-1）。

建筑采光达标率统计表　　　　　　　　　　　表3.2-1

房间类型	采光类型	标准值		面积（m²）		达标率（%）
		平均采光系数（%）	室内天然光设计照度（Lx）	总面积	达标面积	
大堂	侧面	2.20	300	2410.06	2410.06	100
餐厅	侧面	2.20	150	2561.12	1735.79	68
健身房	侧面	2.20	300	1407.06	1182.17	84

房间类型	采光类型	标准值		面积（m²）		达标率
		平均采光系数（%）	室内天然光设计照度（Lx）	总面积	达标面积	（%）
展厅	侧面	3.30	450	1033.48	262.34	25
办公室	侧面	3.30	450	10342.18	8118.85	79
活动空间	侧面	2.20	300	1081.92	908.85	84
会议室	侧面	3.30	450	401.32	0.00	0
总计达标面积比例（%）					76	

（4）行车路线模拟

在交通征询过程中，规划部门要求地面设置 2 个客车车位。为了确定基地向城市道路设置机动车出入口的可行性，设计师通过软件分析模拟客车行车轨迹，最终通过交通征询。

（5）建筑构件隔声性能分析

通过对办公楼的外墙、隔墙、外窗、楼板、门的计权隔声量与频谱修正量及楼板的计权规范化撞击声压级进行计算分析可知：建筑外墙的计权隔声量与交通噪声频谱修正量之和为 45dB；建筑隔墙的计权隔声量与粉红噪声频谱修正量之和为 50dB；建筑外窗的计权隔声量与交通噪声频谱修正量之和为 30dB；建筑楼板的计权隔声量与粉红噪声频谱修正量之和为 50dB；项目采用单层实体门，通过良好的门缝处理后，计权隔声量与粉红噪声频谱修正量之和能达到 30 ~ 40 dB；建筑楼板的计权标准化撞击声压级小于 65dB，整体满足上海市《绿色建筑评价标准》DG/TJ 08–2090–2020 第 5.1.4 条"主要功能房间的外墙、隔墙、楼板和门窗的隔声性能满足现行国家标准《民用建筑隔声设计规范》GB 50118 中低限要求。"

（6）其他绿建模拟分析

项目按照绿建二星标准进行设计，按照当地政府要求对项目的室内采光、日照分析、室内背景噪声、换气次数（表 3.2–2）等进行模拟分析。最终，经分析数据显示和评分确定，项目满足绿建二星标准。

公共建筑过渡季节典型工况下换气次数统计表 　　　　表3.2–2

换气次数大于2次/h的面积比		
换气次数大于2次/h的面积	15900.14	m²
总面积	19785.01	m²
面积比例RR	80.36	%

3. 结构数字化技术应用

本工程地上平面呈矩形，轴线尺寸 109.2 米 ×42 米，地下平面 151 米 ×63.1 米，基本柱网 8.4 米 ×8.4 米。地上 10 层，地下 2 层。地下室层高 6.3 米、4.2 米，首层层高 6.3 米，标准层层高为 4.2 米，结构高度为 44.08 米。建筑剖面图、结构模型正视图以及建筑与结构标高对应关系见图 3.2。连接体跨度 33.6 米，四至六层东侧整体水平悬挑长度 5.6 米，第五、八层西侧整体水平悬挑长度 10.5 米。

本工程采用钢组合框架（钢管混凝土柱—钢梁）—混凝土核心筒结构体系，嵌固端选在地下室顶板，底部加强部位在一至二层。结构高宽比 1.05，以剪切变形为主。立面开大洞导致五至七层楼板分块，但大部分楼板连接使结构仍为一个整体。根据《上海市超限高层建筑抗震设防管理实施细则》（沪建管〔2014〕954 号）中的相关规定，本工程属于不规则性超限的 A 级高度高层建筑，超限项目包括扭转不规则、楼板不连续（开洞）、竖向尺寸突变（整体水平悬挑）和复杂结构（立面开大洞后形成复杂连体结构）这 4 项（图 3.2-32）。

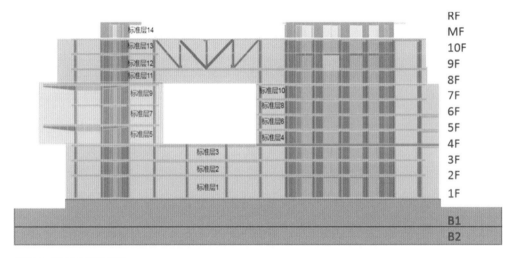

图 3.2-32 结构设计概况

（1）数字化结构分析

针对本工程抗震超限特点，为达到性能目标，主体结构采用多程序进行弹性、等效弹性和动力弹塑性分析。所采用程序及注意分析内容见表 3.2-3、表 3.2-4，通过 BIM 技术实现一模多用、多模联动，大大提高了设计效率（图 3.2-33、图 3.2-34）。

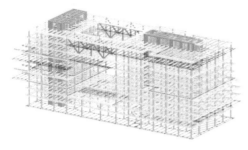

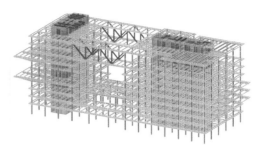

图 3.2-33 YJK 结构三维模型示意图 图 3.2-34 PKPM 结构三维模型示意图

计算分析软件情况 表3.2-3

序号	分析内容	程序名称	分析目标
1	结构静力弹性分析	YJK3.1	对结构整体指标及构件承载力进行分析和设计,确保整体指标和构件性能均满足规范要求
2		PKPM2010 V5.2.2	第二程序复核,YJK和PKPM进行对比计算,对结构整体指标互相复核,确保各项指标的可靠性并满足规范要求
3	结构弹性时程分析	YJK3.1	分析结构在地震波作用下的反应,并将时程分析层间剪力与CQC法的层间剪力比较,将高阶振型对楼层剪力的影响反映到设计中
4	等效弹性分析	YJK3.1	采用YJK的性能设计对所定义的性能构件进行性能设计,其结果作为调整构件截面和配筋的设计依据
5	楼板应力分析	YJK3.1	针对大开洞周边楼板采用有限元方法进行应力分析,保证楼板性能目标的实现
6	悬挑和连体结构专项分析	SAP2000V23	第二程序复核悬挑和连体结构构件内力;复核楼板振动频率,保证使用舒适度
7	结构动力弹塑性分析	SAUSAGE2021专业版	采用SAUSAGE进行动力弹塑性时程分析,分析结构在罕遇地震下的变形、构件塑性发展、分布情况,验证大震不倒的整体目标和各类构件的大震性能水准
8	温度应力分析	YJK3.1	针对本工程超长特点,进行温度应力分析并指导构件配筋设计

結構前三階振型圖   表3.2-4

計算軟件	YJK	PKPM
第一振型		
第二振型		
第三振型		

（2）楼板专项分析

本工程地上核心筒外采用钢筋桁架楼承板，其余部分均为钢筋混凝土楼盖。针对建筑立面开洞、平面开洞形成的楼板薄弱情况，设计采取加强措施，将二层、三层、九层中平面开大洞周边混凝土楼板加厚至150毫米，四层裙房屋面和中间层（MF）大屋面整层混凝土楼板加厚至150毫米，并采用双层双向配筋，最小配筋率不小于0.25%。同时，将这些不规则楼板的薄弱部位指定为关键构件，进行性能化设计。

根据《上海市超限高层建筑抗震设防管理实施细则》2.3.11条："注意加强楼板的整体性，避免楼板的薄弱部位在大震下受剪破坏。不规则楼板的薄弱部位、柱支承双向板或转换厚板应以主拉应力作为控制指标，宜执行小震混凝土核心层不裂，中震按承载力极限状态进行强度设计，大震仍能承受竖向荷载、传递水平剪力的抗震设防标准。"其中，中震使用地震作用和竖向荷载的组合设计值，给出楼板应力分析，并根据组合应力结果进行配筋设计。

以受力最不利的连接体底部9层楼板为例，图3.2-35分别给出了多遇地震作用下楼板主拉应力、设防地震作用和竖向荷载的组合作用下楼板配筋结果，以及罕遇地震下楼板的剪应力计算结果。通过楼板应力和配筋计算结果可见，本工程薄弱部位楼板能够满足小震混凝土核心层不裂、中震按承载力极限状态进行强度设计、大震仍能承受竖向荷载、传递水平剪力的抗震性能目标。

X 向多遇地震作用下九层楼板主拉应力云图（MPa）
Y 向多遇地震作用下九层楼板主拉应力云图（MPa）

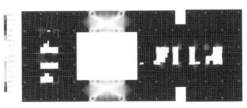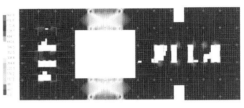

设防地震作用和竖向荷载的组合作用下九层楼板 X 向底筋配筋云图
设防地震作用和竖向荷载的组合作用下九层楼板 X 向顶筋配筋云图

设防地震作用和竖向荷载的组合作用下九层楼板 Y 向底筋配筋云图
设防地震作用和竖向荷载的组合作用下九层楼板 X 向顶筋配筋云图

X 向罕遇地震作用下九层楼板剪应力云图　　　　　Y 向罕遇地震作用下九层楼板剪应力云图

图 3.2-35 多遇地震作用下楼板主拉应力分析

（3）大悬挑专项分析

本工程四至六层东侧整体水平悬挑长度 5.6 米，第五、八层西侧整体水平悬挑长度 10.5 米。设计中采用变截面悬挑钢梁方式，受力简洁，实现了建筑立面通透的效果。西侧悬挑采用高度 2000~1000 的变截面焊接工字钢梁，平面内设置钢支撑。为保证梁端剪力的传递，悬挑梁腹板贯通 4 轴框架柱，悬挑梁翼缘采用外环板与 4 轴框架柱刚接。东侧悬挑梁采用高度 900~600 的变截面焊接工字钢梁。悬挑梁截面均向内延伸一跨，与框架柱刚接或与核心筒铰接（图 3.2-36）。

采用 SAP2000 软件、时程分析法对大悬挑进行楼盖竖向振动分析。西侧悬挑结构自振频率为 4.73Hz，东侧悬挑结构自振频率为 4.82Hz，如图 3.2-37，均大于 3Hz。舒适度分析阻尼比取 0.02，附加恒载 2.5kN/m²，活载 0.5kN/m²。根据实际使用人数限制情况，

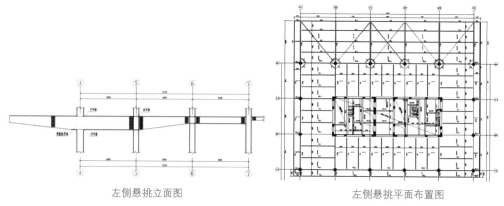

左侧悬挑立面图　　　　　　　　　　　左侧悬挑平面布置图

图 3.2-36 结构悬挑设计

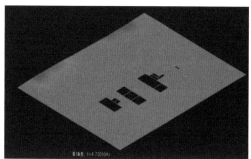

（a）西侧悬挑，f_1=4.73Hz　　　　　　　　（b）东侧悬挑，f_1=4.82Hz

图 3.2-37 悬挑结构竖向振动云图

取人自重 0.7kN，对于每个激励点施加如下人行激励函数：

$$F(s)=0.29[e^{-0.35f}\cos(2\pi ft)+e^{-0.70f}\cos(4\pi ft+\pi/2)+e^{-1.05f}\cos(6\pi ft+\pi/2)]$$

　　人行激励函数图像如图 3.2-38 所示，最不利点加速度时程曲线，峰值加速度为 0.045m/s²<0.05m/m²，满足《高层建筑混凝土结构技术规程》JGJ3-2010 要求。施工图中对运动检测区域限制使用荷载并限制使用功能，保证无集体运动。同时，施工图或施工配合阶段结合施工方案进行施工工况模拟（图 3.2-39）。

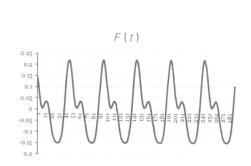

图 3.2-38 人行激励函数图像

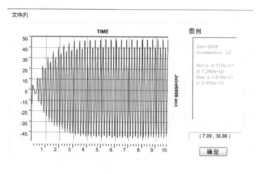

图 3.2-39 加速度时程曲线

（4）连接体专项分析

本工程建筑立面需要开洞，在 7~11 轴之间、第九至十层形成跨度 33.6 米的两个连接体。连接体部分采用高度为 8.4 米的钢桁架，桁架弦杆为高度 600~750 毫米的焊接工字钢，腹杆为高度 500~600 毫米的焊接工字钢。桁架弦杆向框架内延伸一跨。上下弦平面宽度 8.4 米，设水平钢支撑，并向框架内延伸一跨（图 3.2-40~图 3.2-42）。

用 SAP2000 软件、时程分析法对大跨连体部位进行楼盖竖向振动分析。连接体结构自振频率为 4.27Hz，如图 3.2-43 所示，大于 3Hz。舒适度分析阻尼比取 0.02，附加恒载 2.5kN/m²，活载 0.5kN/m²。根据实际使用人数限制情况，取人自重 0.7kN，对于每个激励点施加如下人行激励函数：

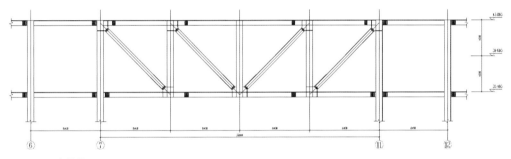

图 3.2-40 连接体立面图

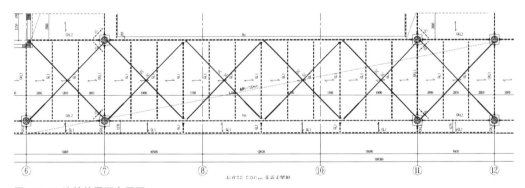

图 3.2-41 连接体平面布置图

图 3.2-42 二维计算模型简图

$$F（s）=0.29[e^{-0.35f}\cos（2\pi ft）+e^{-0.70f}\cos（4\pi ft+\pi/2）+e^{-1.05f}\cos（6\pi ft+\pi/2）]$$

人行激励函数图像最不利点加速度时程曲线如图 3.2-44 所示，峰值加速度为 0.048m/s²<0.05m/m²，满足《高层建筑混凝土结构技术规程》JGJ3-2010 要求。施工图中对运动检测区域限制使用荷载并限制使用功能，保证无集体运动。其施工图或施工配合阶段结合施工方案进行施工工况模拟（图 3.2-43~ 图 3.2-45）。

（5）罕遇地震动力弹塑性时程分析

弹塑性时程分析是将结构作为弹塑性振动体系直接将地震波数据输入，通过积分运算求得在地面加速度随时间变化期间内，结构的内力和变形随时间变化的全过程，该方法也称为弹塑性直接动力法。由于计算中输入的是地震波的整个过

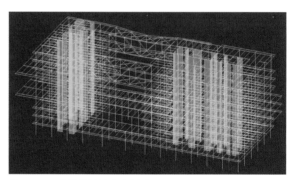

图 3.2-43 连接体结构竖向振动云图

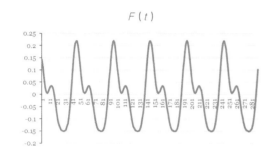

图 3.2-44 人行激励函数图像

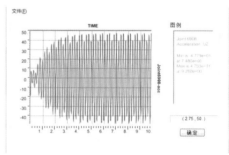

图 3.2-45 加速度时程曲线

程，因此该方法可以反映各个时刻地震作用引起的结构响应，包括结构的变形、应力变化、损伤形态（开裂和破坏）等。弹塑性动力时程分析不仅能对结构进行定性分析，同时又可以给出结构在大震下的量化性能指标。弹塑性时程分析方法对结构的简化假定较少，分析精度高，是计算结构在地震作用下弹塑性变形较准确的方法（图 3.2-46）。

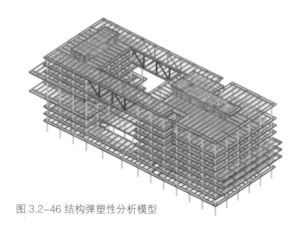

图 3.2-46 结构弹塑性分析模型

① 构件性能水平

混凝土材料的损伤分别由受拉损伤参数 dt 和受压损伤参数 Dc 进行表达，其中 dt 和 Dc 由混凝土材料进入塑性状态的程度决定，其表达式分别为：$dt=1-Et'/E_0$；$Dc=1-Ec'/E_0$，式中：Et'、Ec' 分别为混凝土在某一应力时刻卸载时的弹性模量，E_0 为混凝土的初始弹性模量，为了清晰给出抗侧力构件的损伤情况，将结构拆分成如下抗侧结构平面（图 3.2-47，表 3.2-5~ 表 3.2-9）。

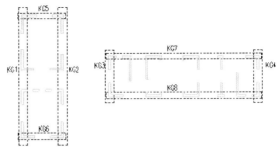

图 3.2-47 抗侧力构件示意图

KG1塑性发展和性能评价图　　　　　　　　表3.2-5

	Dc混凝土压缩损伤系数发展分布云图		
时间	0S	15S	35.8S（最终时刻）
KG1			

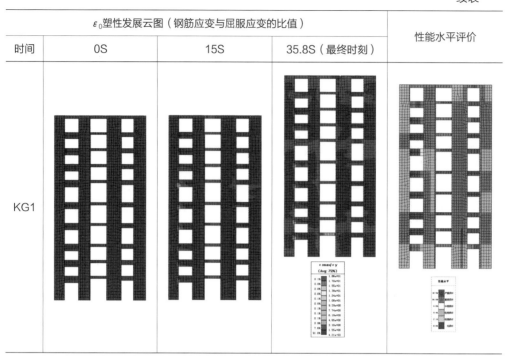

	ε_0塑性发展云图（钢筋应变与屈服应变的比值）			性能水平评价
时间	0S	15S	35.8S（最终时刻）	
KG1				

塑性发展和性能评价图　　　　　　　　　　　　表3.2-6

	Dc混凝土压缩损伤系数发展分布云图			ε_0塑性发展云图（钢筋应变与屈服应变的比值）			性能水平评价
时间	0S	15S	35.8S（最终时刻）	0S	15S	35.8S（最终时刻）	
KG3							

KG5塑性发展和性能评价图　　　　　　　　　　　　　表3.2-7

时间	Dc混凝土压缩损伤系数发展分布云图			ε_0塑性发展云图（钢筋应变与屈服应变的比值）			性能水平评价
	0S	15S	35.8S（最终时刻）	0S	15S	35.8S（最终时刻）	
KG5							

KG7塑性发展和性能评价图　　　　　　　　　　　　　表3.2-8

	Dc混凝土压缩损伤系数发展分布云图		
时间	0S	15S	35.8S（最终时刻）
KG7			

	ε_0塑性发展云图（钢筋应变与屈服应变的比值）			性能水平评价
时间	0S	15S	35.8S（最终时刻）	
KG7				

1F		2F	
3F		4F	
5F		6F	
7F		8F	
9F		10F	
11F		12F	
13F		14F	

②整体构件性能水平

综合统计结构在天然波 T2 的作用下结构损伤情况，如表 3.2-10 所示。

构件损伤性能统计图 表3.2-10

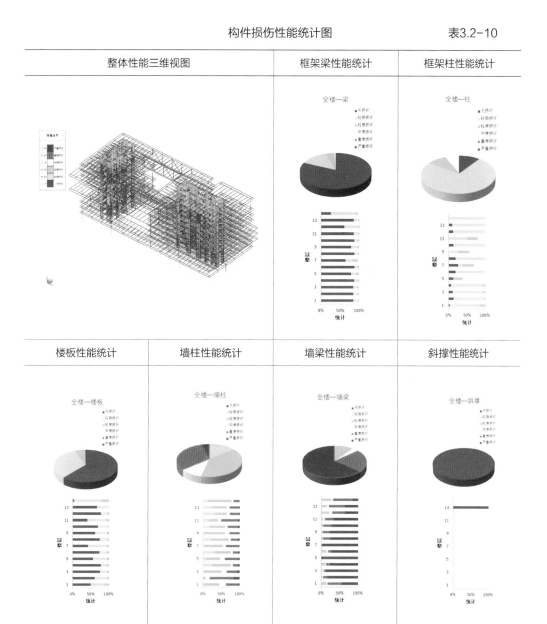

（6）钢结构深化设计

数字化结构分析模型，含有完整的结构信息，包括构件截面、材料等级、定位和标高、连接方式等。在施工图设计完成后，模型可携带结构构件信息传递到钢结构深化设计阶段，实现数据传递和共享，大大提高了钢结构深化设计的效率和准确性（图 3.2-48）。

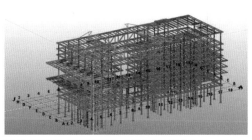

图 3.2-48 钢结构 BIM 深化设计模型

4. 结构超限设计

本工程采用钢组合框架（钢管混凝土柱—钢梁）—混凝土核心筒结构体系，嵌固部位选在地下室顶板，底部加强部位为 一至二层。结构高宽比 1.05，以剪切变形为主。立面开大洞导致五至七层楼板分块，大部分楼层由楼板连接为一个整体建筑。因建筑形体特殊，使本项目被归类为不规则性超限的 A 级高度高层建筑，超限项目包括扭转不规则、楼板局部不连续、侧向刚度不规则（整体水平悬挑）和复杂结构（立面开大洞后形成复杂连体结构）这 4 项一般不规则项。因此需要对建筑结构进行超限设计，而由于初期方案具有室内 50 米深度的深潜池，结构设计难度颇大。

为了降低上述不规则项对结构安全的影响，结构设计团队进行了多个结构软件并行调整计算，并对比分析结果。通过对结构小震弹性、设防烈度地震作用下的等效弹性、罕遇地震作用下等效弹性、罕遇地震动力弹塑性时程等方面的分析，完善了对楼板、大悬挑、连接体等方面的专项研究和结构设计。经专家论证，认为结构设计可行，之后本项目通过了超限高层建筑工程抗震设防专项审查（图 3.2-49）。

在施工图设计过程中，BIM 正向设计解决了众多细节问题，如在结构设计优化时，由于局部梁高过大，管道无法正常敷设的问题。经过优化后，将原有高截面梁改为双层梁，保证了使用空间净高。此外，设计还通过 BIM 正向设计进行了管线综合，使走廊净高均不低于 2.6 米，管综模型还通过管综漫游核实了最终效果。通过 BIM 正向设计，各专业相互关联设计模型，通过提资视图和模型参数进行设计提资，最终通过 Revit 模型直接出图。在施工图审图阶段，与审图单位利用 BIM 模型进行沟通，更

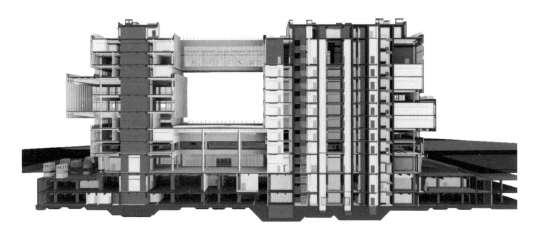

（a）结构竖向剖面分析

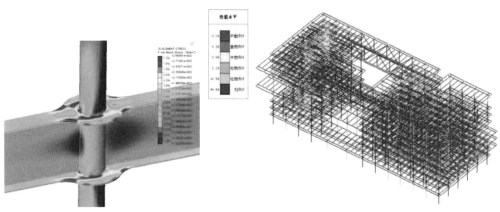

（b）构件性能分析

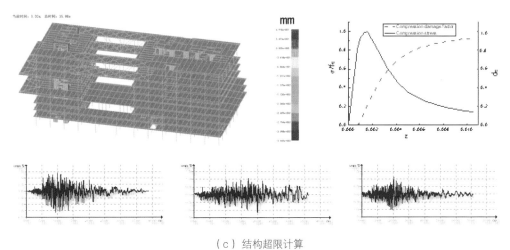

（c）结构超限计算

图 3.2-49 结构设计分析

方便审图老师审核具体设计内容。最终施工图纸由 Revit 直接导出，将模型提供给施工、幕墙、精装、景观夜间亮化等单位，由此，BIM 模型便传递给建筑全生命周期的下一阶段（图 3.2-50）。

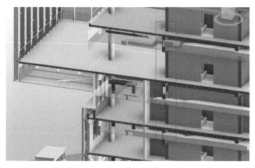
（a）综合考虑梁高和风管，调整高截面梁为双侧梁

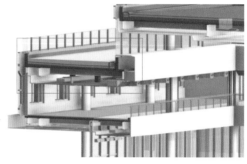
（b）综合考虑风口、卷帘和钢梁布置，出挑下方楼板

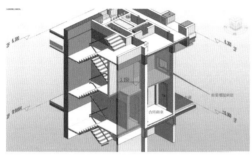
（c）审图沟通三维视图

（d）利用 BIM 模型进行间接亮化设计

图 3.2-50 BIM 施工图设计

5. 管网综合设计

BIM 技术的可协调性是其重要特性，本项目在 BIM 正向设计阶段充分运用了这一优势。在设计过程中，我们严格按照专业对设计模型进行拆分，以便实时获取其他设计人员最新的设计模型状态。这种细致入微的方法确保了设计的准确性和一致性，避免了后期协调诸多的问题。

在施工图设计开始前，我们便进行了管网综合定案，明确了各专业的管道路由和避让方案，并对重点部位进行综合规划。这是一个关键的决策阶段，我们的团队通过深入研究和讨论，确保了管网的合理布局与经济、高效。

随后，各专业设计人员根据预先确定的路由和避让方案进行协同设计。这种协同设计方式提高了工作效率，减少了不必要的返工和冲突。若在设计过程中遇到新的复杂部位，我们会在设计路由全部完成后进行统一的避让调整。这种灵活的调整方式确保了设计的顺利进行，同时也保证了项目的高质量完成。

（七）结语

在以绿色建筑二星为目标的全生命周期设计过程中，上海润友科技长三角临港总部项目的 BIM 正向设计实践充分融入了节能、节水、节材、室内通风采光等健康舒适环境的需求因素。从方案初期的构思到施工图的定稿，设计团队始终坚持绿色建筑理念，并运用先进的 BIM 技术进行模拟分析，以切实考虑建筑工程的实际情况。通过综合评估和选择合理的设计方案，项目团队成功地实现了绿色低碳节能目标的最大化。这一实践不仅体现了办公类绿色建筑在以设计院牵头的 EPC 模式与建筑师负责制的深度实践探索中取得的成果，更充分展示了数字化设计与绿色低碳生态理念相结合的优势。这一实践成果不仅为建筑行业树立了新的标杆，更为国家"双碳"目标的有效落地提供了助推。

此外，该项目在龙图杯第十一届全国 BIM 大赛中荣获了设计组优秀奖。这一荣誉充分展示了上海润友科技长三角临港总部项目在 BIM 正向设计实践方面的卓越成果和领先地位。

通过这一实践，我们希望能够促进国家"双碳"目标的有效落地，推动建筑行业向更加绿色、低碳、可持续的方向发展。同时，我们也希望通过此次实践，为未来更多的绿色建筑项目提供可借鉴的经验和参考，共同为实现绿色建筑的目标而努力。

（八）方案技术图纸

部分方案技术图纸见图 3.2-51。

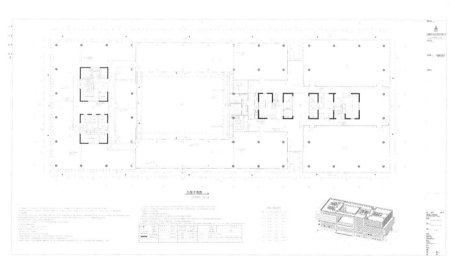

图 3.2-51 方案技术图纸

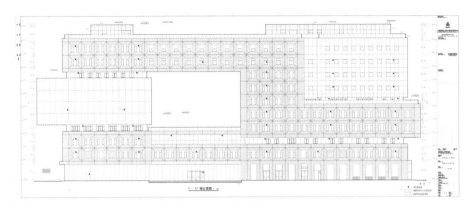

图 3.2-51 方案技术图纸（续）

（项目设计初期，通过手绘草图的方式进行初步构思和概念表达）

3.2.3　宁夏·丝路明珠商业项目

（一）设计愿景

　　"丝路"与"绿舟"是建筑与环境互融的设计理念，项目的初衷是在满足广电发射功能的基础上，塑造银川文化时尚的"新地标"，构建容纳市民文化生活的"城市客厅"。同时以体验的名义重新定义观光塔，打造全域旅游新目的地，进而带动周边区域发展。

　　依托阅海湖独特的自然地理环境，设计着重强调了人文关怀与空间感受的融合，全力打造集文化、休闲、商业、商务为一体的城市客厅，引领全新生活方式。本项目从体验深度和精神高度多层面进行发展，通过对建筑空间及外部空间的规划，打造文化艺术体验式游览购物中心，塑造集国际空间艺术品展示、空间饰品制造销售、空间艺术教育培训、商务办公与文化旅游为一体的环球创意综合体。通过引导使用者参与、互动、创造等方式，来满足其情感需求，为使用者提供更加丰富的空间体验。

（二）项目概况

1. 项目概况

　　丝路明珠商业项目（图 3.2-52）选址于宁夏银川市，是宁夏回族自治区的首府，

图 3.2-52 丝路明珠商业鸟瞰效果

国家历史文化名城，西北地区重要的中心城市之一。同时也是丝绸之路的节点城市，是深入实施西部大开发战略的重点经济区。本项目坐落于银川市阅海湖畔，建筑高度448.2 米，占地面积 6.19 万平方米，总建筑面积约 17.5 万平方米。建筑由塔体及大型商业综合体裙房两部分组成，项目的参数化设计和曲线肌理的动感韵律使建筑具有超前性，并富有浓厚的现代气息和文化意识及地域特征，是该区重要的标志性人文景观和城市代表性建筑。该项目是以设计总包形式负责的 EPC 大型标志性工程，并以项目组为管理单元，公司内部整合优势要素，结合在建筑原创方案、结构创新、BIM 研发、幕墙设计、绿建科技、景观绿化、照明亮化、智能化、建筑结构健康监测等多维度的各部门全方位协调配合，充分展现了现代数字智能化建筑科技的智慧。

2. 项目定位

电视塔是以发射广播电视信号为主要功能的塔式建筑物，承担着无线广播电视覆盖任务和微波传输任务，是广播电视发射传输的枢纽。作为广播电视信号传播的主要载体，电视塔是广播电视系统的重要组成部分。本项目的初衷是在满足广电发射功能的基础上，致力于塑造银川文化时尚的"新地标"，构建容纳市民文化生活的"城市客厅"，同时以"体验"的名义重新定义观光塔，打造全域旅游新目的地。

与其他大型旅游目的地城市相比，银川目前主要作为中转枢纽，城市游景点较为分散。市中心缺少旅游节点。本项目的建设欲将该地块打造成银川的"城市客厅"，并带动周边区域发展。项目所在的阅海 CBD 地块极具潜力，拥有 24 小时的城市活力。白天主要以办公和旅游为主，夜晚主要以休闲和酒店住宿为主。本项目依托阅海的良好自然环境，将国际化、高品质的元素融入每一处设计，全力打造集文化、休闲、商业、商务为一体的"城市客厅"，引领全新生活方式。

现代旅游已经由游山玩水、走马观花的传统模式，发展到体验当地人文历史、风土人情的度假模式。拟将丝路明珠塔作为环阅海区域的重要支点，形成环阅海的商业带以及滨湖景观带，构建新时代旅游目的地。即是把旅游的所有要素，包括需求、交通、供给和市场营销都集中于一个有效的框架内，可以将其看作满足旅游者需求的服务和设施中心。旅游目的地有如下特点：①吃住行购一体；②交通快速便捷；③教育文化娱乐展览兼备。因此，针对银川的旅游产业特点，本项目应从体验深度和精神高度多层面进行发展。通过对建筑空间及外部空间的规划，力求打造文化艺术体验式游览购物中心，塑造集国际空间艺术品展示、空间饰品制造销售、空间艺术教育培训、商务办公与文化旅游为一体的环球创意综合体，通过引导顾客参与、顾客互动、顾客创造等方式来满足顾客的需求，实现顾客的出行目标。

3. 总体规划布局

项目基地位于阅海湖畔，地处团结路景观轴尽端，是城市景观带的重要节点（图3.2-53）。基地西侧临湖，北侧与览山公园相接，东侧为环湖路。湖对岸为阅海公园和阅海欢乐岛，拥有丰富的自然景观和人文资源。总体规划中，功能分区是设计布局的前提。本项目拟打造一个功能分区合理、人员流线清晰、空间开合有序、环境舒适宜人、文化

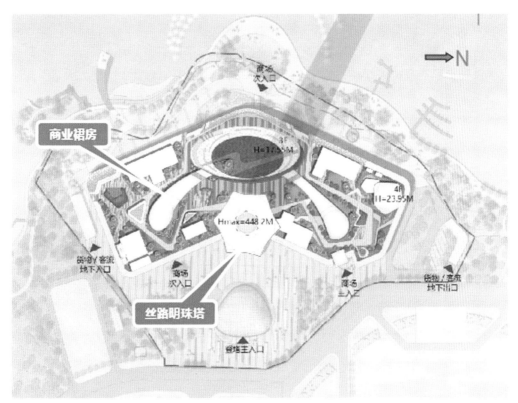

图 3.2-53 总平面图

氛围浓郁、造型特色鲜明的地标性建筑。基于上述想法，通过对本项目基地特色的深入分析和功能用途的仔细研究，本项目设置观光塔和大型商业综合体两部分，塔体位于基地中心区域，同时也是团结路景观带的视觉终点。商业裙房位于基地西侧，呈南北向分布。平面形式呈半包围形，环抱塔体并围合形成大型入口广场，与塔体有机结合为整体。

基地周边交通十分便利，能够有效连接新老城区和阅海两岸。基地西侧临湖，车流和客流主要集中在场地东侧，因此场地主入口设置于东侧环湖路，场地内部人车分流。人群主要通过入口广场进入基地内部，再由入口广场分散至登塔入口或商业综合体主次入口。车辆通过场地南北两侧进入地下停车场，避免人车流线交叉，营造井然有序的交通环境，保证场地内部的舒适性与安全性。

（三）建筑设计

1. 设计概念

本项目将我国历史文化及银川市的城市属性相结合，创造出独具地域特色的标志性建筑。塔在我国有着悠久的历史，是中国古代杰出建筑文物的代表，之前彰显我国不同时期的文化及艺术内涵。本项目提取我国古塔的传统形式——六边形作为平面基本形，表达对中国古代建筑文化的延续与传承。同时六边形也是我国的传统符号，有着六合、六顺之意，也是对这片塞上热土的美好祝福。银川市是古代丝绸之路上的明珠，也是国家"一带一路"倡议"陆上丝绸之路"的重镇。因此，利用塔身立面上突出的六个角形成六条舞动的丝带环绕塔体，盘旋上升，托起塔顶部的球体，宛如一颗璀璨的明珠，进而表达出"丝路明珠"的整体寓意。

考虑到项目基地位于阅海湖边，本项目裙房部分以"丝路绿舟"作为设计理念，引申为扬帆起航之意。"绿舟"也有"绿洲"的寓意，代表着净土，也代表着希望，代表着充满生机的未来。同时，银川地处西北，属于"丝绸之路经济带"的重要节点。本项目借以"舟"的理念加强"丝绸之路经济带"与"21世纪海上丝绸之路"的联系并建立纽带，为国家"一带一路"建设贡献一份绵薄之力。

2. 设计构型

从功能角度出发，将观光塔复杂的功能融合到简洁的建筑形体中，形成一座满足广播电视发射传播专业需求的，且注重地域文化展现，同时拥有优美造型的地标性建筑。首先，提取塔建筑体量原型，结合建筑面积和塔体高度等控制因素，构建圆柱形体量作为基础形体[图3.2-54（a）]。在圆柱体上选取6个平面作为控制面，通过缩放控制面，使得塔体形式更加丰富。从顶部到底部对控制面依次进行"缩小、扩大、扩大、缩小、扩大、扩大"的变换，使建筑立面轮廓形成5段平滑相切的曲线，最终形成清秀且挺拔的塔身轮廓。在塔身顶部植入球体，宛如一颗璀璨的明珠。从功能角度出发，切除球体顶部和底部使用率低的空间，以满足使用需求。就塔身平面形式而言，选取中国古塔六边形平面作为建筑平面的基本原型［图3.2–54（b）］。将平面6个角部向外延伸，借以抽象表达高塔角部"起翘"的形式，使得塔体形成更为立体的"翘"，进而使表皮在立面上获得更好的效果。在此基础上，通过建筑平面有节奏的扭转，使建筑体量形成扭转向上的动态形式。结合塔身的形势对各楼层平面进行缩放处理，使建筑立面形成流动的曲线，具有丰富的活力。从功能与形式相结合的角度出发，将塔身与球体有机结合，最终形成"塔体托起明珠"的形式，进而表达"丝路明珠"的整体寓意。传播历史、弘扬文化、引导方向，创造出一个可供游憩休闲与思考学习的场所（图3.2–54）。

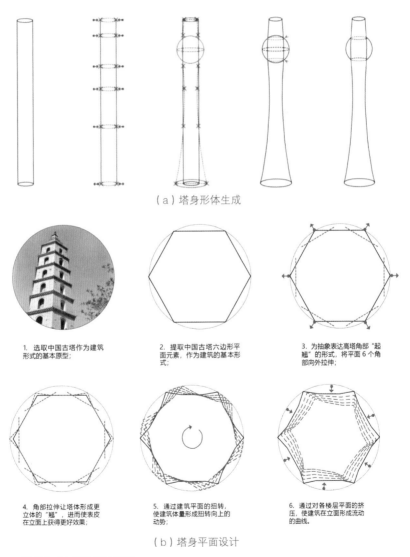

（a）塔身形体生成

1. 选取中国古塔作为建筑形式的基本原型；

2. 提取中国古塔六边形平面元素，作为建筑的基本形式；

3. 为抽象表达高塔角部"起翘"的形式，将平面6个角部向外拉伸；

4. 角部拉伸让塔体形成更立体的"翘"，进而使表皮在立面上获得更好效果；

5. 通过建筑平面的扭转，使建筑体量形成扭转向上的动势；

6. 通过对各楼层平面的挤压，使建筑在立面形成流动的曲线。

（b）塔身平面设计

图3.2–54 塔身设计构型

因项目地理位置属于"丝绸之路经济带"的重要节点，并考虑到基地紧邻阅海湖，商业综合体以"丝路绿舟"作为设计理念[图3.2-55（a）]，引申为乘风破浪、扬帆起航之意。"绿舟"也有"绿洲"的寓意，代表着净土和希望，代表着充满生机的未来。在此基础上，方案设计拟借以"舟"的理念加强"丝绸之路经济带"与"21世纪海上丝绸之路"的空间联系并建立纽带，为国家"一带一路"的建设贡献一份绵薄之力。商业综合体的建筑构造提取"巨轮"为基本原型，并将海浪和丝绸的设计理念融入建筑表皮中[图3.2-55（b）]，通过基本单元模块的竖向旋转营造动感活跃的建筑表皮形式，犹如一艘正在行驶的巨轮使海面泛起涟漪，将"丝路"与"绿洲"紧密结合。从功能角度出发，选取哑铃形双核线性商业模式[图3.2-55（c）]，即在商业空间两侧核心区设置主力店铺，通过一条主动线将主力店和次主力店进行串联。这种平面布局形式具有内部空间序列性突出、购物流线简单清晰、空间引导性强等优势，是设计将"形体—功能—文化"相结合的象征。

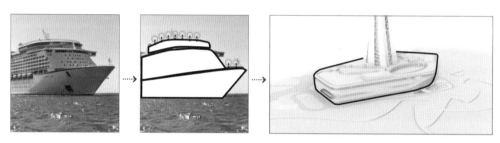

（a）商业综合体设计理念

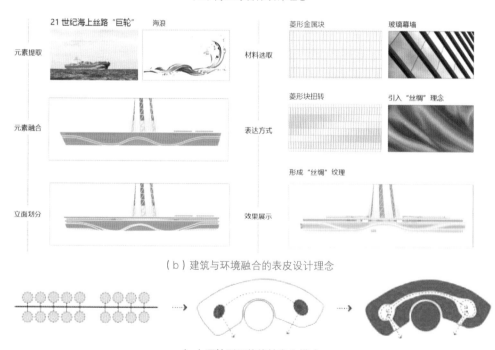

（b）建筑与环境融合的表皮设计理念

（c）哑铃型双核线性商业模式

图3.2-55 裙房设计构型

3. 方案对比

　　方案形体确定后，团队针对商业综合体的立面设计了 3 种比选方案（图 3.2-56）。方案一以丝绸为设计理念，用柔软的"丝绸"包裹立面，宛如一条丝带环绕于裙房之上。面对阅海湖面表皮部分起翘，打破平铺直叙的手法，营造轻盈飘逸之感，并塑造优美的沿湖景观。表皮肌理根据中国传统纺织工艺，设计成编织网状，并根据功能和形式有规律地嵌入金属薄片，形成富有视觉冲击力的裙房造型。方案二采用经典的建筑三段式处理手法，以海浪和丝绸为设计立意，模拟海浪的波动形式将立面合理划分为多个区域。在此基础上，在表皮中植入丝绸的意象，强调竖向线条。利用金属板的扭转模拟丝绸的顺滑飘逸，再将单一竖向表皮构件均分为 7 个小的菱形块，通过菱形块的转动进一步强化整体立面的灵动性，形成富有拉伸韵律和动感变化的视觉效果。从阅海对岸望去，形成波光粼粼的海浪效果，展示了优美、生动的建筑意象，与裙房"舟"的设计理念相融合，打造阅海最靓丽的风景线，加强了建筑、景观的互动与沟通。方案三灵感来源于银川市的贺兰山，提取贺兰山的巍峨姿态，形成立面局部体块，并在此区域利用石材纹理来模拟贺兰山的肌理。表皮肌理来源于阅海涟漪，阳光泛起的涟漪倒映在建筑之上，与建筑和灯光相结合，形成色彩丰富、起伏波动的立体造型，激活商业和场地氛围，面对主要沿湖界面，形成良好的景观效果。3 个方案均考虑了功能、文化、地域特色等多维度的融合，但综合考虑立面效果、施工难度和经济造价等方面，最终确定方案二为实施方案。

图 3.2-56 裙房立面方案对比

4. 建筑功能布局

功能的合理性是建筑设计的基本原则。市民和游客的活动和体验是本项目的重要出发点，使用功能和流线组织的合理性在设计中得到充分体现。塔身共分为 46 层，包括登出塔出入口、商业空间、展览空间、观光空间、管理用房、设备用房和避难层等功能空间（图 3.2-57）。塔体地下共 2 层，低区共 8 层，其中地下二层至五层与裙房相接，功能相对独立又相互联系。地下一层至二层为登塔和出塔空间，便于对人流进行引导和疏散。三层为健身中心，四层为艺术展览中心，与裙房相结合打造活跃的商业氛围。五至八层为管理用房，设置独立的后勤电梯，为工作人员提供安静舒适的办公环境。十四至十七层为塔体中层，设有丝路历史博物馆、宁夏文化博物馆、银川旅游博物馆等展览空间和部分设备用房。博物馆之间设置竖向交通，简化参观者观览流线，同时减缓登塔客梯压力，使观览者感受到的不仅是展览本身，还可以是时光的痕迹与城市的变迁。三十一至三十五层为广电设备层，主要负责或辅助广播电视的发射传和播。三十六至四十一层为塔体高区，设置室内外观光步道、观光大厅、观光餐厅等功能空间，配备高空娱乐项目，打造高空网红打卡地，可 360° 饱览银川美景，将西北城市景观尽收眼底，感受独一无二的巅峰体验。塔体顶部四十二至四十六层为设备用房和维修平台。除以上功能之外，在不同标高处，塔内设有个避难层，均为开敞空间，主要用作消防避难，确保用户安全。

登塔出入口分层设计，交通流线清晰明确。从入口广场的"穹顶形入口"进入地下一层的安检大厅，安检后到达一层登塔大厅，再通过一层电梯将人群输送到不同功能空间。塔内配备了高速穿梭电梯、普通客梯、VIP 电梯、后勤电梯、疏散电梯和无障碍电梯等多种类型的竖向交通设施，满足不同使用群体迅速达到目的地的需求。观览后乘坐电梯抵达建筑二层，最后通过商业裙房进行疏散。如此交通形式充分满足了使用者的需求，提高了交通运输效率，同时也为商业裙房提供了一定的客流量。

不同功能的组合构建了完整的空间形态。通过调研和分析对比多种商业形式，本项目确定哑铃形双核线性商业模式（图 3.2-58）。将水平弧形动线和多组竖向交通流线结合，同时穿插多个中庭空间，打破一般商场"走廊 + 店铺"的呆板模式，缔造灵动活跃的年轻化商业空间。裙房主要以商业为主，与塔身功能相结合，共同组成地标式旅游综合体，构建和谐、活力的文化场所。裙房地下二层为地下停车场，地下一层包含停车场、超市、美食广场、设备用房等功能空间。考虑建筑室内外空间的互动性，在建筑临水一侧设置下沉广场，将优美的景色引入建筑，激活地下一层的商业空间。在下沉广场对应的室内设置 4 层通高的中庭空间，充分将地下空间与地上空间有机结合，增加商业空间活跃度，并在此基础上使各楼层之间的交通更为便捷，也为商业裙房提供了优美的景观视野。一层由一条主走廊连接，廊道两侧尽端为商场主力店，廊道的两侧布置次主力店。主力店作为购物中心的核心引擎，所占面积较大，有带动

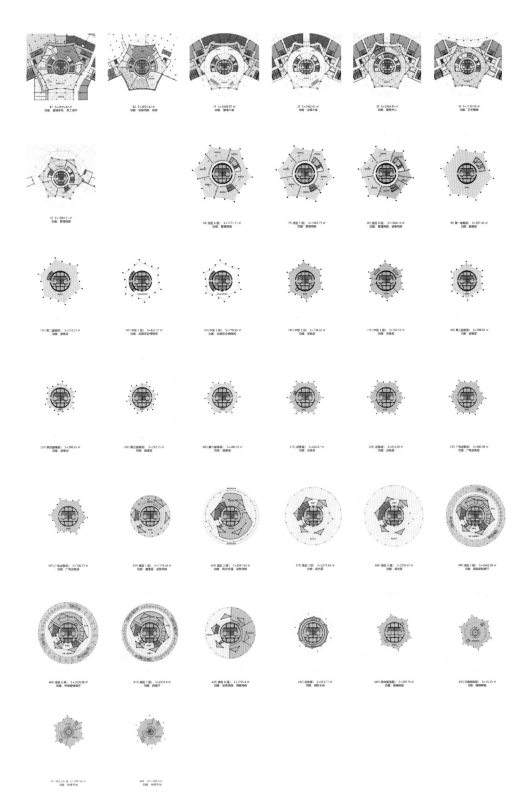

图 3.2-57 塔建筑平面图

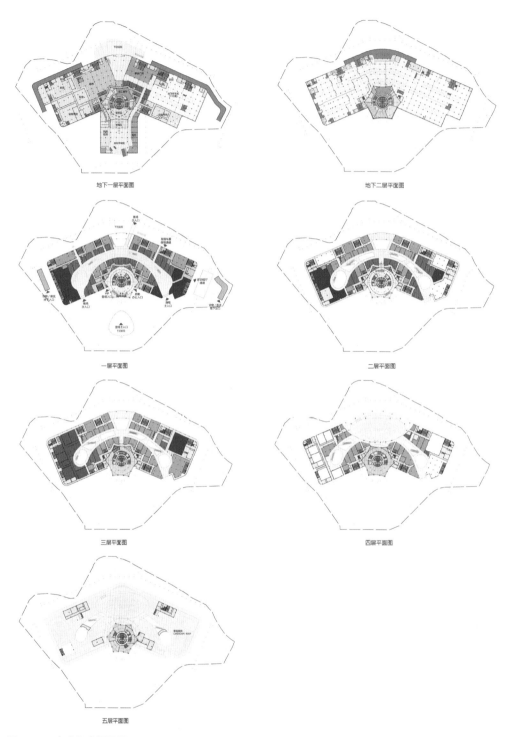

地下一层平面图 地下二层平面图

一层平面图 二层平面图

三层平面图 四层平面图

五层平面图

图 3.2-58 商业裙房平面图

商业活力的作用，次主力店所占面积较少但种类较多，可增加商业丰富度。廊道中间设置通高中庭，提升了多层空间的紧密性，增加了视觉通透性，避免了大型空间的压迫感。此外，空间内还设置了廊桥，将大体量的中庭分割为多个小块，便于交通动线关联，同时增加了空间的丰富度。裙房二层依然采用和一层相同的模式，走廊的两端为主力店，靠近阅海区的走廊一侧主要为餐饮区，另一侧为其他零售区。裙房三层以餐饮、电影院、娱乐、健身房、多功能厅等功能为主。其中电影院位于南侧，娱乐和多功能厅位于北侧，各类餐饮分别布置于走廊两侧。裙房四层为高端餐饮空间及室外屋顶花园，透过屋顶花园可以鸟瞰阅海景色。屋顶花园包含部分灰空间，可作为临时展览区域，为市民和游客提供高质量的文化艺术盛宴。通过空间组织，从室内空间渗入室外半开敞空间，再渗入城市空间，空间在此相互独立又彼此渗透，形成空间与城市的自然过渡。

商场动线分为消费者动线、员工动线和货物动线等多种流线，本项目对各种动线进行合理设计，使商业裙房运营高效，管理方便。商业裙房共设有 8 个出入口，其中商城主次入口、VIP 登塔入口、后勤办公入口位于场地东侧，与入口广场相连，是主要人流的来向，通过入口广场可将人流分散到各功能出入口。场地北侧设有多功能厅入口，可通过电梯直接抵达三层多功能厅，简化使用人群的动线，避免动线交叉。建筑临水面设有两个建筑次出入口和一个屋面车展货物通道。其中一个出入口通过廊桥直接抵达裙房一层，另一个出入口先到下沉广场再抵达建筑地下一层，两个出入口有效连接了室外阅海广场和室内的商业空间，增加了商业活力。屋面车展货物通道通过货运电梯直接抵达屋顶室外展览区，为室外布展提供便利。商场内部动线简洁，一条室内走廊将所有店铺串联，使顾客能够到达商场的每一间店铺，具备良好的导向性，可使使用者在商场内享受轻松舒适的购物环境。在此基础上，设计采用弧形走廊，尽可能延长顾客的停留时间，以期增加商场利润。

5. 设计分析
（1）场地分析
本项目被定位为地标性建筑，具有旅游和休闲的双重属性，场地内动线较为复杂。如何规划场地动线是项目的重点，合理的动线是确保场地内部舒适和安全的前提条件，同时减轻城市道路交通压力。通过合理的动线组织，车辆从场地南北两侧进入，人群从场地中间区域进入，确保人车分流。在建筑的南北两侧分别设有地下停车出入口，私家车、出租车、货车等车辆从建筑南侧停车出入口进入地下停车场，再从建筑北侧停车出入口出，最后汇集到城市道路上。考虑到项目未来的车流量可能较大，且会有部分旅游大巴车，故在建筑北侧配备了机械停车楼和大巴停车场，此处车辆从场地北侧进出。在场地临近道路侧设置两处出租车落客区，为乘坐公共交通的人群出行提供便利，同时出租车无须进入场地内部，可减少车辆动线的交叉。场地内人行动线相对自由且方向明确，根据建筑功能分区，项目设置了商场出入口、登塔出入口、宴会出入口、后勤办公出入口等。人们可通过不同方式抵达建筑前广场，再根据出行目的分散到不同入口进入建筑。

场地消防设施是保证建筑物消防安全和人员疏散安全的重要设施和基本保障。本项目建筑裙房长度为285米，宽度为80~120米，建筑周围设环形消防车道，宽度4.5米，距离建筑5~10米（图3.2-59、图3.2-60）。环形消防车道有3处与城市道路连通。塔楼1/3周长范围内设有连续消防车登高操作场地，场地宽度为15米，距离建筑7米，在此范围内没有妨碍消防车操作的障碍物，并设有直通室外的楼梯间入口。在100米以下各层均设有消防救援窗。

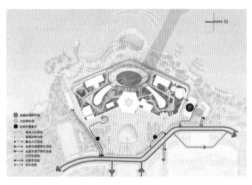

图3.2-59 商业裙房平面图（1）

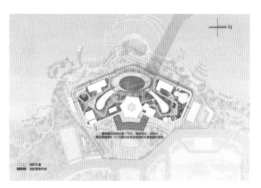

图3.2-60 商业裙房平面图（2）

（2）功能分析

本项目塔高448.2米，从下到上共分为地下室、塔楼低区、塔楼中区、球体底部、塔楼高区、塔楼结构顶部6个区域，每个区域主要功能分布如图3.2-61所示。地下室共2层，标高为－10.7~0.00米，地下一层主要功能为登塔安检、展览、商业、餐饮、厨房、停车库、后勤服务、设备用房等，地下二层主要功能为厨房、停车库及设备用房。地下空间作为整体项目的配套附属空间，补充建筑的使用功能并为主要空间的日常运行提供支撑。塔楼低区共8层（含商业裙房4层），标高区间为0.00~44.40米，为主体商业空间和管理空间。其中一至四层为商业裙房，主要功能为零售、餐饮、娱乐、登塔和出塔大厅等。五层为管理用房和室外屋顶花园，六至八层为管理用房和设备用房。塔楼中区（标高98.40~120.00米）为本项目的博览空间和设备用房，共6层。设有博览空间4层，分别为丝路历史博物馆、宁夏文化博物馆、银川旅游展示博物馆，主要展示历史文化和城市文化，提升本项目的文化属性。同时本项目传承中华优秀传统文化，增强民族自豪感和自信心，提升国家和人民的凝聚力，促进市民及游客对于文化的积淀，为文明的促进和发展贡献力量。博览空间各层面积约770~920

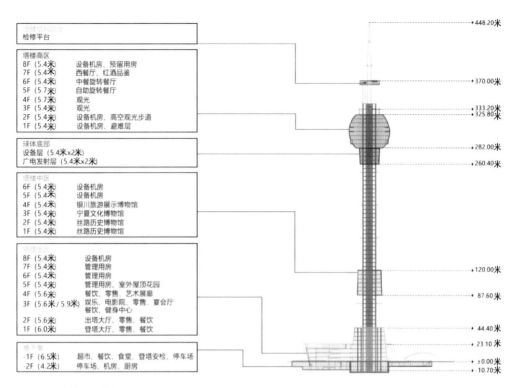

图 3.2-61 功能分区分析图

平方米，各层展厅面积约 410~550 平方米。中区包含设备用房 2 层，每层建筑面积约 600~740 平方米。球体底部标高区间为 260.40~282.00 米，此区域为电视塔的基本功能区，包括广电发射层和设备层。发射层主要用于广播电视信号的传输、接收、处理、调度、播出和技术监听监视。信号通过微波等方式进行传送，由电视中心发射到电视塔，经调制、放大等处理后，再由电视塔顶端的发射天线将信号向四面八方扩散。发生层对各种不同的信号进行统一处理和实时传输，满足广播电视数字化、网络化、智慧化的高标准需求。塔楼高区共 8 层，标高区间为 282.00~325.80 米，其中一至二层为设备机房、避难层和高空观光步道，三至四层为高空观光层，五至七层为观光餐厅，八层为设备机房和预留用房。采用分时售票，按时登塔模式，并辅助以闸机和观光电梯控制，将同时在塔人数控制为 1500 人，最大面积层面积约为 2642 平方米。此区域主要为观光和餐饮区域，可以俯视城市周边景观，为市民和游客提供更丰富的娱乐项目。

　　塔楼结构顶部为塔顶检修平台，服务于塔体顶发射天线的设备安装及检修。广播电视发射天线系统是实现自由空间波和导航波相互转换的装置，广播电视发射设备进行声音信号以及图像信号的输出，同时能够实现传播将信号转换为空间的电磁波信号。

（3）垂直交通分析

在商业建筑中，清晰可辨的流线设计能够为使用者提供向导，合理的流线设计会增加商业的便利性，提升使用者的购物体验度，从而增加建筑的商业价值，因此商业建筑的交通空间尤为重要。交通空间将建筑的各个功能空间紧密联系起来，是公共建筑空间的重要组成部分，在公共建筑的空间构成中占据极其重要的位置。交通空间又分为水平交通和垂直交通，其中垂直交通是建筑物联系上下层的交通设施。建筑空间的竖向交通联系，主要依托楼梯、电梯、自动扶梯、台阶、坡道等设施。

商业空间的扶梯是垂直交通的关键节点，扶梯引导使用者的流动方向，将使用者的视线拉向高处和远处，享受全景式的购物体验。扶梯和中庭的有机结合提升了商业空间的丰富度，构成了空间的视觉焦点，增加了各楼层间的流动感。本项目共设置7部扶梯（图3.2-62），其中5部扶梯与室内中庭结合，主要服务于商场客群。同时充分考虑使用者的搭乘舒适度，自动扶梯的服务半径不宜超过50米，在建筑入口处和商业中心处结合中庭均匀布置扶梯，有利于使用者的疏导。其他2部扶梯连通地下室与建筑一层空间，分别位于建筑入口广场和阅海下沉广场，主要用于登塔流线的组织和下沉广场连通阅海广场的流线组织。

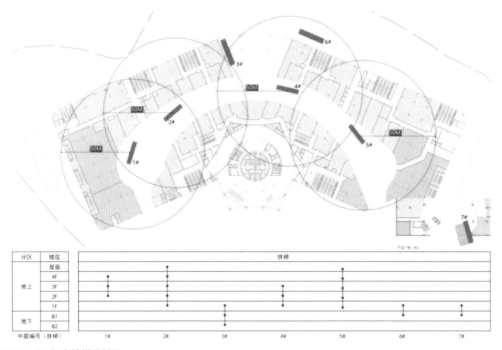

图 3.2-62 裙房扶梯分析图

本项目采用电梯与扶梯相结合的垂直交通组织方式，全面覆盖了裙房的每个角落。裙房部分将电梯分为客梯和货梯两种类型（图3.2-63），有利于客货分流互不干扰。

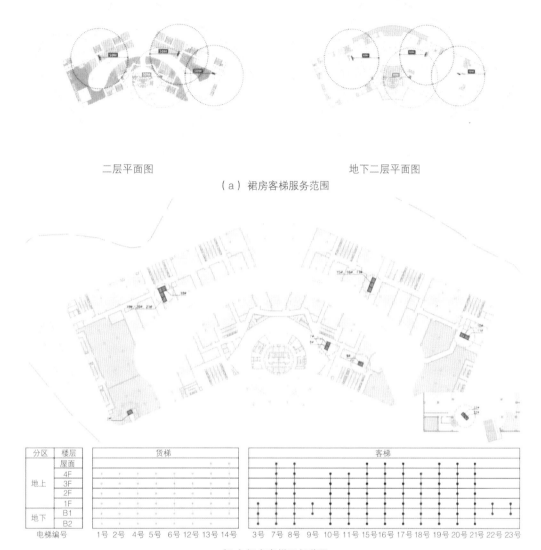

| | 二层平面图 | | 地下二层平面图 |

（a）裙房客梯服务范围

（b）裙房客梯运行范围

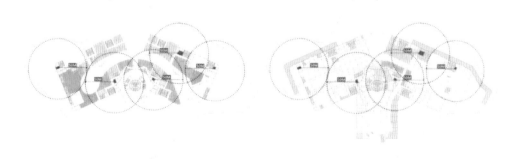

| | 二层平面图 | | 地下一层平面图 |

（c）裙房货梯服务范围

图 3.2-63 裙房客梯分析图

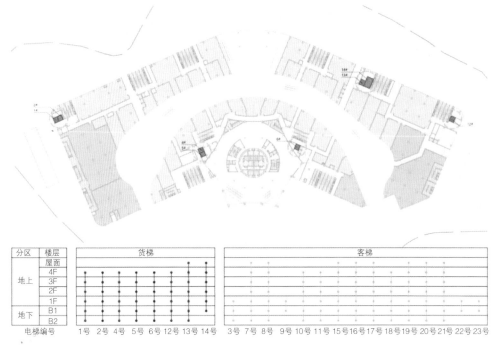

分区	楼层	货梯								客梯													
	屋面																						
地上	4F																						
	3F																						
	2F																						
	1F																						
地下	B1																						
	B2																						
电梯编号		1号	2号	4号	5号	6号	12号	13号	14号	3号	7号	8号	9号	10号	11号	15号	16号	17号	18号	19号	20号	21号	22号	23号

（d）裙房货梯运行范围

图 3.2-63 裙房客梯分析图（续）

根据功能分区和电梯服务半径（50 米），在商业部分设置 4 处成组客梯，共包含 15 台客梯，其中 3 号、9 号、21 号、22 号电梯运行区间为地下室至一层，10 号、11 号、18 号电梯运行区间为地下室至四层，其他电梯由地下室可直达屋顶。在此基础上，商业裙房设置 5 处成组货梯，共包含 8 台货梯，其中 13 号和 14 号电梯为展览货流专用货梯，运行区间为地下室至裙房屋顶。其他货梯运行区间均为地下室至裙房四层。

在高层建筑物中，电梯是解决垂直交通的主要工具。经过电梯系统设计、成本分析与评估，选择合理的电梯系统设置意味着客流及物流快捷安全地流通，进而增加建筑面积的利用率、节省投资、降低能耗。本项目塔楼采用分区分层的电梯运营方式（图 3.2-64），共设置 14 部电梯，包含 6 部高区电梯，3 部低区电梯和 5 部局部楼层区域电梯。1 号和 2 号电梯为观光层专用双轿厢高速客梯，直达塔楼高区观光层，高区电梯有较长段的快速通行区，有利于发挥高区的速梯优势。3 号电梯为消防电梯兼 VIP 电梯，4 号电梯为疏散电梯兼货梯。5 号和 6 号电梯为客梯，主要为登塔人群服务，停靠塔楼中区和高区。1~6 号电梯，提升高度为 300 余米，主要服务于塔体高区观览客流，经过竖向交通运力计算，选用了 8 米 / 秒、非常规的真正超高速电梯，有效节省了运载时间，提升了客群的观览体验感。7 号、8 号和 9 号电梯为低区电梯，其中 7 号电梯为办公用梯，8 号和 9 号电梯为消防电梯。低区电梯减少了总行程，而且可选择梯速较低的电梯，提升经济性。12 号电梯为中区电梯，主要服务于塔楼中区

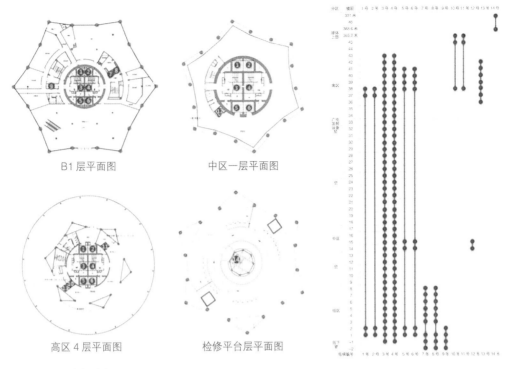

B1 层平面图 中区一层平面图

高区 4 层平面图 检修平台层平面图

图 3.2-64 塔楼电梯分析图

博物馆的观览人群。10 号、11 号、13 号、14 号电梯为高区电梯，其中 14 号电梯为检修电梯，其他均为客梯。分区分层的设计方式有效地提高了竖向交通的利用率，同时在充分满足需求的基础上，降低了投入成本和运营成本。从而提高能源利用效率，全面贯彻建筑的可持续发展理念。

6. 绿色建筑预评估分析与 LEED 认证方案

绿色能源与环境设计先锋奖（LEED）是国际最权威、全球采用最广泛的绿色建筑评估体系，由美国绿色建筑委员会（USGBC）开发，对当代各国的各类现代建筑类型具有普遍适用性，提供实用性、操作性强且可量化检测评估的绿色建筑解决方案。LEED 认证从社会、经济、环境三方面带来建筑的综合效益。社会效益——能够提升企业形象、提高品牌效益、提升社会知名度、提升客户参与感、提高入住满意度；经济效益——入住率增加 3%，承租率增加 3.5%，投资回报提高 6.6%，项目价值提高 7.5%，节省运营成本 8%~9%；环境效益——减少固体废物 70%，节水 40%，CO_2 减排 35%，节能 30%。

本项目的绿色建筑预评估分析根据现有方案及初步设计施工图纸，且在景观设计不影响整体方案的情况下，完全满足绿色建筑提出的要求。根据《宁夏回族自治区绿色建筑管理办法》GB50378-2014 对比本项目设计内容进行了预评估，总分 66.46 分，满足绿色建筑二星级的要求。结合项目场地情况及现有设计方案，因本项目绿地率较低，场区内基本满铺，对于雨水收集利用是不利的；大面积采用玻璃幕墙且形状不规则，无法提高围护结构性能达到绿色建筑标准的要求，增量很大，且无可开启部分，对于过渡季的自然通风利用不利；本项目如需达到绿色建筑三星级设计标识的标准，难度极大，会增加一些高增量成本技术如：非传统水源（中水、雨水）的利用、幕墙被动式节能技术、可再生能源的利用、提高节水器具等级、光导管、采用密闭集水盘、室内二氧化碳及其他污染其他超标与风机联动监控系统、全部采用精装修、装配式、更高等级的节水器具及在空调进风口加设中效过滤器等，实现难度较大，且增量成本保守预计在 500 元 / 平方米以上，代价较大，且得分为 80.29，进行绿色建筑三星级评价申报存在较大降低星级评价的可能。

综合以上，建议本项目进行 LEED 预认证，其特点是时间短，在初步设计结束资料充足情况下仅需 3~5 个月即可拿到预认证证书，仅需小范围修改图纸即可拿到最高级别认证——铂金级，不会带来后期增量。本项目如进行 LEED 认证，就目前来看仅能拿到银级认证，影响力不够，但如进行运营评价，也可以拿到最高认证级别——铂金级认证，且不会带来其他增量。因此，建议本项目进行 LEED 预认证 + 运营认证，增量最小且影响力最大，且对项目目前情况不会带来特别大的修改及困难。如下为 LEED 认证方案：

（1）在 LEED CS 预评估中（图 3.2-65），LEED v4 BD+C——核心与外壳（Core and Shell）项目的预估结论是根据 LEED 经验和项目方案设计情况，CS 项目可获得 65 分，能实现 LEED 金级要求。如对图纸进行相应修改，预认证在无增量的情况下，可实现铂金级。预认证工作周期为签订合同 3 个月，认证周期为竣工后 3~5 个月，但仅能达到银级认证。但对于本项目无增量。

（2）在 LEED OM 预评估中（图 3.2-66），LEED v4.1 运营与维护——既有建筑（Existing Buildings）项目的预评估结论根据 LEED 经验和项目方案设计情况，OM 项目可获得 67 分，能实现 LEED 金级要求。如有需要也可满足铂金级。服务周期为竣工后 12 个月，且无增量。

7. 特殊消防设计

本项目作为广播电视信号发射兼具游览观光功能为一体的特殊建筑，在执行国家消防工程技术标准时存在一些设计难点。结合项目定位需求，综合考虑消防安全及建筑功能的实现，基于国家现行规范标准和建筑塔楼高度超过 250 米的实际情况，联手四川法斯特消防安全性能评估有限公司，通过 FDS 模型软件和 STEPS 人员疏散软件对建筑存在的消防设计难点提供相应消防安全策略及相应的加强设计策略，为本项目的消防安全水平达到要求提供技术支撑。

根据对目前丝路明珠塔设计方案的分析，该项目存在的消防问题主要集中在以下几个方面：

图 3.2-65 LEED CS 预评估项目表

图 3.2-66 LEED OM 预评估项目表

①塔楼特殊功能区疏散人数指标确定；

②塔楼核心筒疏散楼梯设计；

③塔楼避难层设计；

④塔楼层间防火分隔设计；

⑤超高层加强措施制定；

⑥裙房中庭防火分区设计；

⑦外露钢结构防火保护。

疏散人数的计算关联疏散宽度设计及人员疏散安全性的分析，是建筑疏散设计中的基础指标，也是平面布局、竖向交通设计的重要考虑因素之一。但对于本项目的塔楼来说，其功能相对较为特殊，根据目前设计中楼层功能分布，塔楼内中、高区分别布置有旋转餐厅、观光层、博物馆等特殊功能，这些功能场所在国家现行标准《建筑设计防火规范》GB 50016 中，均没有明确的疏散人数计算指标。

因此，以塔体高区观光层的疏散人数计算为例，消防设计的工作内容如下：

目前在国内及外国规范及标准体系中，均没有类似高层塔楼观光层疏散人数的计算标准，在现行中华人民共和国文化和旅游部出台的《景区最大承载量核定导则》LB/T034-2014 中，也仅有针对文物古迹类景区、文化遗址类景区、古建筑类景区、古街区类景区、古典园林类景区、山岳类景区和主题公园类景区的人均空间承载指标有建议性数据，本项目这类超高层观光塔在该标准中也无法取得合理的人数计算指标。

在国内类似较为知名且兼具广播电视和观光功能的塔式建筑，如广州塔、天津塔、中原福塔以及上海东方明珠电视塔等，均是通过运营测算人数的方式限定观光层内人数指标，最终作为设计依据指导相应的疏散设计。同时根据《广播电影电视建筑设计防火标准》GY5067-2017 第 5.0.7 条规范的条文说明"由于广播电视发射塔塔楼每层平面面积有限，带来的垂直交通问题不可能按照一般民用建筑的条件来考虑，只能根据广播电视发射塔的具体情况，尽可能使其合理并考虑使用安全。"所以在规范条文中，这类建筑的疏散设计是按照建筑每小时设计游览人数来确定疏散楼梯数量。由此认为，本项目可以按照《广播电影电视建筑设计防火标准》GY5067-2017 要求，采取控制游览人数的方式确定观光层疏散人数。结合本项目前期资料，设计中高区观光层总游览人数为750人，每个观光层控制游览人数为250人。但对于采用该种方式确定建筑内使用人数时，需采取合理的游客流量控制措施。参照《景区最大承载量核定导则》要求，建议采用以下措施控制高区登塔游客数量。

①门票预约

项目景区管理部门应推广推荐门票预约预售制度。在经相关行政主管部门同意后，采用预先支付享受折扣等方式引导旅游者提前订票，以有效预估旅游者流量。

②**实时监测**

景区应考虑游客流量监测常态化。采用门禁票务系统、景点实时监控系统等技术手段，实现景区流量监测的点、线、面布局。同时结合智慧旅游新技术，利用移动多媒体、智能终端等多样化的旅游信息平台（如上海采取的移动终端景区实时客流监测模式），及时公布景区旅游者流量，供旅游者参考。

③**疏导分流**

合理设计旅游者排队等候的方式和途径（如分时售票、按时登塔等措施），疏导分流入口处旅游者；通过折扣补偿、延长有效期、多种形式的通票等，减少景区入口或设备设施入口的旅游者数量。同时在景区入口大门及售票区，增设电子显示牌，向游客提供可供登塔人员数量信息。

本项目建筑高度超过 250 米，虽然根据前期咨询和专家建议，建筑可定义为广播电视发射塔建筑，但建筑内非广电发射功能楼层需要按照《建筑设计防火规范》GB50016-2014 等标准要求执行。那么对于非广电发射功能楼层，疏散楼梯的设计即成为目前设计的难点。

本项目中、高区存在博物馆、观光、餐厅等非广电发射功能楼层，按照规范需要设置两部疏散楼梯。而根据公安部公消〔2018〕57 号文件《建筑高度大于 250 米民用建筑防火设计加强性技术要求（试行）》第六条规定：除广播电视发射塔建筑外，建筑高层主体内的安全疏散设施应符合下列规定：

①疏散楼梯不应采用剪刀楼梯；

②疏散楼梯的设置应保证其中任一部疏散楼梯不能使用时，其他疏散楼梯的总净宽度仍能满足各楼层全部人员安全疏散的需要；

③同一楼层中建筑面积大于 2000 平方米防火分区的疏散楼梯不应少于 3 部，且每个防火分区应至少有 1 部独立的疏散楼梯；

④疏散楼梯间在首层应设置直通室外的出口。当确需利用首层门厅（公共大堂）作为扩大前室通向室外时，疏散距离不应大于 30 米。

从《建筑高度大于 250 米民用建筑防火设计加强性技术要求（试行）》要求增加楼梯的目的看，是为了确保建筑内某部楼梯在出现危险无法使用时，其他楼梯仍能满足人员疏散需求，提高超高层建筑疏散安全性。在设置避难层的塔式建筑中，疏散楼梯需在避难层进行强制转换，所以在火灾过程中，可视为某个避难区间火灾只可能对对应避难区间的疏散楼梯造成影响，而不会影响其他避难区间疏散楼梯。从这个角度说，在没有功能层的纯核心筒区间各个楼层，疏散楼梯可确保安全可靠，其疏散楼梯总净宽度按该层及以上疏散人数最多一层的人数计算即可（规范第 5.5.21 第 1 款），即不少于 2 部总净宽不小于 2.5 米 疏散楼梯（图 3.2-67）。

而对于有功能楼层如中区和高区功能区段来说，其区间疏散楼梯可能会受到功能区

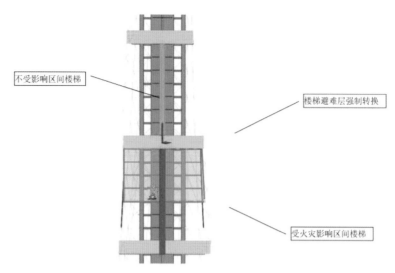

图 3.2-67 疏散楼梯受火灾影响示意图

火灾影响出现某部疏散楼梯无法使用的情况，所以区域部分的疏散楼梯仍需要考虑其中一部楼梯无法使用时剩余楼梯总宽度能满足疏散需求。从平面考虑，这部分区间虽然核心筒的面积必须与无功能区段保持一致无法增大，但核心筒外有大面积功能区面积，可考虑在核心筒外设置疏散楼梯通向下部避难层，达到提高疏散体系可靠性的目的。

根据以上分析，在建筑塔楼中区（标高 98.4~120.0 米区间）和高区（标高 282.0~325.8 米区间）功能层核心筒外增设一部疏散楼梯延伸至相邻下一个避难层既能满足《建筑高度大于 250 米民用建筑防火设计加强性技术要求（试行）》中针对疏散的加强措施要求，又能兼顾建筑设计形态和使用功能要求。

通过对三种塔体结构形式的模拟，确定塔楼疏散楼梯设计策略能有效提高疏散效率，三种塔体结构形式分别为：

①塔楼 5 层以下按照实际设计平面，5 层及以上以 5 层为标准层，假设项目为常规高度达 325 米，总层数 60 层（5 层以上层高 5.4 米）的办公建筑时，塔楼整体所需要的疏散时间；

②按照功能区不增设疏散楼梯，仅保留核心筒两部疏散楼梯，楼层均按目前设置方案布置情况下，塔楼整体所需要的疏散时间；

③按照中高区功能层部分在核心筒外增设疏散楼梯，核心筒内两部疏散楼梯，楼层均按目前设置方案布置情况下，塔楼整体所需要的疏散时间。

因此，通过实验模拟（图 3.2-68~ 图 3.2-73），得到的烟气模拟结果，如下：

火灾场景 A1

计算对象：塔楼 39 层旋转餐厅　　火灾最大规模：2.5MW

火灾发展速率：0.044kW/s²　　消防系统：灭火排烟均有效

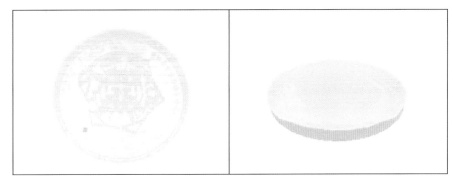

计算模型俯视图　　　　　　　　　　　　　计算模型侧视图

图 3.2-68 计算模拟结构图

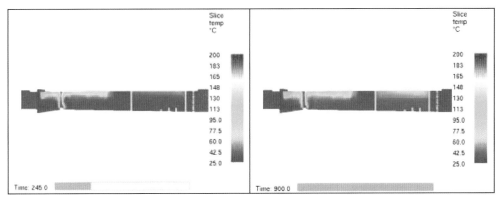

245 秒温度分布　　　　　　　　　　　　　900 秒温度分布

图 3.2-69 烟气温度分布图

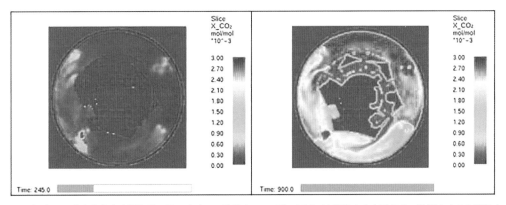

245 秒时 CO_2 浓度分布（水平切片，地面上方 2.0 米处）　900 秒时 CO_2 浓度分布（水平切片，地面上方 2.0 米处）

图 3.2-70 CO_2 的浓度分布图

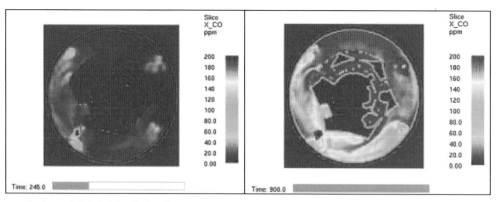

245 秒时 CO 浓度分布（水平切片，地面上方 2.0 米处）　900 秒时 CO 浓度分布（水平切片，地面上方 2.0 米处）

图 3.2-71 CO 的浓度分布图

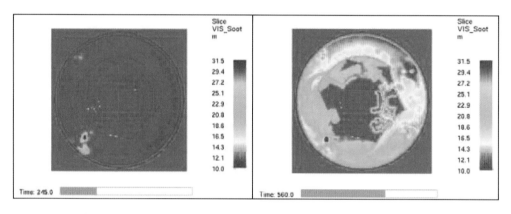

245 秒时能见度分布（水平切片，地面上方 2.0 米处）　560 秒时能见度分布（水平切片，地面上方 2.0 米处）

图 3.2-72 能见度分布图

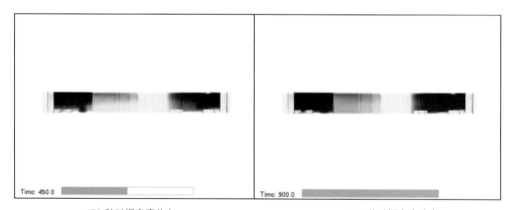

450 秒时烟密度分布　　　　　　　　　900 秒时烟密度分布

图 3.2-73 灰密度分布图

8. 参数化模型建构

参数化设计流程是参数化设计以编程数据为核心，强调编程数据的逻辑推理，最后映射为建筑形体的生成与优化。本项目以 Rhino+Grasshopper 搭建参数化设计平台，形成"设计理念—设计变量—算法逻辑—基本形体建构—精细化建构—最终方案"的设计框架（图 3.2-74），整个设计过程运用建筑评价与反馈、迭代与优化的思路实时调整设计变量，多方位、多角度地对建筑形体进行推敲，从而提升建筑设计的科学性、美观性和高效性。首先根据项目任务书进行相关分析，确定设计理念并绘制方案草图。接下来通过项目特征与属性对方案定性，确定控制建筑形体的约束条件和设计变量，进而推导建筑形体的生成逻辑和基本算法，构建建筑基本形体。建筑师对基本形体进行评价与修整后，对项目进一步精细化建构，再经过迭代优化敲定最终方案。本项目具体设计内容包括裙房形体设计、裙房表皮设计、塔楼形体设计、塔楼结构设计、内部空间设计、BIM 协同设计等。参数化建筑设计的实质是将建筑设计的思路转化为逻辑推理的过程，将设计中的各种变量和条件映射为多个参数之间的关系，通过计算机软件来完成模型的建构。因此，在建立合理清晰的逻辑关系的基础上，通过相关参数的调整和建筑师的比选可以得到更具逻辑性和精巧性的建筑设计方案。与此同时，通过对参数或逻辑的调整即可实现多方案的变化，简化模型修改的步骤，在一定程度上提高工作效率。

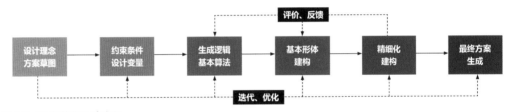

图 3.2-74 参数化设计流程

（1）深化设计流程

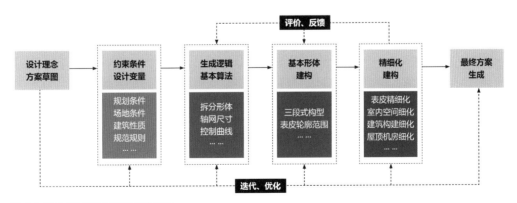

图 3.2-75 裙房参数化深化设计流程

基于参数化设计的基本流程，针对本项目裙房部分展开深化设计（图 3.2-75）。综合自然、人文、生态等客观因素，将"舟"作为裙房的设计理念并绘制方案草图。依据规划条件及场地条件等现有要素进行项目前期分析，将本项目裙房定性为商业综合体，进而明确相关规范规则，确定影响形体的约束条件和设计变量。依据方案草图对形体进行拆分，结合内部功能分区和流线组织确定轴网尺寸，推导出建筑形体的生成逻辑和基本算法。绘制构建基本形体的控制曲线，形成三段式基本构形，综合多方位因素确定建筑表皮的轮廓范围。经过多方案对比和评价，并结合结构、机电、水暖等多角度的专业意见，选取具备视觉感观美和建筑性能高品质的建筑方案进行精细化建构。主要深化内容包括表皮精细化设计、室内空间精细化设计、建筑构件精细化设计、屋顶机房精细化设计、景观精细化设计等。在精细化设计过程中对建筑方案进行反复优化设计，对影响建筑性能的各个指标进行分析，从而实现更为优美完善的建筑形态。

（2）基础形体建构

本项目裙房以"舟"为设计理念，初始构想造型采用建筑经典三段式，建筑由下至上逐渐放大形成连续平滑的空间曲面，生成形似巨轮的基础建筑形态。裙房的基本形体包括内部幕墙轮廓、顶层建筑轮廓、裙房屋顶、表皮轮廓、屋顶天窗等。

①基本形体的建构从确定平面轮廓开始，平面形式采用哑铃型双核线性商业模式，依据多项目调研总结确定本项目商业裙房轴网尺寸为 9 米，接下来通过对轴网进行偏移后倒圆角得到一层平面轮廓，即为内部幕墙轮廓的底边控制线。将阅海一侧的底边控制线向外侧偏移并二次倒圆角后得到内部幕墙轮廓的另一条控制线，将此控制线提升至四层高度后对两条线进行放样得到的平滑曲面即为内部幕墙轮廓。

②在阅海面一侧，内部幕墙形成倾斜向上的平滑斜面，除此之外的内部墙面均为与地面垂直的竖直面。裙房顶层设置屋顶花园，其边界为椭圆形。首先根据轴网确定椭圆的中心点并绘制椭圆形控制线，再根据内部幕墙轮廓偏移生成另一条控制线，将两条控制线在交点处打断后重新组合得到裙房顶层建筑轮廓线，最终将轮廓线向上延伸层高至屋顶下，即得到顶层建筑轮廓。

③采用相同的手法，利用轴网先偏移再倒圆角后得到裙房屋顶的轮廓面，再将天窗和屋顶花园镂空部分去除，形成裙房屋顶的基础形态。外表皮主要集中在建筑立面的二层和三层，表皮的轮廓生成逻辑相对简单，通过两条控制曲线放样生成向斜上方延伸的倾斜曲面。

④其中，两条控制曲线均由轴网偏移并倒圆角后生成，分别移动到距离室内地面 4 米和 18.2 米的高度。考虑到扩大阅海景观面的视野，将裙房阅海面的表皮向上延伸形成优雅的弧线，将碧波蜿蜒、鸟语蝉鸣、绿树成荫的优质自然湖畔景观引入建筑内部，同时增强了建筑表皮的活泼性和趣味感。

综上所述，裙房的基本构型逻辑简单清晰（图 3.2-76），其基础形体犹如一艘巍巍巨轮，代表着银川市在丝绸之路的重要位置，引领着银川市的发展和壮大，象征着银川市永立时代潮头，继续劈波斩浪、扬帆远航，胜利驶向充满希望的明天。

（3）精细化建构

在明确基础形体建构的前提下，进行模型的精细化建构。本项目的精细化建构主要

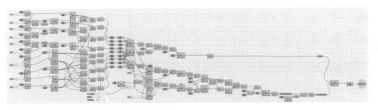

（a）内部幕墙轮廓生成逻辑

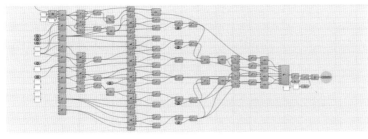

（b）顶层建筑轮廓生成逻辑

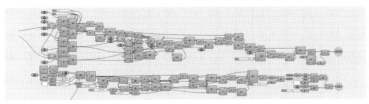

（c）裙房屋顶轮廓生成逻辑

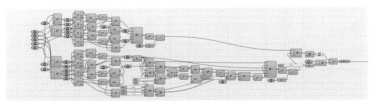

（d）外层表皮轮廓生成逻辑

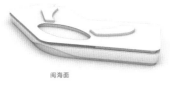

阅海面　　　　　　　　　　临路面

（e）裙房基础形体

图 3.2-76 裙房参数化深化设计

包括表皮精细化设计、室内空间精细化设计、建筑构件精细化设计、屋顶机房精细化设计、景观精细化设计等，其中表皮精细化设计是本项目的特色，本节主要围绕表皮精细化设计进行阐述。表皮的参数化设计主要采用曲线干扰的手法。综合施工难度、工程造价、立面效果、使用功能等多方面因素，选取菱形金属块为建筑表皮的基本单元模块（图3.2-77），因其具有较强的立体感。单元模块主要依靠中心杆件进行连接，组合方式简洁多样，进而使建筑立面具有丰富性和可变性。

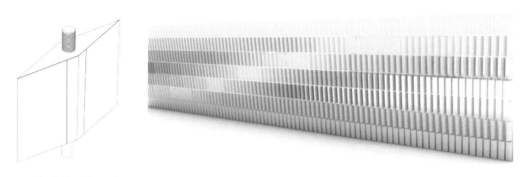

（a）菱形单元模块　　　　　　　　　　　　（b）模块组合方式

图 3.2-77 裙房表皮精细化设计

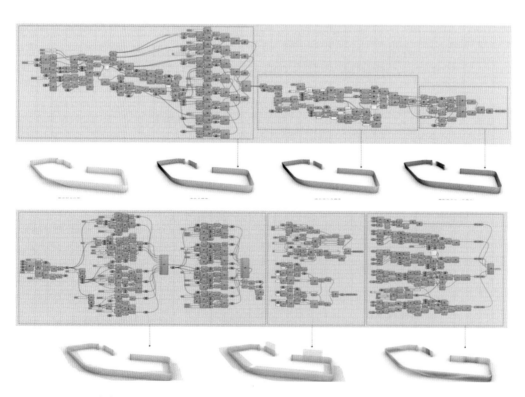

图 3.2-78 裙房表皮精细化设计

裙房表皮的精细化设计基础是菱形基本单元模块的构建（图 3.2-78）。首先对基本形体的控制曲线进行均分处理，每段曲线缩小一定长度，使得菱形模块的间距保持一致，再经曲线放样得到竖向均分的条状构件。结合建筑层高、使用功能、立面效果等因素，将条状构件水平均分为 7 段，形成的小方形构件即为菱形模块的雏形。提取小方形构件短边的中点，沿着垂直表皮基本曲面的方向进行移动并连线，最终放样得到未经变化的菱形基本单元模块。建筑立面的变化由菱形构件的旋转渐变生成，植入丝绸和海浪的表皮设计理念，通过偏移、移动等操作手法对轴网进行多次处理，形成多段双圆弧的波动曲面。依据波动曲面建造渐变菱形模块的范围体块，选取体块内的菱形模块进行旋转。以菱形模块与范围体块的距离为依据控制体块旋转的角度，距离越近旋转角度越小，相反距离越远旋转角度越大，旋转的角度区间为 9°~90°。通过菱形模块的旋转，建筑阅海面及南北两个立面的表皮变化形成连续波动的海浪状，而在建筑主入口一侧，将广告牌与建筑立面相融合，将菱形模块的旋转范围设置为广告牌大小的矩形块，菱形模块的旋转角度由中间向两侧逐渐减小，犹如一张画卷徐徐展开。在此基础上，考虑到施工和模块制作等后续项目实施问题，对菱形模块的大小和旋转角度进行了标准化处理。在满足建筑使用功能和保证建筑整体效果的前提下，采用模数化、标准化的设计方法，可实现规模化生产与集约化管理，节约了投资方的成本开支。同时简化了施工人员的工作流程，提高了工作效率。通过整合和分析多方面的影响因素，对模型进行迭代优化，创造出经济、实用、美观并存的建筑表皮形式。

（四）BIM 三维协同设计

1. 工程数字化概况
（1）项目重难点
本项目规模大，从裙房到塔楼均为非线性建筑，建筑造型复杂，整体为不规则形状，是形体错综复杂的建筑。塔体钢结构扭转上升，计算分析复杂，建筑与结构定位以及模型建立较困难，可能会导致传统的二维设计很难表达设计意图，进而造成各专业配合时存在许多纰漏，使得本项目在后期出现返工，从而发生施工周期变长、成本增加等现象。另外专业分包较多，需与多方紧密协调配合，且受新冠与设计需求更改等多因素的影响，项目工期比较紧张。

（2）BIM 技术应用的必要性
本项目将BIM技术主要应用在项目设计阶段，后续还将应用于施工及项目运营阶段。设计阶段对 BIM 技术应用的要求，为协同施工图设计起到辅助设计、提高设计质量、协同解决技术难题的作用，最终输出数字模型也可作为项目施工及运营的基础成果。而借助 BIM 设计还可实现项目复杂形体的可视化，弥补传统设计的不足；通过模拟分析，检查设计阶段存在的问题，便可以避免不必要的损失。因此本项目在设计阶段采取了多种 BIM 技术应用，能较好匹配项目规模大、复杂形体、周期紧、专项设计条件多的设计要求。

在施工图设计阶段，BIM 技术的应用能够帮助提升设计质量，采用二维三维联动设计，完善以往平面设计信息不明的缺陷，以 BIM 信息模型为平台，进行建筑能耗、人流疏散等合规性检查，达到综合协调与方案优化的目的，以此保证模型和设计图纸之间数据的关联性，并利于施工图设计的调整。

（3）工作目标

本项目采用 BIM 技术预期达到的工作目标为：①通过参数化建模，解决复杂形体建筑的设计表达难点；②运用模拟分析的方法，为项目运营提供技术支持；③通过 BIM 协同平台，实现设计总包对多专业分包的管控；④积累非线性复杂项目的 BIM 应用经验，完善企业 BIM 应用标准及企业族库。

在明确工作目标后，为使项目 BIM 模型规范化，针对丝路明珠塔项目的特点，编制了项目级 BIM 标准，其中详细规定了项目的进度计划、BIM 组织架构、BIM 模型拆分原则、工作流程、软硬件配置、项目样板要求、各阶段模型设计与交付要求等。

2. 建筑数字化技术应用

（1）场地分析

项目前期方案设计阶段，通过 BIM+GIS 技术，获取了场地周边城市信息数据（图3.2-79）。后从宏观角度分析项目基地周边环境，为建筑设计提供空间查询及空间分析，

图 3.2-79 BIM+GIS 技术应用

并为建筑方案设计提供基础数据。同时，在建筑方案的调整过程中，将反复推敲得到的建筑平面形式及场地利用方案载入平台，以更好地了解建筑建成后可能对周边环境产生的影响、城市天际线效果等。

（2）参数化建模

方案阶段，通过 Rhino+Grasshopper 软件对塔体及裙房进行参数化建模，对建筑形体进行推敲分析。在方案进一步深化过程中，需要各专业配合在 Revit 中对模型进行整合，建筑结构空间关系复杂，曲面的幕墙体系若直接在 Revit 里建模难度较大，因此建筑部分采用 Revit+Grasshopper 交互的方式，建筑内部非曲线部分以及有规律的曲线部分运用 Revit 直接建模，而裙房以及扭转的塔体外围护结构、曲面幕墙以及装饰构件等运用 Grasshopper 中的插件 Hummingbird 将 Rhino 模型导入到 Revit。主要操作过程如下：首先对 Rhino 模型进行梳理，找到坐标点与边界线等控制形体的关键数据；然后在 Revit 中设置与 Rhino 模型特征对应的自适应族或者体量；最后通过 Hummingbird 中的电池块将 Rhino 与 Revit 的数据进行连接转换，使其在 Revit 中变成可以进行赋予材质等信息的族。结构部分则利用计算软件以及 Visual ARQ 软件通过 IFC 格式作为数据转换的中介，将 Rhino 模型导入到 Revit。

（3）VR 与动画漫游辅助设计

方案推敲过程中，为方便分析观塔的最佳区域以及对塔身周边的广场、景观进行设计，将设计方案设置成 720° 全景图，并通过 VR 技术进行了视距尺度分析，确定观塔最佳区域在 700~1000 米范围，而 50 米范围内则无法观测塔身全貌，为观塔效果较差的区域（图 3.2-80）。此外为使塔冠部分可以与塔身尺度相协调，针对其体量我们设计了多个不同尺度比例的方案进行对比，并运用 VR 技术感受真实尺度，最终确定了合适方案（图 3.2-81）。

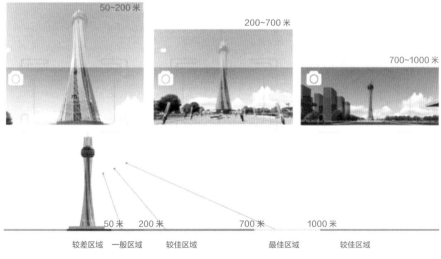

图 3.2-80 VR 二维码与视距分析

方案 A

方案 B

方案 C

方案 D

	方案 A	方案 B	方案 C	方案 D
H	43.2 米	32.4 米	43.2 米	43.2 米
	37.9 米	27.6 米	31.6 米	30 米
b	39.6 米	30.6 米	31.6 米	30 米
	41.2 米	36.6 米	36.6 米	35 米
	60 米	57 米	57 米	56 米

图 3.2-81 VR 体量分析

将沉浸式设计理念应用于重要部位的深化设计是重要的步骤之一。在 BIM 模型的基础上运用 FUZOR 软件进行动画漫游模拟，通过在软件中设置相应的材料与光影效果，并设置模型人在其中漫游，使设计者能真实地感受设计方案的尺度、比例、材质等设计是否合理，方便对方案进行调整（图 3.2-82）。首先是对球体部分玻璃栈道观景体验分析，确定结构形式以及栈道底部的选用材料；其次是主要对裙房的几个商业中庭部位进行漫游体验，对其空间形成及扶梯位置和不同时间段的光影效果进行推敲，最终确定扶梯的摆放

图 3.2-82 商业中庭漫游

位置、朝向以及屋顶的形式与尺度，以使人们在中庭游憩时能够有舒适的空间尺度并感受光影变化带来的美；最后是将场地与屋顶的景观模型与建筑模型整合后进行整体的景观漫游体验，分析建筑景观环境设计效果，以便对方案进行合理调整（图 3.2-83）。

3. 建筑物理模拟分析

在设计阶段，运用 Stream 软件对建筑进行室外风环境模拟，并运用绿建斯维尔软件对其进行采光环境模拟、节能计算等模拟分析。根据模拟结果对方案进行相应的调整，以使设计更加合理，并提高舒适度。本项目主要对裙房一层以及塔顶区域进行了风环境模拟。通过裙房一层的风速矢量图可知 [图 3.2-84（a）]，建筑周边风场整体较好；建筑东南角有局部涡流现象，易堆积尘土垃圾，建议主出入口尽量避开此区域。方案在此模拟结果的建议下，将建筑入口向东侧移动。由其风速云图可知 [图 3.2-84（b）]，建筑周边风速较为理想，能够满足人们室外活动需求。

图 3.2-83 景观动态漫游

通过对塔顶部摩天轮游客室外活动区域进行室外风环境模拟，模拟条件设置为：夏季风向 SSW，风速 2.9 米 / 秒；冬季风向 NNE，风速 2.2 米 / 秒。摩天轮高度为 369 米。按夏季风 2.9 米 / 秒计算 370 米高空风速约为：7.69 米 / 秒（n 取 0.27）。得出模拟结果（图 3.2-85），通过分析可知，顶部摩天轮供人们活动的区域范围内风速最高可达 8.5 米 / 秒，根据风力等级表（表 3.2-11）可知此风速情况会对人们的活动有所影响，须采取安全保护措施。通过对气象统计数据进行对比模拟结果可知，本项目一年中可全天开放观光缆车的时间占比 70.4%，分时段开放的时间占比 83.2%，满足要求。

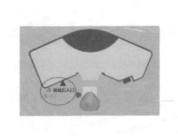

（a）一层风速矢量图

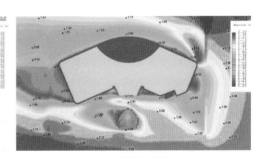

（b）一层风速云图

图 3.2-84 商业综合体的风环境模拟

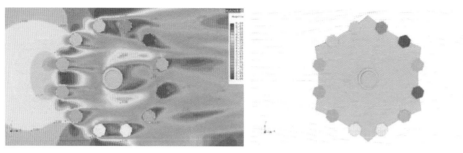

图 3.2-85 塔顶部摩天轮区域风速云图与风速矢量图

风力等级表 表3.2-11

	A	B	C	D	E	F	G
1				风力等级表			
2	风级和符号	名称	风速 (m/s)	(km/h)	陆地地面物象	海面波浪	浪高
3	0	无风	0.0~0.2	<1	烟直上	平静	0.0
4	1	软风	0.3~1.5	1~5	烟示风向	微波峰无飞沫	0.1
5	2	轻风	1.6~3.3	6~11	感觉有风	小波峰未破碎	0.2
6	3	微风	3.4~5.4	12~19	旌旗展开	小波峰顶破碎	0.6
7	4	和风	5.5~7.9	20~28	吹起尘土	小浪白沫波峰	1.0
8	5	劲风	8.0~10.7	29~38	小树摇摆	中浪折沫峰群	2.0
9	6	强风	10.8~13.8	39~49	电线有声	大浪白沫高峰	3.0
10	7	疾风	13.9~17.1	50~61	步行困难	破峰白沫成条	4.0
11	8	大风	17.2~20.7	62~74	折毁树枝	浪长高有浪花	5.5
12	9	烈风	20.8~24.4	75~88	小损房屋	浪峰倒卷	7.0
13	10	狂风	24.5~28.4	89~102	拔起树木	海浪翻滚咆哮	9.0
14	11	暴风	28.5~32.6	103~117	损毁普遍	波峰全呈飞沫	11.5
15	12	飓风	32.7~36.9	117~133	摧毁巨大	海浪滔天	14.0
16	13		37.0~41.4	134~149			
17	14		41.5~46.1	150~166			
18	15		46.2~50.9	167~183			
19	16		51.0~56.0	184~201			
20	17		56.1~61.2	202~220			
21	17级以上		≥61.3	≥221			

通过对建筑的外幕墙、中庭及屋顶天窗设计的推敲，建筑整体采光充足，可节约照明能源（图 3.2-86）。运用绿建斯维尔软件，设置项目地点、工程构造等，对其进行节能计算，通过对建筑构造措施进行调整，使其满足建筑节能的设计要求（表 3.2-12、表 3.2-13）。

图 3.2-86 采光模拟结果

<table>
<tr><td></td><td colspan="2" align="center">节能计算结果</td><td align="right">表3.2-12</td></tr>
</table>

	设计建筑	参照建筑
全年供暖和空调总耗电量（kWh/m²）	33.43	34.29
供冷耗电量（kWh/m²）	13.29	16.98
供热耗电量（kWh/m²）	20.14	17.31
耗冷量（kWh/m²）	33.23	42.45
耗热量（kWh/m²）	35.41	30.43
标准依据	《公共建筑节能设计标准》GB50189-2015 第3.4.2条	
标准要求	设计建筑的能耗不大于参照建筑的能耗	
结论	满足	

<table>
<tr><td colspan="3" align="center">节能计算结果表</td><td align="right">表3.2-13</td></tr>
</table>

序号	检查项	结论
1	体形系数	满足
2	可见光透射比	满足
3	屋顶构造	满足
4	外墙构造	满足
5	外窗热工	满足
6	有效通风换气面积	适宜
7	非中空窗面积比	满足
8	外窗气密性	满足
9	外门气密性	满足
10	幕墙气密性	满足
11	综合权衡	满足
结论		满足

4. 消防疏散模拟分析

Pathfinder 是一款基于代理出口和人体移动的模拟器。通过自定义每一个人员的各种参数（人员数量，行走速度，以及距离出口的距离）来实现模拟过程中各自独特的逃生路径和时间。此外，还可以模拟灾难条件下人员的疏散路径以及不同区域的人员疏散时间。本项目将 Pathfinder 软件和 BIM 软件相结合，对裙房的商业中庭部分进行了疏散模拟，以确定人员逃生数据和 BIM 三维可视化特点，将疏散环境和疏散情况进行还原，验证疏散时间是否满足消防相关规范要求，为消防性能化分析提供参考数据（图 3.2-87）。

5. 结构数字化技术应用

（1）结构体系建立

本项目塔部分采用筒中筒结构体系，内筒为混凝土剪力墙核心筒，外筒主要由 18 根钢管（底部为钢管混凝土）斜柱构成，其中每 3 根斜柱通过水平杆及斜撑联系，构成一组格构柱（空间桁架形式），共 6 组，倾斜向上。格构柱间由水平杆及斜撑联系，形成整体外筒结构体系。从经济性及结构安全性方面考虑后，对结构形式进行计算分析对比

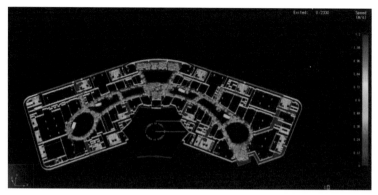

图 3.2-87 疏散模拟

得出内筒采用钢筋混凝土形式。根据建筑方案的平面布置和使用功能的要求，外筒为钢框架—中心支撑形式（图 3.2-88）。

外筒斜撑方案深化：根据内外筒联合模型试算结果，外筒框架剪力和倾覆弯矩占比

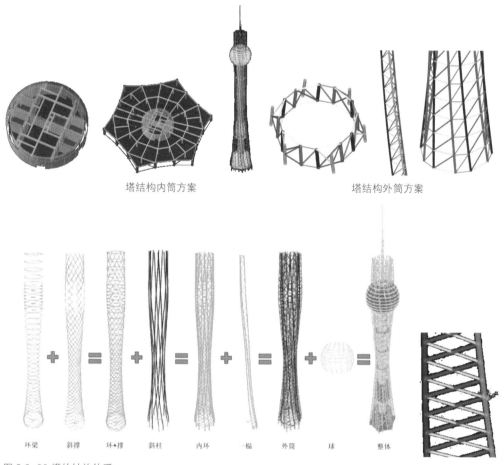

塔结构内筒方案　　　　　　　　　　塔结构外筒方案

环梁　斜撑　环+撑　斜柱　内环　一幅　外筒　球　整体

图 3.2-88 塔的结构体系

很高，外筒结构体系对结构整体受力影响较大。结合外筒受力特点，针对不同斜撑方案对外筒结构整体刚度贡献的有效性，提出 6 组斜撑布置方案。从周期、位移、支座反力等方面对各方案外筒受力情况进行分析（图 3.2-89）。

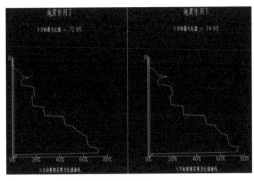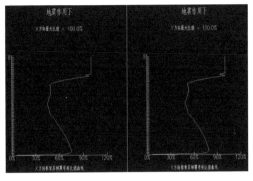

图 3.2-89 各方案外筒受力分析

（2）外筒斜撑方案的分析确定

外筒方案明确后，支撑方案是需要我们进一步探索的重点，其效率的高低将大大影响结构的性能和造价。

外筒斜撑方案 1：格构柱外侧斜杆、内外水平杆，每层一道；格构柱内侧斜杆为 V 形，每层一道；格构柱间每两层一道水平杆及斜杆（图 3.2-90）。

图 3.2-90 外筒斜撑方案 1

外筒斜撑方案 2：格构柱外侧斜杆、内外水平杆，每层一道；格构柱内侧斜杆为每两层一道，中间打断；格构柱间每两层一道水平杆及斜杆（图 3.2-91）。

图 3.2-91 外筒斜撑方案 2

外筒斜撑方案 3：格构柱外侧斜杆、内外水平杆，每层一道；格构柱内侧斜杆为每层一道，跨层布置；格构柱间每两层一道水平杆及斜杆（图 3.2-92）。

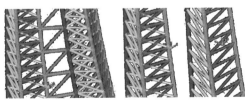

图 3.2-92 外筒斜撑方案 3

外筒斜撑方案 4：格构柱外侧斜杆、内外水平杆，每层一道；格构柱内侧斜杆为每两层一道，X 形布置；格构柱间每两层一道水平杆及斜杆（图 3.2-93）。

外筒斜撑方案 5：格构柱外侧斜杆、外水平杆，每层一道，内水平杆每两层一

图 3.2-93 外筒斜撑方案 4

道；格构柱内侧斜杆为每两层一道，单方向布置；格构柱间每两层一道水平杆及斜杆（图3.2-94）。

外筒斜撑方案6：格构柱外侧斜杆每两层对称布置，形成四角锥；格构柱内侧斜杆、水平杆为每两层一道，斜杆单方向布置；取消格构柱外侧每层水平杆（见图3.2-95）。

模态工况前三周期对比情况见表3.2-14~ 表3.2-17。

图 3.2-94 外筒斜撑方案 5

图 3.2-95 外筒斜撑方案 6

工况前三周情况对比表　　　　　　　　　　　表3.2-14

周期	方案1	方案2	方案3	方案4	方案5	方案6
T1	7.0359	6.5316	6.7792	6.7719	6.4407	6.6765
T2	7.0359	6.5316	6.7792	6.7719	6.4407	6.6764
T3	4.9945	4.7551	4.9432	4.7576	4.7538	4.5828

外筒钢结构自重对比表　　　　　　　　　　　表3.2-15

外筒重量	方案1	方案2	方案3	方案4	方案5	方案6
（kN）	263758	237739	262345	263897	228172	202376

自重下一组格构柱底竖向反力表　　　　　　　表3.2-16

支座反力	方案1	方案2	方案3	方案4	方案5	方案6
R1左柱	10263	10372	11620	10766	10643	11015
R2中柱	18373	16677	18196	18307	16277	10253
R3右柱	14250	12494	13634	14112	11129	12465

自重下塔顶三方向位移表　　　　　　　　　　表3.2-17

项目	方案1	方案2	方案3	方案4	方案5	方案6
X向位移	−0.24448	−0.46618	−0.62992	−0.29989	−0.29361	−0.18714
Y向位移	10.84364	22.14358	30.13783	14.09982	14.41223	2.6221
Z向位移	−98.01641	−83.09528	−89.7331	−89.29089	−80.8308	−72.11985

根据不同方案计算结果比对，最终确定方案6斜撑布置方案有效性最高，杆件数量较少，自重较低。优选方案6为外筒方案进行进一步杆件优化（图3.2-96、图3.2-97）。

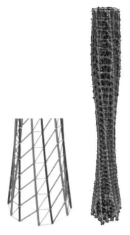

图 3.2-96 优选方案 6

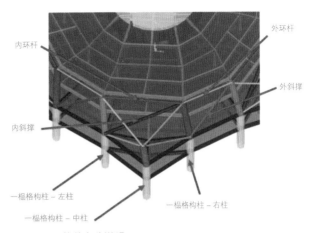

图 3.2-97 构件名称说明

（3）程序分析与可靠性对比

因本工程结构复杂，需要采用多个软件进行分析，以消除软件计算结果偏差造成的结构受力不准确。

因此，我们选取有代表性的杆件，分析它们在不同荷载下的内力分布是否一致（图 3.2-98）。

通过上述分析可见，内力分布结果一致，可以用于结构设计。此外，还要针对局部不同分析原因进行修正。

（4）结构分析

通过结构计算模型与 BIM 模型的相互转换，对结构进行弹性分析、稳定分析、温度作用分析、钢构件承载力验算、考虑收缩徐变的施工模拟、稳定性敏感分析、桅杆天线性能分析等，以确保结构满足相关规范要求。

① 复杂节点分析与设计

项目设计过程中，有局部复杂节点需要重点考虑，以取得良好的整体设计效果。比如为减少人防送风井对地上商业幕墙立面效果的影响，在汽车坡道上方设置取风夹层，为送风系统提供新风。在一层和地下一层广场区域设置统一的取风口，运用 BIM 三维模型辅助设计（图 3.2-99），提高设计效率；对塔体复杂部分进行计算分析和 BIM 建模，对重要节点进行有限元分析（图 3.2-100），使结构满足强度、稳定性设计要求，提高设计质量。

塔球部位外筒的 18 根钢柱要穿过球体，此部分需要结构变化，球体外柱需要"生根"了 18 根柱子。同时，此部分结构复杂必须进行节点内力分析。

② 动力弹塑性分析

地震是超高层结构必须重点面对的，需要用实际地震波进行罕遇地震下结构受力模拟，考虑结构在弹塑性阶段的受力能力（图 3.2-101）。

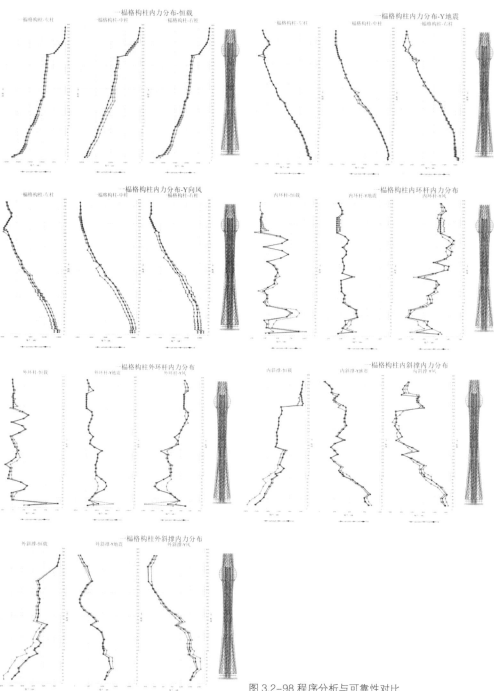

图 3.2-98 程序分析与可靠性对比

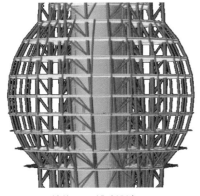
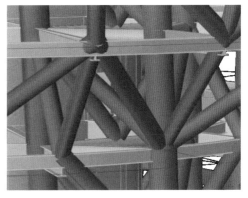

图 3.2-99 结构 BIM 辅助设计

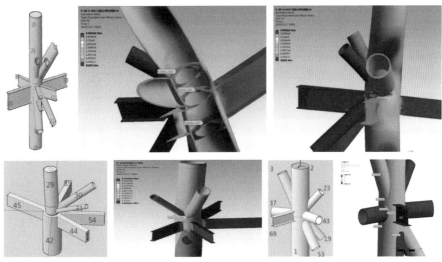

图 3.2-100 节点有限元分析

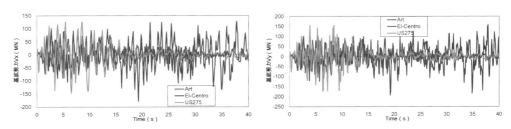

图 3.2-101 罕遇地震下结构受力模拟

混凝土部分：连梁：结构下部（1 层~18 层）和上部（30 层~42 层）受压损伤因子达 0.97，中部连梁仅约为 0.2；墙体：受压损伤轻微，最大损伤因子仅约为 0.2（图 3.2-102）。

钢结构塑性应变主要发生在顶部桅杆；X 向最大塑性应变为 3612 με；Y 向最大塑性应变为 1835 με（图 3.2-103）。

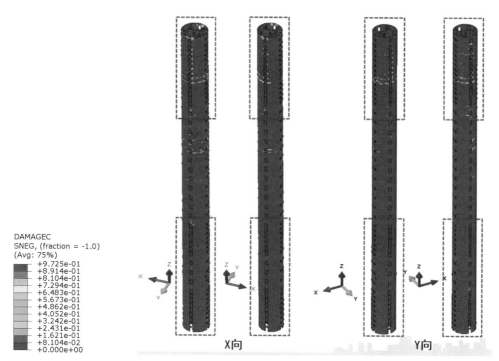

图 3.2-102 混凝土部分分析

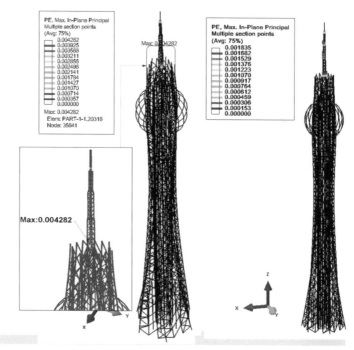

图 3.2-103 钢结构塑性分析

钢梁仅在结构顶部和中部出现塑性应变；钢梁最大塑性应变：X向2282μ𝜀；Y向722μ𝜀；水平环梁在收腰及球底处出现塑性应变（图3.2-104）。

与构件钢材塑性计算结果完全一致，钢管混凝土斜柱受力完全处于弹性状态，且承载力具有一定富余（图3.2-105）。

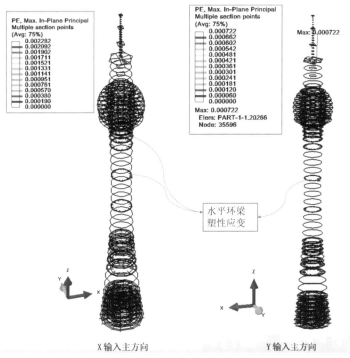

图3.2-104 钢梁塑性分析

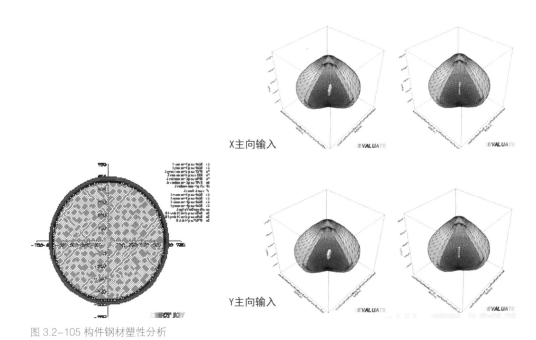

图3.2-105 构件钢材塑性分析

弹塑性时程分析（图 3.2-106），结果表明：

a. 结构在 8 级（0.2g）罕遇地震作用下，结构始终保持直立，结构最大层间位移角未超过 1/100，满足规范"大震不倒"的要求；

b. 连梁在罕遇地震作用下进入塑性状态，其受压损伤因子均超过 0.97；

c. 剪力墙墙肢混凝土进入塑性状态不显著，其受压损伤因子较小（混凝土应力均未超过峰值强度），基本处于弹性工作状态；

d. 顶部塔桅底部、顶部及中部部分钢梁发生量值较小的塑性应变；

e. 结构外框中钢管柱、钢斜撑型钢均未进入塑性，承载力校核显示构件的截面承载能力尚有一定富余，在罕遇地震作用下均保持弹性工作状态；

f. 分析结果显示，本结构存在较为显著的鞭梢效应，结构顶部的塔桅结构，特别是根部出现了较为显著的塑性及损伤，建议采取有效措施予以加强。天线减震（振）方案采用黏滞流体阻尼器；在天线根部四个角部设置 8 个黏滞流体阻尼器，即 4 个角点各设置 2 个方向的阻尼器，每个阻尼器呈 45°。

黏滞流体阻尼器对天线顶点加速度和位移有明显的减震效果；在小震作用时（既有分析参数下），顶点加速度和位移最大减震率分别为 69.88% 和 43.61%；在风荷载作用时，减振效果也较为明显，既有分析参数下顶点加速度和位移最大减振率分别为 38.84% 和 10.14%。

③温度分析（图 3.2-107）

银川市月平均最高气温为 34℃，月平均最低气温为 - 19℃。根据气象资料银川市历史最高气温为 38.7℃（2000 年 7 月 20 日），最低温度为 - 26.1℃（1989 年 1 月 15 日），考虑冬季停工期等因素初步假定结构的综合初始温度为 10℃。

a. 温度荷载工况，整体升温工况 T_a

作用于外框钢管混凝土柱的温差为：45℃ - 10℃ =35℃

作用于外筒钢结构构件的温差为：45℃ - 10℃ =35℃

作用于内筒的温差为：35℃ - 10℃ =25℃

b. 整体降温工况 T_b

作用于外框的温差为：- 26℃ - 10℃ = - 36℃

作用于内筒的温差为：- 20℃ - 10℃ = - 30℃

c. 日照温差工况 T_c

作用于外框的温差为：20℃

作用于内筒的温差为：10℃

④施工模拟分析

结构在施工过程中结构受力会随重量的增加不断变化，同时也会伴随构件的收缩和徐变。结构内筒作为扶壁式塔吊的支持，内外筒的施工次序也是不相同的，必须考虑施工的整个工序，才能保证内力分析准确。否则内外筒的竖向变形差分析错误会在使用阶

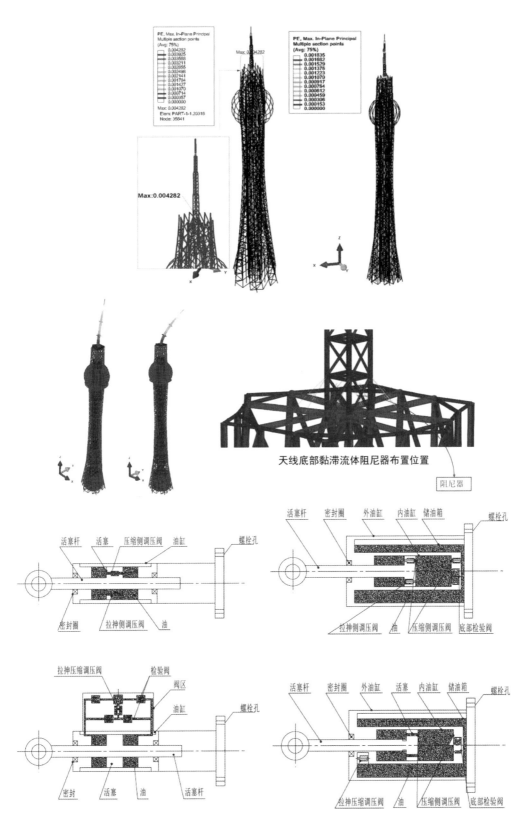

图 3.2-106 弹塑性时程分析

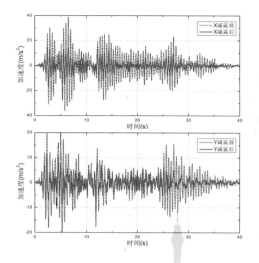

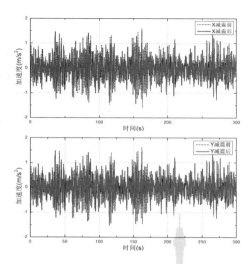

阻尼指数0.3、阻尼系数2000时RG1波顶点加速度减震对比

阻尼指数0.3、阻尼系数2000时风时程顶点加速度减震对比

图 3.2-106 弹塑性时程分析（续）

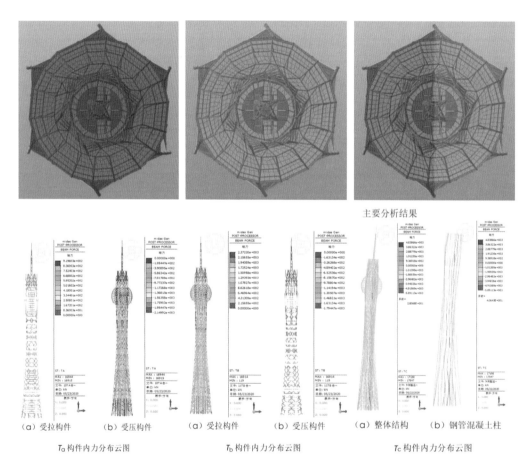

主要分析结果

（a）受拉构件　（b）受压构件　　（a）受拉构件　（b）受压构件　　（a）整体结构　（b）钢管混凝土柱

T_a 构件内力分布云图　　　　T_b 构件内力分布云图　　　　T_c 构件内力分布云图

图 3.2-107 温度分析

段造成构件破坏。收缩和徐变与时间相关，要按工序考虑冬季停工，并将结构分为 21 个模拟点，带入时间整体分析（图 3.2-108）。

结构封顶后一次性施加使用荷载，墙柱位移差曲线基本重合，墙柱位移差基本趋于稳定，各层墙柱竖向位移差随层高的升高逐渐加大，265.8 米处出现拐点，开始呈逐层

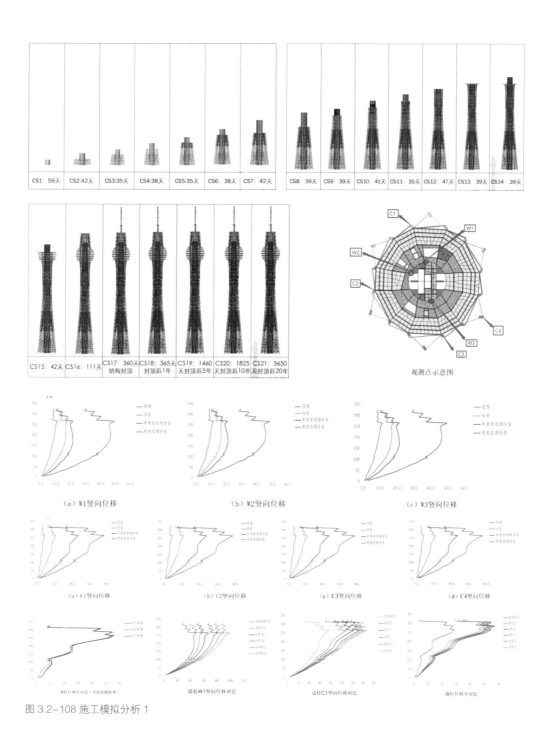

图 3.2-108 施工模拟分析 1

递减趋势。结构封顶时最大位移差为 27.8 毫米，封顶后最大位移差为 50.5 毫米（图 3.2-109）。

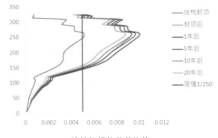

各层比值分布为低区和高区楼层小，中区楼层大，曲线整体呈抛物线状。结构封顶时，比值最大为 1：193，施加使用荷载后，比值最大为 1：107，均出现在 260.4 米层，此层连梁指向圆心布置，梁长较短。除标高 163.2 米以上楼层的比值均大于 1：200。

连接钢梁位移差比值

图 3.2-109 施工模拟分析 2

同时，施工阶段考虑预留 1 年内的收缩和徐变变形量。

a. 不考虑收缩徐变对材料变形的影响会严重低估结构的竖向位移，墙肢误差可达 2.3 倍，边柱可达 1.62 倍。

b. 收缩徐变在完工 1 年后会产生大部分变形，5 年后基本趋于稳定。

c. 由于部分变形会发生在施工完成后，应采取变形补偿，并使用销轴连接方式（图 3.2-110），确保内外筒之间连梁实现有效转动。其补偿值见表 3.2-18。

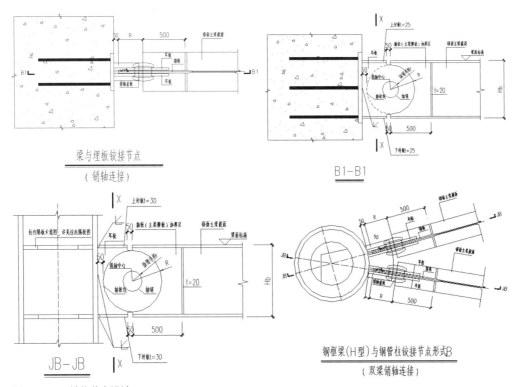

图 3.2-110 结构节点设计

补偿值（单位：mm）　　　　　　　　　　　　　　表3.2-18

标高	边柱	内筒	标高	边柱	内筒
6	1.2	0.5	87.6	0.9	0.4
11.6	1.2	0.5	93	0.9	0.4
17.2	1.1	0.5	98.4	0.9	0.4
22.8	0.9	0.4	103.8	0.8	0.4
28.2	0.9	0.5	109.2	0.8	0.5
33.6	0.9	0.4	114.6	0.7	0.4
39	0.8	0.4	120	0.8	0.4
44.4	0.8	0.2	125.4	0.84	0.36
49.8	0.8	0.4	130.8	0.84	0.36
55.2	0.8	0.4	136.2	0.84	0.36
60.6	0.8	0.4	141.6	0.84	0.36
66	0.8	0.4	147	0.84	0.36
71.4	0.8	0.4	152.4	0.84	0.36
76.8	0.8	11.4	157.8	0.84	0.36
82.2	0.9	0.4	163.2	0.84	0.36
168.6	1	0.4	255	1.1	0.35
174	1	0.4	260.4	1.2	0.35
179.4	1	0.4	265.8	1.1	0.4
184.8	1	0.4	271.2	1.3	0.3
190.2	1	0.4	276.6	1	0.4
195.6	1	0.4	282	1.1	0.3
206.4	1	0.4	287.4	0.9	0.4
211.8	1.1	0.37	292.8	0.7	0.2
217.2	1.1	0.37	298.2	1	0.3
222.6	1.1	0.37	303.9	0.7	0.3
228	1.1	0.37	309.6	0.7	0.3
233.4	1.1	0.38	315	0.5	0.2
238.8	1.2	0.38	320.4	0.4	0.4
244.2	1.2	0.38	325.8	0.3	0.2
249.6	1.2	0.38			

（5）结构 BIM 应用

① BIM 技术在地下室的应用

在进行地下室 BIM 建模时，由于地下室面积较大，标高变化较多，对于机电管线综合排布来说走向较为复杂。为了给机电专业提供一目了然的净高分析，本项目采用了 Dynamo 可视化编程，用颜色区分梁高，对地下室的梁高进行了分析（图 3.2-111）。通过 BIM 技术在地下室的应用，减少了设计上的错误，提高了设计效率，也为后续的管综提供了便利。

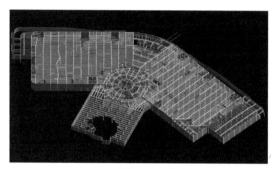

（a）地下室梁高分析　　　　　　　　　　（b）局部梁高分析

图 3.2-111 地下室 BIM 分析

② BIM 技术在裙房的应用

商业综合体部分同样存在面积较大、标高变化较多的情况，同样采用了 Dynamo 可视化编程技术，对梁高进行了分析，为机电管综提供便利，另外裙房屋面层采用变截面的钢梁（图 3.2-112），利用 BIM 技术可以很直观准确地对钢梁区域进行可视化分析，确保设计准确，提高设计效率。

③ BIM 技术在结构工程量上的应用

本项目利用 BIM 技术建立结构模型后，通过材料明细表自动进行混凝土量的统计，提高了工程算量的效率和准确性，对控制成本、保证利润具有重要意义（图 3.2-113）。

6. 机电管线数字化技术应用

（1）三维辅助设计及图纸错漏检查

基于本项目规模大、形体复杂、工期紧的特点，选择应用 BIM 技术辅助施工图设计对图纸绘制过程中存在的错漏等问题进行检查。将机电专业的模型进行整合（图 3.2-114），从多方位进行三维推敲，分析机电管线设计路由的合理性。尽量充分地找到问题并及时纠正，比如部分开洞错位、楼梯与梁柱碰撞导致净高不够等问题，尽量减少项目实施阶段的变更，节约成本。

（2）空间净高分析与深化设计

空间净高控制是施工图设计阶段的重点，合理且准确的净高设计能减少项目施工阶

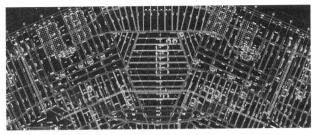

屋面结构图	屋面层结构 BIM 模型

室内外标高处结构分析　　　参数化变截面钢梁

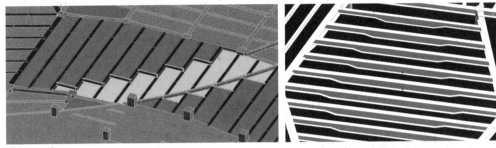

变截面钢梁

图 3.2-112 商业综合体部分的 BIM 分析

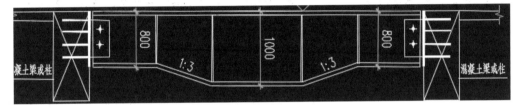

\<墙材质提取\>			
A	B	C	D
材质 名称	厚度	材质 体积	混凝土强度等级
混凝土	250	5.49 m³	
混凝土	200	0.62 m³	C50
混凝土	200	2.85 m³	C50
混凝土	200	1.69 m³	C50
混凝土	200	3.92 m³	C50
混凝土	400	8.54 m³	C50
混凝土	400	8.54 m³	C50
混凝土	500	9.12 m³	C50
混凝土	400	7.39 m³	C50
混凝土	400	5.96 m³	C50
混凝土	300	3.14 m³	C50
混凝土	250	4.52 m³	C50
混凝土	500	4.53 m³	C50
混凝土	500	2.67 m³	C50
混凝土	500	3.12 m³	C50
混凝土	500	1.67 m³	C50
混凝土	500	4.56 m³	C50
混凝土	450	4.01 m³	C50
混凝土	500	6.67 m³	C50
混凝土	500	16.58 m³	C50
混凝土	500	3.45 m³	C50
混凝土	500	9.06 m³	C50
混凝土	500	6.12 m³	C50
混凝土	500	5.67 m³	C50
混凝土	500	4.45 m³	C50
混凝土	500	3.25 m³	C50
混凝土	500	6.01 m³	C50
混凝土	500	111.05 m³	C50
混凝土	500	2.78 m³	C50
混凝土	500	3.82 m³	C50
混凝土	500	2.78 m³	C50
混凝土	800	2.85 m³	C50
混凝土	500	4.45 m³	C50
混凝土	500	2.22 m³	C50
混凝土	400	1.16 m³	C50
混凝土	400	3.20 m³	C50
混凝土	400	1.96 m³	C50
混凝土	400	4.09 m³	C50
混凝土	400	2.49 m³	C50
混凝土	400	4.50 m³	C50
混凝土	500	4.90 m³	C50
混凝土	500	8.01 m³	C50
混凝土	500	8.23 m³	C50
混凝土	500	9.68 m³	C50
混凝土	500	3.67 m³	C50
混凝土	500	0.88 m³	C50

\<结构框架材质提取\>			
A	B	C	D
材质 名称	类型	材质 体积	混凝土强度等级
混凝土 - 现场浇注混凝土	700x1000	5.53 m³	C30
混凝土 - 现场浇注混凝土	700x1000	5.42 m³	C30
混凝土 - 现场浇注混凝土	700x1000	4.50 m³	C30
混凝土 - 现场浇注混凝土	700x1000	2.10 m³	C30
混凝土 - 现场浇注混凝土	700x1000	5.53 m³	C30
混凝土 - 现场浇注混凝土	700x1000	5.53 m³	C30
混凝土 - 现场浇注混凝土	700x1000	1.76 m³	C30
混凝土 - 现场浇注混凝土	400x700	1.96 m³	C30
混凝土 - 现场浇注混凝土	400x800	0.98 m³	C30
混凝土 - 现场浇注混凝土	700x1000	5.60 m³	C30
混凝土 - 现场浇注混凝土	700x1000	5.32 m³	C30
混凝土 - 现场浇注混凝土	700x1000	5.64 m³	C30
混凝土 - 现场浇注混凝土	700x1000	6.93 m³	C30
混凝土 - 现场浇注混凝土	700x1000	4.20 m³	C30
混凝土 - 现场浇注混凝土	600x1000	4.29 m³	C30
混凝土 - 现场浇注混凝土	400x800	2.43 m³	C30
混凝土 - 现场浇注混凝土	700x1000	5.46 m³	C30
混凝土 - 现场浇注混凝土	700x1000	5.01 m³	C30
混凝土 - 现场浇注混凝土	700x1000	2.13 m³	C30
混凝土 - 现场浇注混凝土	700x1000	0.74 m³	C30
混凝土 - 现场浇注混凝土	700x1000	5.69 m³	C30
混凝土 - 现场浇注混凝土	650x1000	4.14 m³	C30
混凝土 - 现场浇注混凝土	400x700	1.96 m³	C30
混凝土 - 现场浇注混凝土	400x800	0.80 m³	C30
混凝土 - 现场浇注混凝土	700x1000	5.32 m³	C30
混凝土 - 现场浇注混凝土	700x1000	3.05 m³	C30
混凝土 - 现场浇注混凝土	400x700	1.96 m³	C30
混凝土 - 现场浇注混凝土	700x1000	5.53 m³	C30
混凝土 - 现场浇注混凝土	700x1000	5.60 m³	C30
混凝土 - 现场浇注混凝土	700x1000	6.09 m³	C30
混凝土 - 现场浇注混凝土	700x1000	4.55 m³	C30
混凝土 - 现场浇注混凝土	500x700	3.08 m³	C30
混凝土 - 现场浇注混凝土	700x1000	6.30 m³	C30
混凝土 - 现场浇注混凝土	700x1000	5.18 m³	C30
混凝土 - 现场浇注混凝土	700x1000	6.51 m³	C30
混凝土 - 现场浇注混凝土	700x1000	5.21 m³	C30
混凝土 - 现场浇注混凝土	500x700	3.47 m³	C30
混凝土 - 现场浇注混凝土	400x800	2.29 m³	C30
混凝土 - 现场浇注混凝土	500x800	4.30 m³	C30
混凝土 - 现场浇注混凝土	400x800	2.61 m³	C30
混凝土 - 现场浇注混凝土	400x800	2.61 m³	C30
混凝土 - 现场浇注混凝土	400x800	2.59 m³	C30
混凝土 - 现场浇注混凝土	400x800	1.96 m³	C30
混凝土 - 现场浇注混凝土	700x1000	5.78 m³	C30
混凝土 - 现场浇注混凝土	700x1000	5.66 m³	C30
混凝土 - 现场浇注混凝土	500x900	3.64 m³	C30

\<楼板材质提取\>		
A	B	C
类型	材质 体积	砼等级
S-LB-混凝土 -250	1.08 m³	C30
S-LB-混凝土 -200	5.05 m³	C30
S-LB-混凝土 -200	3.72 m³	C30
S-LB-混凝土 -200	1.38 m³	C30
S-LB-混凝土 -200	5.12 m³	C30
S-LB-混凝土 -200	4.30 m³	C30
S-LB-混凝土 -200	4.30 m³	C30
S-LB-混凝土 -200	4.27 m³	C30
S-LB-混凝土 -200	3.64 m³	C30
S-LB-混凝土 -200	4.32 m³	C30
S-LB-混凝土 -200	4.20 m³	C30
S-LB-混凝土 -200	4.82 m³	C30
S-LB-混凝土 -200	4.35 m³	C30
S-LB-混凝土 -200	3.01 m³	C30
S-LB-混凝土 -200	2.83 m³	C30
S-LB-混凝土 -200	3.64 m³	C30
S-LB-混凝土 -200	4.32 m³	C30
S-LB-混凝土 -200	4.46 m³	C30
S-LB-混凝土 -200	4.81 m³	C30
S-LB-混凝土 -200	4.30 m³	C30
S-LB-混凝土 -200	4.31 m³	C30
S-LB-混凝土 -200	4.32 m³	C30
S-LB-混凝土 -200	4.30 m³	C30
S-LB-混凝土 -200	4.33 m³	C30
S-LB-混凝土 -200	1.29 m³	C30
S-LB-混凝土 -200	4.32 m³	C30
S-LB-混凝土 -200	4.33 m³	C30
S-LB-混凝土 -200	4.26 m³	C30
S-LB-混凝土 -200	8.30 m³	C30
S-LB-混凝土 -200	4.02 m³	C30
S-LB-混凝土 -200	4.11 m³	C30
S-LB-混凝土 -250	3.90 m³	C30
S-LB-混凝土 -250	2.39 m³	C30
S-LB-混凝土 -250	2.44 m³	C30
S-LB-混凝土 -250	2.20 m³	C30
S-LB-混凝土 -250	1.71 m³	C30
S-LB-混凝土 -250	2.10 m³	C30
S-LB-混凝土 -250	2.25 m³	C30
S-LB-混凝土 -200	2.99 m³	C30
S-LB-混凝土 -200	2.99 m³	C30
S-LB-混凝土 -200	1.69 m³	C30
S-LB-混凝土 -200	6.54 m³	C30
S-LB-混凝土 -200	2.42 m³	C30
S-LB-混凝土 -200	2.41 m³	C30
S-LB-混凝土 -200	2.93 m³	C30

图 3.2-113 结构工程量提取

段的拆改返工，节约项目投资。本项目针对各种空间类型的净高标准进行了系统梳理，以指导净高设计及优化。比如地下车库层高有限，但梁下管线密集，梳理后综合协调管线排布，使地库净高提升至满足规范使用要求，并通过 FUZOR 动画漫游真实展现调整前后的地下停车场空间效果（图 3.2-115）；或对裙房中庭区域管道综合进行精细化排布，保证室内净高达到 3.8 米，以取得良好的室内效果（图 3.2-116）。

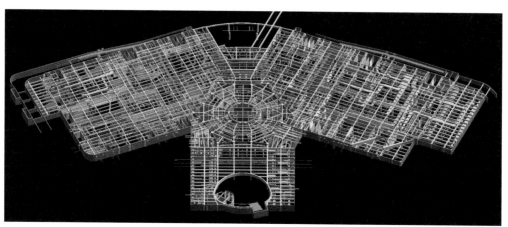

图 3.2-114 BIM 机电专业模型整合

图 3.2-115 车库动态净高分析

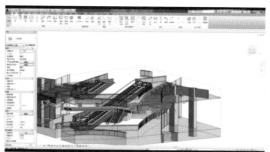

图 3.2-116 裙房中庭管道综合排布

（3）管网综合排布

本项目建筑形体复杂、空间多变。为了创造更多可利用空间，设计与 BIM 模型紧密配合，将机电专业设计内容在模型中进行直观展示，仔细推敲，最终形成综合考虑合理的设计、可行的施工、可操作的维修空间等多重因素的最优方案，大大减少了后期施工阶段的返工现象。本项目的重难点主要体现在以下几个方面。

①塔体区域的平面成圆形，机电管线在围绕塔体平面敷设时，需要进行弯折，经建设方、管理方、设计方与施工方的综合分析，在充分评估空间使用需求并与成本造价相协调后，最终采用 90°、45°、22.5°、11.25° 作为建模的规定角度，并在同一区域，

规划出路由走向，机电管线沿着同一角度和路由进行建模，确保管线排布整齐有规律，最大限度地利用圆形空间。

②本项目设备用房充分利用了建筑地下的无效空间，同时也带来了机电主管线过度集中的问题。在这种情况下，合理的管线综合排布至关重要。在项目进程中，利用模型对设计方案进行多次打磨，将机电管线路径优化到最短，并对走廊地面做了局部高低转折、结构的梁截面进行了局部调整，最终保证了设备房间布局及机电方案的成立。扎实地提升了设计质量并创造了一定的经济效益。

③本项目部分区域建筑空间错综复杂，存在机电管线密集繁多，建筑单体重力排水管道出线集中等难题。经过多轮方案研讨及方案设计调整后，局部空间可将空间使用净高提升 1 米，BIM 模型所展示的管道综合方案经过施工单位的评审，确定了可行的实施方案，减少了后期因施工组织不到位带来的成本浪费（图 3.2-117）。

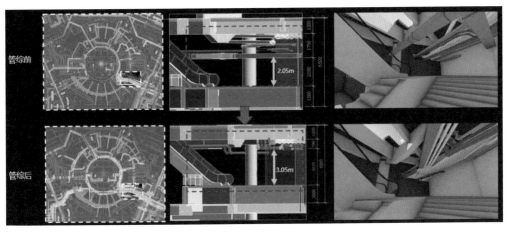

图 3.2-117 BIM 管网综合优化对比

7.BIM 模型展示

部分 BIM 模型效果见图 3.2-118。

图 3.2-118 BIM 模型（部分）效果

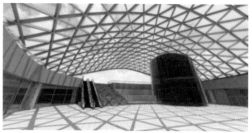

图 3.2-118 BIM 模型（部分）效果（续）

（五）结语

丝路明珠塔项目设计对 BIM 技术的应用解决了项目初始的重难点问题并完成了 BIM 工作目标，主要表现在：

（1）项目中 Rhino 与 Revit 的交互使用及伴随式的 BIM 应用，解决了复杂形体二维图纸无法全面表达设计理念的难题，也为后续幕墙等专项设计提供了较为准确、完备的模型基础；

（2）通过各专业的多种模拟分析，使项目既满足相应规范要求又合理美观，同时还可为后期运营提供数据依据；

（3）各专业的协同设计，可在模型中对设计遇到的问题进行迅速响应、修改模型，大大提高了工作效率；

（4）积累了非线性复杂项目的 BIM 应用经验，并由此取得了一项专利和两项著作权，完善了企业 BIM 应用标准及企业族库。

BIM 技术伴随项目的整体设计过程，不仅为项目节约了成本，还从多方面取得了很好的经济效益。比如运用 BIM 技术配合方案团队进行方案比选，制作动画漫游及 VR 等，可节约设计成本约 70 万元。在结构设计时通过对不同支撑方案计算结果对比，从经济性及结构安全性考虑，最终采用了方案 6，可节省约 2% 成本。此外，三维模型辅助二维图纸深化，可减少设计变更，缩短施工工期。此外，项目还获得龙图杯第九届全国 BIM 大赛设计组二等奖。

综上所述，数字化 BIM 技术应用作为辅助提升设计质量的方式之一，在很多方面具有强大的优势。通过伴随式的 BIM 应用，采用多种数字化技术手段，可使项目高质量地完成方案及施工图设计。将 BIM 模型成果持续应用在深化设计、施工阶段，可为保障工程质量提供强力技术支撑。

（六）方案技术图纸

部分方案技术图纸见图 3.2-119。

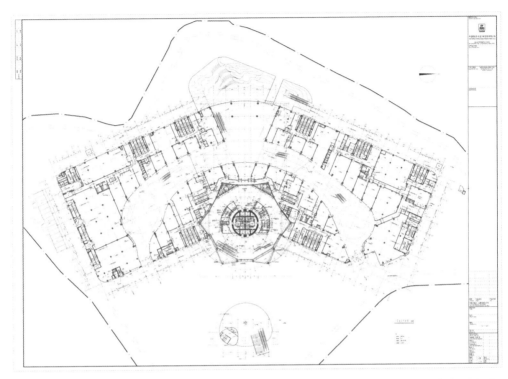

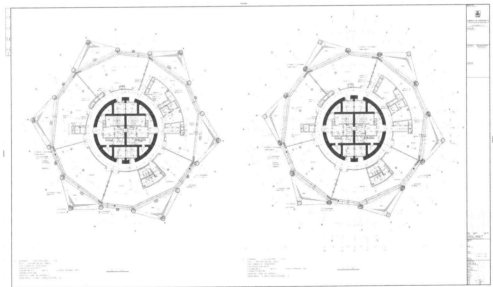

图 3.2-119 方案技术图纸

参考文献｜References

论文

[1] 魏力恺, 弗兰克·彼佐尔德, 张颀. 形式追随性能——欧洲建筑数字技术研究启示 [J]. 建筑学报, 2014,（08）:6-13.

[2] 张建平, 林佳瑞, 胡振中, 王珩玮. 数字化驱动智能建造 [J]. 建筑技术, 2022, 53（11）:1566-1570.

[3] 鞠瑞馨，曹辉，张龙巍. 基于全生命周期理论的绿色低碳建筑策略研究——以水下大数据研究中心项目为例 [J]. 城市建筑空间, 2023, 30（05）:16-19.

[4] 赵蕊. 当代体化建筑表皮审美研究 [D]. 黑龙江 : 哈尔滨工业大学, 2021[2021-01-01].

[5] 曹辉，鞠瑞馨，王天尧，刘子宁. 多馆式城市文化建筑群空间演绎研究——以大连市科技文化中心为例 [J]. 城市建筑空间, 2023, 30（05）:6-10.

[6] 张伟, 乔博, 王志博. 新技术手段在设计中的应用——中建东北院总部大厦设计纪实 [J]. 建筑技艺, 2022,（S2）:114-117.

[7] 曹辉，鞠瑞馨. 基于 "城市双修" 理念的生态城市绿色更新设计研究——以海南·海花岛 A&B 地块为例 [J]. 城市建筑空间, 2023, 30（05）:2-5.

[8] 丛阳, 孙阳, 鞠瑞馨等. "丝路" 与 "绿舟" 数字化建筑的形体塑造演绎实践——以西北地区某电视塔商业综合体项目为例 [J]. 城市建筑空间, 2023, 30（05）: 20-24.

[9] 鞠瑞馨, 丛阳, 刘鹏飞. EPC 总承包模式下基于 BIM 参数化工程正向设计的完成度研究 [J]. 城市建筑, 2021, 18（17）:196 — 198.

[10] 曹辉, 石慧, 王志博等. 基于场地环境的建筑形态探索与设计实践——以润友科技长三角临港总部项目为例 [J]. 建筑技艺, 2022（S2）:40-47.

[11] Hui C, Ju R, Wang Z, Fu D.Research on forward design of green office building based on BIM[A].GBCESC 2023: Procedings of the 2023 intermational Conference on Green Building, Civi Engineering and Smart city, 638-651.

[12] 鞠瑞馨, 丛阳, 刘鹏飞, 孙阳, 林强. 基于数字化肌理演绎的建筑表皮空间优化研究——以某商业综合体项目为例 [J]. 智能建筑与智慧城市, 2024,（01）: 121-124.

书中所涉及的作者所在单位（中国建筑东北设计研究院有限公司）的相关国家授权专利，有：

[1] ZL 202110631584.2 基于 BIM 的参数化建筑立面设计方法及立面构件、表皮模型

[2] ZL 202121260029.5 一种参数化建筑立面构件及表皮模型

[3] ZL 202321559026.0 一种梁柱装配结构及采用其的建筑结构

[4] ZL 202330315324.4 深潜中心

[5] ZL 202330385598.0 科技馆

[6] ZL 202330067654.6 办公楼

[7] ZL 202330385609.5 商业综合体

[8] ZL 202330391685.7 综合建筑体

[9] ZL 202330413480.4 建筑物（商业建筑）

致　谢 | Acknowledgements

　　建筑数字化设计与工程应用研究，是横跨多个工程专业的深度探索，是其不断深化理解的繁杂过程。回归设计本源，建筑师应运用数字技术之发展，更为紧密地整合各专业的工程设计需求，更为敏锐地积极应对空间环境，将"繁杂"融入简洁的空间体验之中，进而呈现出自然纯净的优美状态。

　　著作成稿历时近两年，在撰写的时光里得到全国工程勘察设计大师、中建集团首席大师郭晓岩和中国建筑东北设计研究院有限公司王洪礼、吴一红、陈志新、刘战、乔博等专家的鼓励、指导和支持。他们的专业力量强大而持久，给人以巨大的启迪和帮助，使人受益匪浅。在本书的撰写过程中，建筑工程设计项目合作的7家单位（部门）的技术同仁们主动提供了项目相关资料和工程照片，在此，对他们的贡献表示衷心的感谢。一起进行学术交流与研讨的愉快时光让人倍感留恋、倍感珍惜！

　　与此同时，本书成果的研究得到了中国建筑东北设计研究院有限公司的课题——参数化建筑表皮设计关键技术研究与应用（2021-DBY-KY-05）的资助，在此表示深切的感激之情！

合作单位（部门）

1. 中国建筑东北设计研究院有限公司曹辉工作室
2. 中国建筑东北设计研究院有限公司王洪礼工作室
3. 中国建筑东北设计研究院有限公司数字化设计研究院
4. 中国建筑东北设计研究院有限公司创新技术研究院
5. 中国建筑东北设计研究院有限公司科技部
6. 中国建筑东北设计研究院有限公司第四设计院
7. 摩登犀牛网 & 武汉摩登教育咨询有限公司

说　明 | Explanation

1. 书中所有配图如无特别说明，均由中国建筑东北设计研究院有限公司提供。

2. 书中第 1 章和第 2 章的部分素材，整理自 2019 年和 2020 年中国建筑东北设计研究院有限公司的专业力培训课——Rhino 及 Grasshopper 参数化培训、参数化设计进阶（授课讲师是谢岱桦）。